岩爆和冲击地压数值模拟与评估预测方法

周 辉 杨凡杰 张传庆 卢景景 著

科 学 出 版 社
北 京

内 容 简 介

本书针对深部工程经常遇到的岩爆和冲击地压等动力灾害展开研究，首先介绍一种模拟岩体非线性破坏演化过程的广义数值模型——物理细胞自动机模型，并用于研究岩爆和冲击地压形成过程中的混沌性及其演化规律；运用非线性动力学的理论和方法，对岩爆和冲击地压灾害的非线性动力学预测方法进行研究；对高应力硬岩的力学响应行为和强度的时间效应特性展开研究，并探讨了相应的力学模型；介绍目前应用较多的岩爆风险评估指标和方法，并提供工程应用实例；最后，研究深部岩体两种开挖方式（钻爆法和TBM）的数值计算方法，并对岩爆和冲击地压等动力灾害发生过程中的新生边界条件及对其周围岩体扰动影响的数值计算方法进行了探索性研究。

本书主要读者对象是岩土工程相关专业的高年级本科生和研究生，以及从事深部高应力地下工程、煤岩动力灾害、岩爆和冲击地压等研究的科技工作者和工程技术人员。

图书在版编目（CIP）数据

岩爆和冲击地压数值模拟与评估预测方法/周辉等著. —北京：科学出版社，2015.12

ISBN 978-7-03-046679-2

Ⅰ. ①岩… Ⅱ. ①周… Ⅲ. ①岩爆-击地压-数值模拟-评估 ②岩爆-冲击地压-数值模拟-预测 Ⅳ. ①P642 ②TU456

中国版本图书馆 CIP 数据核字 (2015) 第 304245 号

责任编辑：刘信力／责任校对：钟　洋
责任印制：肖　兴／封面设计：陈　敬

科学出版社 出版
北京东黄城根北街 16 号
邮政编码：100717
http://www.sciencep.com

中国科学院印刷厂 印刷
科学出版社发行　各地新华书店经销
*
2015 年 12 月第　一　版　开本：720 × 1000　1/16
2015 年 12 月第一次印刷　印张：16 1/4
字数：315 000

定价：128.00 元

（如有印装质量问题，我社负责调换）

前　言

为了适应我国经济的快速健康发展，在能源、交通、水利水电等领域需要建设大量深部硐室、矿井及隧道 (洞) 等工程。由深埋高应力导致的动力灾害 (如深埋隧洞岩爆和深部矿山巷道冲击地压等) 在深部工程建设中频发，已成为深部工程施工的普遍问题。国际上，如发生在南非、智利、加拿大、澳大利亚、俄罗斯等国的矿井，以及挪威、美国、中国、瑞典、瑞士等国的隧道工程中的岩爆和冲击地压等动力灾害，不仅严重威胁到施工人员的安全，而且造成了巨大的经济损失。因此，深部工程施工时遭遇的岩爆和冲击地压等动力灾害已严重制约着地下工程的安全建设，成为目前工程中亟需解决的难题。

众多学者从不同角度对岩爆和冲击地压展开了大量研究，对其机理、特征和规律积累了丰富的认识与理解，但由于岩爆和冲击地压的发生条件复杂，影响因素众多，仍有诸多问题尚待研究和解决。例如，在岩爆和冲击地压的非线性动力学机理研究中，岩体破坏演化过程的混沌性规律和非线性预测方法等方面的定量研究与实际工程需求仍有距离；岩爆和冲击地压的数值模拟方法中，在诸如物理意义明确、理论上较为完善、能较好描述深部岩体变形和强度特性的力学模型，以及能合理描述岩爆和冲击地压的孕育发生过程，并能对其进行准确预报与预测的判据指标等方面仍需深入研究。此外，由于岩爆和冲击地压的孕育发生过程实际是岩体从静力状态向动力状态转换的过程，采用数值模拟方法对围岩稳定性进行评估以及对岩爆和冲击地压进行预测时，就必须考虑岩体由静转动的这一过程，于是有必要对描述岩爆和冲击地压实际物理过程的数值计算方法展开深入研究。

本书总结了作者围绕岩爆和冲击地压所开展的十多年研究成果。首先介绍一种模拟岩体非线性破坏演化过程的广义数值模型 —— 物理细胞自动机模型，并以此研究岩爆和冲击地压形成过程中的混沌性及其演化规律；考虑到岩爆和冲击地压的发生过程是一个典型的非线性过程，运用非线性动力学的相关理论和方法，对岩爆和冲击地压灾害的非线性动力学预测方法进行了研究；再次，对深埋地下工程中高应力硬岩的力学响应行为和强度的时间效应特性展开研究，并探讨了其相应的力学模型；之后，介绍了目前应用较多的岩爆风险评估指标和方法，并提供了部分工程应用例证；最后，对深部岩体两种开挖方式 (钻爆法和 TBM) 的数值计算方法进行研究，并对岩爆和冲击地压等动力灾害发生过程中的新生边界条件及对其周围岩体扰动影响的数值计算方法进行了探索性研究。本书的具体内容安排如下：

第一章，绪论。论述本书的研究依据与意义，对国内外的研究现状进行综述，从岩爆和冲击地压经典理论研究、实验研究、非线性动力学研究以及预测评估方法研究等几方面系统总结了此领域内的相关研究进展和基础，并介绍了本书的主要内容。

第二章，岩爆和冲击地压孕育演化特征的细胞自动机制论研究。考虑到非线性动力学特征决定着岩爆和冲击地压的演化进程与突变等特性，为深入揭示岩爆和冲击地压的动力学特征，本书第二章介绍了一种模拟岩体非线性破坏演化过程的广义数值模型 —— 物理细胞自动机模型，并用于研究岩爆和冲击地压形成过程中的混沌性及其演化规律。

第三章，岩爆和冲击地压的非线性动力学预测分析方法研究。由于岩爆和冲击地压的发生过程是一个典型的非线性现象，第三章运用非线性动力学的理论和方法对岩爆和冲击地压灾害的非线性动力学预测方法进行了研究，主要包括动力灾害系统状态变量的确定及其对应的非线性动力学方程的反演，以及混沌系统的预测理论等方面的研究内容，其中混沌系统的预测理论研究又包括可预测尺度理论和预测预报理论两方面的内容。

第四章，高应力硬岩力学模型。硬岩广泛存在于深埋隧道 (洞)、边坡和采矿等工程中，其在开挖过程中的变形和破坏特征关系到工程的安全性。同时，大量地下工程实践表明硬岩岩体的强度均具有较强的时间效应，且对工程安全方面有着重大影响。结合本研究团队最新的研究成果，第四章对高应力硬岩的力学响应和其强度的时间效应展开深入研究，并探讨了其相应的力学模型。

第五章，基于静力数值分析的岩爆/冲击地压预测评价指标与评估方法介绍。数值模拟方法是岩爆和冲击地压等动力灾害预测评估的重要手段，目前岩爆和冲击地压等动力灾害的数值模拟预测评估多是在静力计算的结果上，采用合适的评价指标对动力灾害风险进行定性判别。第五章主要介绍了目前应用较多的岩爆/冲击地压预测评估指标和方法，如局部能量释放率 (local energy release rate，LERR) 指标，破坏接近度 (FAI)，能量释放率 (energy release rate，ERR) 和超剪应力 (ESS) 指标等。

第六章，岩爆/冲击地压孕育演化过程的动力学数值分析方法研究。考虑到岩爆和冲击地压等动力灾害的孕育发生过程实际是岩体从静力状态向动力状态转换的过程，第六章首先介绍了一个新的单元发生岩爆的能量判据 —— 单位时间相对局部能量释放率指标 (unit time relative local energy release index，URLERI)，对深部岩体两种开挖方式 (钻爆法和 TBM) 的数值计算方法进行研究，同时对岩爆和冲击地压等动力灾害发生过程中的新生边界条件及对其周围岩体扰动影响的数值计算方法进行了探索性研究。

本书中的主要研究成果是在国家重点基础研究发展计划 (973) 项目：深部复合地层围岩与 TBM 的相互作用机理及安全控制 —— 第 2 课题：TBM 掘进扰动

下深部复合地层围岩力学行为响应规律 (2014CB046902)、中国科学院知识创新工程青年人才类重要方向项目：深埋长隧洞围岩层裂机理与岩爆预测研究 (KZCX2-EW-QN115)、中国科学院科技创新“交叉与合作团队”：深部工程动力灾害防治和防护的支护理论与技术研究 (人教字 [2012]119 号)，以及国家自然科学基金项目 (51427803, 50204009, 50579091, 10772190, 50979104, 41172288, 51009132, 51104151, 51404240) 等项目的资助下完成的。在本书主要内容的研究过程中，得到了王泳嘉教授、冯夏庭教授、谭云亮教授、钱七虎院士、何满潮院士等老师和专家多年的精心指导和关怀，在撰写中也得到了有关专家的指导和帮助，引用了多位学者的文献资料，在此一并表示感谢。

由于作者水平有限，书中难免存在不妥之处，敬请读者和有关专家批评指正。

目　　录

第一章 绪 论

随着经济和交通的发展，诸如硐室、矿井及隧道 (洞) 等深部工程需要大量建设。因深埋高应力导致的动力灾害 (如深埋隧洞岩爆和深部矿山巷道冲击地压) 在深部工程建设中频发，已成为深部工程施工的普遍问题[1]。例如，发生在南非、智利、加拿大、澳大利亚、俄罗斯等的矿井以及挪威、美国、中国、瑞典、瑞士等的隧道工程中的岩爆和冲击地压等动力灾害[2]，不仅严重威胁到施工人员的安全，而且造成了巨大的经济损失。因此，深部工程施工时遭遇的岩爆和冲击地压等动力灾害已严重制约了地下工程的安全建设，成为目前工程中亟需解决的难题。

1.1 岩爆和冲击地压灾害概述

岩爆和冲击地压均为岩石的动力破坏形式。一般认为，岩爆是高地应力条件下地下工程开挖时，硬脆性围岩因开挖卸荷导致储存于岩体中的弹性应变能突然释放，因而产生爆裂松脱、剥落、弹射甚至抛掷的一种动力失稳地质灾害[3−5]，主要出现于水电、交通及金属矿山等工程领域；冲击地压则限于煤炭行业，通常是指在高地应力条件下，煤岩破坏所释放的变形能超过了破坏过程中所消耗的能量而引发的煤体以突然、急剧、猛烈的破坏为特征的动力现象，往往造成矿山设备的损坏、上百米的井巷破坏以及人员的伤亡[6,7]。

可见，岩爆和冲击地压都意味着岩体由一个平衡状态向另一个状态的突变，同时伴随有剩余能量以应力波形式向四周释放。对于二者的异同，在现象和构成介质的岩性上，岩爆和冲击地压之间存在着明显的差异[8]，但在发生机制上，二者具有一定的相似性，或者在一定程度上冲击地压可以归入岩爆的范畴。例如，Hoek 依据原有裂隙面的滑移以及完整岩体的裂隙化将岩爆分为应变型和断裂型。钱七虎院士则将断裂型岩爆扩展为断层滑移或者剪切断裂型，而统计分析表明，矿井中的大部分冲击地压究其发生机制，是与断裂滑移型或剪切型岩爆为同一类型，也是广义岩爆的一类[2]。

岩爆和冲击地压等动力灾害发生时，由于伴随有巨大应变能的释放，对深部工程的安全施工造成了严重威胁。例如，在岩爆方面，冬瓜山铜矿在开拓期间，井巷围岩中发生了多起岩爆，严重影响了正常开采[9]；二郎山隧道施工期间先后共发生 200 多次岩爆，连续发生岩爆的洞段累计总长度达 1095 m，对施工过程造成了不同程度的影响[10]；雅砻江锦屏二级水电站的引水隧洞、施工排水洞和辅助洞均发生了强烈与极强岩爆破坏；二滩水电工程地下厂房洞室群开挖过程中，发生了数十次规模不等的岩爆，甚至出现百吨级预应力锚索被拉断现象，对洞室围岩造成了较大破坏，严重影响了施工进度[11]；另外，天生桥、瀑布沟和拉西瓦等水电站地下洞室群开挖过程中均发生了不同程度的岩爆灾害，严重影响了工程的安全施工。在冲击地压方面，我国在 1933 年的抚顺胜利矿最先发生冲击地压。随着煤矿平均开采深度的增加，我国发生冲击地压灾害的区域越来越广，先后在北京、辽源、通化、阜新、北票、枣庄、大同、开滦、天府、南桐、徐州、大屯、新汶等矿务局都相继发生过冲击地压[12]。例如，北京矿务局 1974 年在城子矿回收煤柱时发生了 3.4 级矿震，造成 29 人死亡；北票台吉矿在 1994 年发生了 4.5 级矿震，竖井附近建筑物和民房 2000 余间遭到破坏，近 3000 米长井下巷道遭到损毁，死亡 5 人，伤 12 人[13]；义马煤业集团的千秋煤矿在 2008 年发生冲击地压，造成 13 人死亡[14]，之后，在 2011 年该矿区又发生严重冲击地压，造成 10 人死亡，直接经济损失两千多万[15] 等。

由于岩爆和冲击地压等动力灾害形成机制复杂，影响因素众多，且造成后果严重，长期以来一直受到国内外岩石力学理论与工程领域专家学者的广泛重视，也是深部岩体力学发展前沿的关键科学问题和亟待解决的重大课题。

1.2 岩爆和冲击地压形成机制研究现状

由于岩爆和冲击地压等动力灾害对地下工程具有极大的破坏性，自出现以来就受到国内外岩石力学工作者的高度重视，特别是其形成机制问题，更是过去几十年国内外有关专家与学者共同关注的焦点。因岩爆和冲击地压在形成机制上具有一定的相似性，国内外专家和学者在研究时并未将二者进行明显区分。

1.2.1 岩爆和冲击地压经典理论

岩爆和冲击地压的形成机制十分复杂，各国学者在对其形成机制展开研究时，从不同角度相继提出了一系列的重要理论。较早的是源于普通压力机岩石力学试验的经典刚度理论[16,17]、强度理论和能量理论[18]。在倾向性理论方面，主要是根据岩石力学试验提出定量的倾向性评价指标，包括脆性系数、冲击能量指标、应变能储存指数法、能量比法、动态 (DT) 法、应力法等数十种[19−21]。此外，还包括 “三准则” 理论[22]、压杆失稳理论[23]、岩体失稳理论[24]、突变理论[25]、分形理论[26−28]、损伤理论[29−33] 以及基于细观力学试验的形成机制研究[34] 等。近些年来，人们已经意识到动力扰动作用对触发岩爆和冲击地压的重要性，特别是对于深部的岩体，由于隧 (巷) 道周边的应力集中更加明显，动力扰动对于岩爆和冲击地压的触发作用也更加突出[35]。即扰动理论指出，储存大量的应变能仅仅是发生岩爆和冲击地压的必要条件，不是充分条件，而必须有外部因素的扰动才能触发[36]。

朱万成等[35,37] 认为扰动应力波的波形也是影响巷道破裂的重要因素。邵鹏[38] 建立了周期力和随机动力扰动影响下的岩板结构演化方程，讨论了动力扰动能量向周期力能量转移的现象。康政虹[39] 基于扰动响应判据对岩爆进行了解释分析。动力扰动理论从岩爆的外部触发机制出发，是对岩爆机制认识的有益补充。

1.2.2 岩爆和冲击地压实验

由于岩爆和冲击地压发生的突然性和灾害性，其发生过程难以在现场观测，则在其机制研究中，实验研究占有十分重要的地位。实验研究不仅是再现岩爆和冲击地压破坏过程的重要手段，还可以与理论结果相互印证。关于岩爆和冲击地压形成机制的试验研究，很多学者做了大量的工作。例如，Burgert 等在煤岩冲击地压平移模型方面进行了试验研究[40]；Vardoulakis 经试验研究提出了冲击地压是结构面的一种不稳定现象[41]；Linkov 研究认为冲击地压与岩体的不稳定性存在着一定的联系[42]；Lee 等对 Lac Du Bonnet 花岗岩进行了钻孔试验研究[43]；Braeuner 开展了煤样孔洞冲击试验[44]；张晓春[45] 和 Kemeny[46] 分别采用相似材料和煤质材料对煤矿冲击地压进行了模拟试验；潘一山等[47] 研究了可在实验室模拟岩爆发生的系列脆性破坏材料；张晓春等[48] 采用相似材料和煤质材料模拟了煤矿冲击地压发生的过程和现象；郭文奇等[49] 利用单轴加载系统和红外热成像技术，对煤岩变形过程中的红外辐射变化进行了探测试验研究；李长洪等[50] 对煤矿冲击性灾害类型进行了研究；茅献彪[51] 利用试验分析方法，系统测定了煤层冲击倾向性与煤层含水率以及煤层含水率与煤层孔隙度之间的关系；齐庆新[52] 研究了单轴抗压强度与煤层冲击倾向强弱的关系；张志镇等[53] 研究了温度对花岗岩冲击倾向性的影响机制。

1.2.3 岩爆和冲击地压非线性动力学研究[54]

目前，国内外学者从经典理论和实验方面对岩爆和冲击地压的发生机制开展了大量研究。然而，由于岩爆和冲击地压发生机制和形成过程的极端复杂性及多样性，上述研究尚不能很好地解释和预测该类动力灾害。造成这种状况的主要原因是，上述研究基本上还都停留在静态的或牛顿确定论的水平上，即认为一个确定性的系统在确定性的激励影响下，其响应也是确定性的，而大量的实验观察和现场监测表明，岩体的动力行为是一个典型的非线性现象，这种“非线性”也是导致岩爆和冲击地压发生机制和形成过程的复杂性及多样性的根本原因。因此，用传统的确定论观点来研究岩爆和冲击地压等非线性动力学过程无异于用静止的眼光来看待不断发展的问题，故而发生认识和预测上的误差甚至错误就不可避免了。因此，突破传统的确定论观点，运用非线性动力学的理论和方法来研究岩爆和冲击地压动力灾害的孕育、演化和发生机制，并建立相应的预测方法，是从本质上认识和解决该类动力灾害的一条正确途径，已经成为一种必然的发展趋势。

非线性动力学理论体系广义上主要包括[55]：耗散结构论、突变理论、协同论、混沌动力学、分形理论、神经网络理论、细胞自动机制论、超循环论和重正化群方法等。其中，耗散结构论 (dissipative structure theory) 由比利时化学家 Prigogine 于 1969 年在一次 “理论物理与生物学” 国际会议上首次提出，并逐渐发展成为一种完整的理论体系[56,57]；Haken 于 1971 年创立并发展了协同学理论 (synergetics)[58−60]；西德生物学家 Manfred 于 1971 年创立了超循环理论 (super cycle theory)[61]；法国数学家 Rene 创立了突变理论 (catastrophe theory)[62,63]；美籍法国数学家 Mandelbrot 创立了分形理论 (fractals theory)[64]；混沌理论 (chaotic theory) 的研究最早可追溯到 Poincare 的工作[65]，之后，美国气象学家 Lorenz[66] 于 1963 年在研究天气预报模型时首次发现了混沌现象，Li 和 Yorke[67] 则于 1975 年首次提出“混沌 (chaos)”这一名词并为广大学者所接受。我国学者在非线性动力学的基础理论和应用研究领域也取得了一系列重大进展。如郝柏林 [68] 等系统研究了分岔、混沌、奇怪吸引子之间的关系；郑伟谋和郝柏林[69] 创立了研究混沌性态的符号动力学；刘适达[70] 对大气湍流的发生问题进行了探讨；朱照宣[71]、吴祥宝[72]、李继彬[73] 研究了混沌时间序列的特征。

在非线性动力学的上述理论中，特别值得一提的是细胞自动机制论和胞映射理论 (cell mappings theory)。源于计算机领域的细胞自动机制论[74] 被引入到非线性动力学的研究中后，在众多领域得到广泛关注，并迅速发展成为一种重要的非线性动力学理论的研究方法。如 Hardy 等[75]、Hasslacher[76]、d'Humières[77] 分别建立了模拟流体非线性行为的细胞自动机 —— 格子气自动机；在地震研究领域也出现了相应的细胞自动机模型[78−85]，并由此得到了地震的许多非线性规律；周辉等[86,87] 建立了模拟岩体非线性破坏演化的物理细胞自动机，使细胞自动机由数学模型向物理模型的转化迈出了有意义的一步。从本质上来看，细胞自动机是用简单的局域规则的综合作用来体现整个系统的高度复杂性。作为非线性系统的一种重要的数值模拟手段，细胞自动机具有广阔的应用前景。胞映射理论由 Hsu 提出并发展[88−92]，是非线性动力系统 (特别是强非线性动力系统) 全局分析的一种有效工具，它以胞映射代替点映射，以有限代替无限，以概率转移代替差分迭代，克服了舍入误差和观测误差的影响，对于混沌吸引子的分析具有特殊意义。

针对岩爆和冲击地压等岩体的非线性动力行为，一些学者采用上述相关的非线性动力学理论已经进行了大量的基础性研究。例如，突变理论研究方面，唐春安等[93,94] 应用突变理论来描述岩石的破坏过程，并提出了岩石破坏过程的突变模型；徐增和等[95] 建立了坚硬顶板条件下煤柱岩爆的尖点突变模型；潘岳等[96] 研究了折断式顶板大面积冒落的尖点突变模型；周辉等[97] 提出了薄隔水层井筒底板突水的尖点突变模型，并利用突变理论较准确地计算出井筒底板的最小隔水层安全厚度；秦四清等[98] 分析了顺层斜坡失稳的突变模型；黄润秋等[99] 则较系统地分析了突变理论在工程地质中的应用。在分形理论研究方面，谢和平等[100−103] 创立了分形-岩石力学；秦四清等[104]、濑户政宏[105] 等研究了岩石声发射事件在空间上的分形分布及演化特征；谢和平[106]、谭云亮等[107,108] 和冯夏庭等[109] 分别研究了冲击地压、坚硬顶板冒落和岩石试件受力破坏过程中声发射序列的分维特征。此外，非线性动力学理论的其他分支在岩石力学中的应用研究也取得了部分进展。例如，谭云亮[110] 研究了矿山压力的混沌现象和顶板运动过程的自组织演化特征；秦四清等[111] 应用重正化群方法研究了滑动面演化的普适性质；黄润秋等[55] 提出了斜坡失稳时间的协同预测模型和崩滑地质灾害的全息预报理论；同时，非线性岩石动力系统的可预测尺度问题也逐渐受到关注[112]。

但总的来说，目前，非线性动力学在岩石力学中的应用研究主要集中在突变和分形理论方面，而且与工程的实际应用尚有较大距离，运用混沌、自组织和协同论对岩体动力行为的研究才刚刚起步，且大都停留在定性分析的水平上，还很不系统。至于岩爆和冲击地压等岩体灾害性动力行为的混沌性和非线性预测方面的研究成果更不多见。而由于岩体动力行为的混沌性特征是控制其发展方向的主导力量，是决定系统突变和协同等特性的本质因素，且对岩体系统演化的准确预测又是工程实践的主要目标之一，因此，岩体破坏演化过程的混沌性规律和非线性预测方法是目前亟待研究的领域。

1.3 岩爆和冲击地压的预测评估方法研究现状

岩爆和冲击地压预测评估是制定其防治策略和采取合理防治手段的重要前提。岩爆和冲击地压的预测评估，主要是对岩爆和冲击地压的发生地点、发生规模和发生时间进行预测评估。由于岩爆和冲击地压的复杂性，目前而言，准确评估其发生时间是很难实现的，故现阶段对岩爆和冲击地压预测评估的研究主要集中在发生地点和发生规模这两部分。目前，岩爆和冲击地压的预测评估方法主要包括经验类比法、综合指数法、数值模拟法、可能性指数诊断法、地质动力区划方法、钻屑法、微震法、声发射法、电磁辐射法、微重力法等。其中，经验类比法是利用工程经验评估待开挖位置的岩爆和冲击地压的危险性[113]；综合指数法是在分析岩爆和冲击地压的各种影响因素基础上，确定各种因素的影响权重，然后综合判断岩爆和冲击地压的危险性[114]；数值模拟法通过对工程区域及开挖过程进行数值模拟，以此确定工程区域不同部位和不同开挖阶段的应力集中程度及分布规律，再结合相应评判指标预测岩爆和冲击地压的危险性[115]；可能性指数诊断法认为在岩爆和冲击地压危险程度的众多因素中，应力状态和岩体的性质是最主要的因素，并以构造分析、工程类比等为辅助方法对岩爆和冲击地压危险性进行综合研究[116]；地质动力区划方法中，首先依据开采区域的地质构造环境及原岩应力分布状态，圈定构造影响区及应力升高区、降低区及高应力梯度区，再基于多因素耦合致灾机制，确定岩爆和冲击地压的主要影响因素，并采用多因素耦合方法确定岩爆和冲击地压危险性指数[117]；钻屑法是通过在煤层中打直径为 42~50 mm 的钻孔，根据排出的煤粉量及其变化规律和有关动力效应判断冲击危险的一种方法[118]；微震法就是记录采矿震动的能量，分析震动的方向，在震中定位来评价和预测矿山动力现象[119]；声发射法即 Acoustic-Emission 方法，又称亚声频探测法，通过探测岩石变形时发生的亚声频噪音 (即微震)，确定异常高应力区的位置，从而对岩爆和冲击地压的危险性进行预测[120]；电磁辐射法是通过监测煤岩体受载变形破裂过程中向外辐射的电磁能量信号，并通过数据处理和分析研究，来预测岩爆和冲击地压的危险性[121]；微重力法认为在岩体发生震动和岩爆前，岩体的体积将会变化，导致岩体的密度将发生改变，从而可根据岩体的变形、重力强度的变化以及密度分布的变化对岩爆和冲击地压的危险性进行预测[122]。

在岩爆和冲击地压的上述预测评估方法中，数值模拟法因其经济性、可重复性及定量性等显著特点，使得该方法在岩爆和冲击地压等工程动力灾害的预测与预报中具有较大优势。此外，实践经验表明，岩体内的应力分布状态和应力值大小对岩爆和冲击地压的发生影响很大。一般情况下，应力越高的区域越容易积蓄弹性能，其发生岩爆和冲击地压的危险性也越高。而数值模拟方法正是通过确定工程区域不同部位和不同开挖阶段的应力集中程度及分布规律，对岩爆和冲击地压的危险性进行预测。该方法的主要优点是通过对工程区域及开挖过程的数值模拟，可提前确定岩爆和冲击地压防治的重点区域，对于任意地点，特别是未施工区域，可提前预测其岩爆和冲击地压的危险状态，可确定施工过程中各部位出现最大应力的时间，以及可预测不同施工参数对岩爆和冲击地压的影响。但数值模拟方法的缺点是计算时需对煤岩体进行简化处理，不能充分考虑煤岩体的局部非均质性和各向异性。而通过多年的实践证明，数值模拟结果对于确定冲击地压危险区域是有效的[114]。同时，随着数值模拟技术和现场监测手段的发展，岩爆和冲击地压研究的权威学者认为在数值模拟和现场观测精细结合的基础上，采用数值模拟方法对岩爆和冲击地压开展定量预测的时代已经到来[123,124]。

1.4　本书的主要内容

如前所述，众多学者从各个角度对岩爆和冲击地压展开了研究，对其特征和规律有了一定的认识与理解。但由于岩爆和冲击地压的发生条件复杂，影响因素众多，目前的研究还不充分。例如，在岩爆和冲击地压的非线性动力学机制研究中，岩体破坏演化过程的混沌性规律和非线性预测方法等方面的研究成果还不多见；而在岩爆和冲击地压的数值模拟方法中，如物理意义明确、理论上较为完善、能较好描述深部岩体变形和强度特性的力学模型，以及能合理描述岩爆和冲击地压的孕育发生过程并能对其进行准确预报与预测的判据指标等仍需深入研究。此外，由于岩爆和冲击地压的孕育发生过程实际是岩体从静力状态向动力状态转换的过程，采用数值模拟方法对围岩稳定性进行评估以及对岩爆和冲击地压进行预测时，就必须考虑岩体由静转动的这一过程，于是有必要对描述岩爆和冲击地压实际物理过程的数值计算方法展开深入研究。因此，为能充分解释岩爆和冲击地压的形成机制，并较准确地进行预测和预报，还需从多方面进行大量的研究工作。

结合作者课题组多年的研究成果，本书针对岩爆和冲击地压的孕育演化机制及其预测评估方法进行了初步的分析和思考，包括应用非线性动力学理论的最新成果，研究岩爆和冲击地压孕育过程中的混沌性特征及其演化的非线性预测方法和理论，以及对深埋硬岩力学模型、岩爆和冲击地压的数值模拟方法等进行的一些研究与探讨。具体包括以下几方面内容：

(1) 非线性动力学特征决定着岩爆和冲击地压的演化进程与突变等特性，因此，为正确认识其动力学特征，本书第二章介绍了一种模拟岩体非线性破坏演化过程的广义数值模型 —— 物理细胞自动机模型，并借以研究岩爆和冲击地压形成过程中的混沌性及其演化规律。

(2) 由于岩爆和冲击地压的发生过程是一个典型的非线性现象，为对其进行准确的预测与预报，本书第三章运用非线性动力学的理论和方法对岩爆和冲击地压灾害的非线性动力学预测方法进行了研究，主要包括动力灾害系统状态变量的确定及其对应的非线性动力学方程的反演，以及混沌系统的预测理论等方面的研究，其中混沌系统的预测理论研究又包括可预测尺度理论和预测预报理论两方面的内容。

(3) 硬岩广泛存在于深埋隧道 (洞)、边坡和采矿等工程中，其在开挖过程中的变形和破坏特征关系到工程的安全性。同时，大量地下工程实践表明，硬岩岩体的强度均具有较强的时间效应，且对工程安全方面有着重大影响。结合作者课题组最新的研究成果，本书第四章对高应力硬岩的力学响应和其强度的时间效应展开深入研究，并探讨了其相应的力学模型。

(4) 数值模拟是预测、预报岩爆和冲击地压等动力灾害的重要手段。限于岩爆和冲击地压等动力灾害的复杂性，目前的数值模拟预测一般是在静态定量计算的结果上，采用合适的评价指标对动力灾害的风险情况进行定性的判别。本书第五章主要介绍目前应用较多的岩爆/冲击地压预测评估指标和方法，如局部能量释放率 (local energy release rate，LERR) 指标 [125]，破坏接近度 (FAI)[126]，能量释放率 (energy release rate，ERR)[127] 和超剪应力 ESS[128] 指标等。

(5) 考虑到岩爆和冲击地压等动力灾害的孕育发生过程实际是岩体从静力状

态向动力状态转换的过程，本书第六章首先介绍了一个新的岩爆的能量判据——单位时间相对局部能量释放率指标 (unit time relative local energy release index，URLERI)，并针对两种开挖条件下 (钻爆法和 TBM) 深部岩体的计算方法开展研究，同时对岩爆和冲击地压等动力灾害发生过程中的新生边界条件及其对其周围岩体扰动影响的数值计算方法进行了一些探索性的研究。

参 考 文 献

[1] Stacey T R. Dynamic rock failure and its containment//Proceedings of the First International Conference on Rock Dynamics and Applications. Lausanne: CRC Press, 2013: 57-70.
[2] 钱七虎. 岩爆、冲击地压的定义、机制、分类及其定量预测模型. 岩土力学, 2014, 35(1): 1-6.
[3] 徐林生, 王兰生, 李天斌. 国内外岩爆研究现状综述. 长江科学院院报, 1999, 16(4): 24-27.
[4] 谭以安. 岩爆形成机制研究. 水文地质与工程地质, 1989, (1): 34-38.
[5] 徐林生, 王兰生, 李永林. 岩爆形成机制与判据研究. 岩土力学, 2002, 23(3): 300-303.
[6] Boler F M, Billington S, Zipf P K. Seismological and energy balance constraints on the mechanism of a catastrophic bump in the cliffs coal mining district, Utah, USA. International Journal of Rock Mechanics and Mining Sciences & Geomechanics Abstracts, 1997, 34(1): 27-43.
[7] 窦林名, 何学秋. 冲击矿压防治理论与技术. 徐州: 中国矿业大学出版社, 2001: 1-17.
[8] 齐庆新, 陈尚本, 王怀新, 等. 冲击地压、岩爆、矿震的关系及其数值模拟研究. 岩石力学与工程学报, 2003, 22(11): 1852-1858.
[9] 唐礼忠, 潘长良, 王文星. 深埋矿床井巷岩爆特性分析. 矿冶工程, 2001, 21(4): 19-21.
[10] 徐林生, 王兰生. 二郎山公路隧道岩爆发生规律与岩爆预测研究. 岩土工程学报, 1999, 21(5): 569-572.
[11] 王志国, 周宏伟, 谢和平. 深部开采上覆岩层采动裂隙网络演化的分形特征研究. 岩土力学, 2009, 8(30): 2403-2408.
[12] 窦林名, 杨思先. 煤矿开采冲击矿压灾害防治. 徐州: 中国矿业大学出版社, 2006.
[13] 金志成. 不耦合装药爆破方法防治冲击地压的研究. 中北大学硕士学位论文. 2013.
[14] 张寅. 深部特厚煤层巷道冲击地压机制及防治研究. 中国矿业大学博士学位论文, 2010.
[15] 国家安全监管总局. 国家煤矿安监局关于河南省义马煤业集团千秋煤矿 “11·3” 重大冲击地压事故的通报. 国家安全生产监督管理总局国家煤矿安全监察局公告, 2011, (12): 37-38.
[16] Salamon M D G. Stability, instability and design of pillar workings. Int. J. Rock Mech. Min. Sci., 1970, 7(6): 613-631.
[17] Starfield A M, Fairhurst C. How high-speed computers design of practical mine pillar system. Engng. Min. J., 1968, 169(5): 78-84.
[18] Cook N G W, Hoek E, Pretorius J P G, et al. Rock mechanics applied to the study of rockbursts. SAIMM, 1966, 66(10): 436-528.

[19] Kidybinnski A. Bursting liability indices of coal. Int. J. Rock Mech. Min. Sci. & Geomech. Abstr., 1981, 18(2): 295-304.

[20] Singh S P. Assessment of the rockburst proneness in hard rock mines//Pro. 5th Conf. on Gro. Contr. In Min., West Virginia Univ., M.V., 1986: 242-248.

[21] 冯夏庭. 地下峒室岩爆预报的自适应模式识别方法. 东北大学学报，1994, 15(5): 471-475.

[22] 赵本钧. 冲击地压及其防治. 北京：煤炭工业出版社，1995.

[23] 殷有泉, 张宏. 断裂带由介质的软化特性和地震的非稳定模型. 地震学报，1984, 6(2): 135-145.

[24] 章梦涛. 冲击地压失稳理论与数值模拟计算. 岩石力学与工程学报，1987, 6(3): 197-204.

[25] 潘岳. 围岩-矿柱系统失稳冲压的能量-外力功理论. 有色金属，1992, 17(4): 18-25.

[26] 谢和平, Pariseau W G. 岩爆的分形特征和机制. 岩石力学与工程学报，1993, 12(1): 28-37.

[27] 刘小明, 侯发亮. 拉西瓦花岗岩断口粗糙度分形分析. 岩石力学与工程学报，1996, 15(S1): 440-445.

[28] 李廷芥, 王耀辉, 张梅英, 等. 岩石裂纹的分形特性及岩爆机制研究. 岩石力学与工程学报，2000, 19(1): 6-10.

[29] 周瑞忠. 岩爆发生的规律和断裂力学机制分析. 岩土工程学报，1995, 17(6): 111-117.

[30] 潘一山, 徐秉业. 考虑损伤的圆形洞室岩爆分析. 岩石力学与工程学报，1999, 18 (2): 152-156.

[31] 王来贵, 潘一山, 梁冰, 等. 冲击地压的分叉分析//第四届全国岩石动力学学术会议论文集, 成都: 湖北科学技术出版社，1994: 209-214.

[32] 刘小明, 李焯芬. 脆性岩石损伤力学分析与岩爆损伤能量指数. 岩石力学与工程学报, 1997, 9(2): 140-147.

[33] 王桂尧, 孙宗欣. 隧洞岩爆机制与岩爆预测的断裂力学分析. 中国有色金属学报, 1999, 9(4): 841-845.

[34] 冯涛, 谢学斌, 潘长良, 等. 岩爆岩石断裂机制的电镜分析. 中国工业大学学报, 1999, 30(1): 14-17.

[35] 朱万成, 左宇军, 尚世明, 等. 动态扰动触发深部巷道发生失稳破裂的数值模拟. 岩石力学与工程学报, 2007, 26(5): 915-921.

[36] 王贤能, 黄润秋. 动力扰动对岩爆的影响分析. 山地研究, 1998, 16(3): 188-192.

[37] 朱万成, 左宇军, 李占海, 等. 动态扰动触发岩巷发生失稳破裂的数值模拟//中国岩石力学与工程学会东北分会第九届全国岩石力学与工程学术大会论文集. 北京: 科学出版社, 2006.

[38] 邵鹏, 张勇, 贺永年. 岩爆发生的随机共振机制. 煤炭学报, 2004, 29(6): 668-671.

[39] 康政虹, 高正夏, 丁向东, 等. 基于扰动响应判据的洞室岩爆分析. 河海大学学报, 2003, 31(2): 188-192.

[40] Burgert W, Lippmann H. Models of translatory rock bursting in coal. International Journal of Rock Mechanics and Mining Sciences & Geomechanics Abstracts, 1981, 18(4): 285-294.

[41] Vardoulakis I. Rock bursting as a surface instability phenomenon. International Journal

of Rock Mechanics and Mining Sciences & Geomechanics Abstracts, 1984, 21(3): 137-144.
[42] Linkov A M. Rockbursts and the instability of rock masses. International Journal of Rock Mechanics and Mining Sciences & Geomechanics Abstracts, 1996, 33(7): 727-732.
[43] Lee M, Haimson B. Laboratory study of borehole breakouts in Lac du Bonnet granite: a case of extensile failure mechanism. International Journal of Rock Mechanics and Mining Sciences & Geomechanics Abstracts, 1993, 30(7): 1039-1045.
[44] Braeuner G. Rockbursts in coal mines and their prevention. A. A. Balkema (Rotyerdam) Brookfield, 1994.
[45] 张晓春, 翟明华, 缪协兴, 等. 三河尖煤矿冲击地压发生机制分析. 岩石力学与工程学报, 1998, 17(5): 508-513.
[46] Kemeny J, Cook N G W. Effective moduli, non-linear deformation and strength of a cracked elastic solid. International Journal of Rock Mechanics and Mining Sciences & Geomechanics Abstracts, 1986, 23(2): 107-118.
[47] 潘一山, 章梦涛, 王来贵, 等. 地下硐室岩爆的相似材料模拟试验研究. 岩土工程学报, 1997, 19(4): 49-56.
[48] 张晓春, 杨挺青, 缪协兴. 岩石裂纹演化及其力学特性的研究进展. 力学进展,1999,29(1):97-104.
[49] 郭文奇, 张拥军, 安里千, 等. 红外辐射探测预测煤矿冲击地压的试验研究. 煤炭科学技术, 2007, 35(1): 73-77.
[50] 李长洪, 蔡美峰, 乔兰, 等. 岩石全应力-应变曲线及其与岩爆关系. 北京科技大学学报, 1999, 21(6): 513-515.
[51] 茅献彪, 陈占清, 徐思朋, 等. 煤层冲击倾向性与含水率关系的试验研究. 岩石力学与工程学报, 2001, 20(1): 49-52.
[52] 齐庆新, 彭永伟, 李宏艳, 等. 煤岩冲击倾向性研究. 岩石力学与工程学报, 2011, 30(sup.1): 2736-2742.
[53] 张志镇, 高峰, 刘治军. 温度影响下花岗岩冲击倾向及其微细观机制研究. 岩石力学与工程学报. 2010, 29(8): 1591-1602.
[54] 周辉. 矿震孕育过程的混沌性及非线性预测理论研究. 东北大学博士学位论文, 2000.
[55] 黄润秋等. 工程地质广义系统科学分析原理及应用. 北京: 地质出版社, 1997.
[56] 尼科里斯 G, 普里高津 I. 非平衡系统的自组织. 徐锡申等译. 北京: 科学出版社, 1986.
[57] 尼科里斯 G, 普里高津 I. 探索复杂性. 罗久里等译. 成都: 四川教育出版社, 1986.
[58] Haken H. Synergetics. Springer, 1997.
[59] Haken H. Advanced Synergetic. New York: Springer-Verlag Berlin and Heidelberg GmbH & Co. K, 1983.
[60] 哈肯 H. 信息与自组织. 郭志安等译. 成都: 四川教育出版社, 1988.
[61] 艾根 M, 舒斯特 P. 超循环: 一种自然的自组织原理. 斯普林格出版社, 1979.
[62] Thom R. Structural Stability and Morphogenesis. Westview Press, 1975.
[63] 凌复华. 突变理论及其应用. 上海: 上海交通大学出版社, 1987.

[64] Mandelbrot B B. The Fractal Geometry of Nature. San Francisco, 1983.
[65] Poincare H. Les methodes nouvelles de la mecanique celeste. Vols. I, II, Gauthier-Villars, Paris, 1892, 1893; reprint, Dover, New York, 1957.
[66] Edward N L. Deterministic nonperiodic flow. Journal of the Atmospheric Sicences, 1963, (20): 130-141.
[67] Li T Y, James A Y. Period three implies chaos. The American Mathematical Monthly, 1975, 82(10): 985-992.
[68] 郝柏林. 分岔、混沌、奇怪吸引子、湍流及其它. 物理学进展, 1983, 3(3): 329-416.
[69] 郑伟谋、郝柏林. 实用符号动力学. 物理学进展, 1990, 10(3): 316-373.
[70] 郑祖光, 刘适达, 张宏剑. 对大气湍流 (chaos) 发生问题的探讨. 中国科学化学, 1987, 17(6): 669-676.
[71] 朱照宣. 关于时间序列分析. 力学与实践, 1989, (1): 22-27.
[72] 吴祥宝. 混沌时间序列的非线性预测及其在研究人脑功能中的应用. 中国科学院研究生院学报, 1993, (2): 189-196.
[73] 李继彬. 混沌与 Melnikov 方法. 重庆: 重庆大学出版社, 1989.
[74] John V N (edited and completed by Arthur Burks W). Theory of Self-Reproducing Automata. University of Illinois Press, 1966.
[75] Hardy J, Pomeau Y, d'Pazzis O. Time evolution of a two-dimensional model system. I. Invariant states and time correlation functions. Journal of Mathematical Physics, 1973, 14(12): 1746-1759.
[76] Hasslacher B. Discrete fluids. Los Alamos Science Special Issue. 1987, (15): 175-217.
[77] d'Humières D, Lallemand P, Frisch U. Lattice gas models for 3D hydrodynamics. Europhys. Lett., 1986, 2(4): 291-297.
[78] Hiizu N. Cellular-automaton model of earthquakes with deterministic dynamics. Physical Review A, 1990, 41(12): 7086-7089.
[79] Bak P, Chao T. Earthquakes as a self-organized critical phenomenon. Journal of Geophysical Research, 1989, 94(B11): 15635-15637.
[80] Chen K, Bak P, Obukhov S P. Self-organized criticality in a crack-propagation model of earthquakes. Physical Review A, 1991, 43(2): 625-630.
[81] Ito K, Matsuzaki M. Earthquakes as self-organized critical phenomenon. Journal of Geophysical Research, 1990, 95(B5): 6853-6860.
[82] Sornette A, Sornette D. Self-organized criticality and earthquakes. Europhys. Lett., 1989, 9(3): 197-202.
[83] 郑捷. 研究地震和岩石破裂现象的非线性科学方法//非线性科学在地震中的应用. 北京: 地震出版社, 1992, 45-538.
[84] 陆远忠, 吕悦军. 带断层的细胞自动机模型及其算法复杂性. 地震学报, 1994, 16(2): 183-189.
[85] 刘杰, 刘桂萍, 李丽, 等. 基于大陆地震活动特点建立的简化动力学模型-细胞自动机模型. 地震, 1999, 19(3): 230-238.

[86] 周辉, 王泳嘉, 谭云亮. 岩体破坏演化的物理细胞自动机 (PCA)(I)—— 基本模型. 岩石力学与工程学报, 2002, 21(4): 475-478.
[87] 周辉, 谭云亮, 冯夏庭. 岩体破坏演化的物理细胞自动机 (PCA)(II)—— 模拟例证. 岩石力学与工程学报, 2002, 21(6): 782-786.
[88] Hsu C S. A theory of cell-to-cell mapping dynamical systems. Journal of Applied Mechanics, 1980, 47(4): 931-939.
[89] Hsu C S, Guttalu R S. An unraveling algorithm for global analysis of dynamical systems: an application of cell-to-cell mappings. Journal of Applied Mechanics, 1980, 47(4): 940-948.
[90] Hsu C S. A Generalized theory of cell-to-cell mapping for nonlinear dynamical systems. Journal of Applied Mechanics, 1981, 48(3): 634-642.
[91] Hsu C S, Guttalu R S, Zhu W H. A method of analyzing generalized cell mappings. Journal of Applied Mechanics, 1982, 49(4): 885-894.
[92] Hsu C S. A probabilistic theory of nonlinear dynamical systems based on cell state space concept. Journal of Applied Mechanics, 1982, 49(4): 895-902.
[93] 唐春安, 徐小荷. 岩石破裂过程失稳的尖点突变模型. 岩石力学与工程学报, 1990, 9(2): 100-107.
[94] 唐春安. 岩石破裂过程中的灾变. 北京: 煤炭工业出版社, 1993.
[95] 徐增和, 徐小荷, 唐春安. 坚硬顶板下煤柱岩爆的尖点突变理论分析. 煤炭学报, 1995, (5): 485-491.
[96] 潘岳, 耿厚才. 折断式顶板大面积冒落的尖点突变模型//现代采矿技术国际学术会议讨论会论文集, 1988.
[97] 周辉, 翟德元, 王泳嘉. 薄隔水层井筒底板突水的突变模型, 中国安全科学学报, 1999, 9(3): 44-58.
[98] 秦四清, 张倬元, 王士天. 顺层斜坡失稳的突变理论分析. 中国地质灾害与防治学报, 1993, 4(1): 38-55.
[99] 黄润秋, 许强. 突变理论在工程地质中的应用. 工程地质学报, 1993, 创刊号: 65-73.
[100] 谢和平, 陈至达. 分形几何 (fractal) 与岩石断裂. 力学学报, 1988, 20(3): 264-271.
[101] 谢和平, 陈至达. 岩石类材料裂纹分叉非规则性几何的分形效应. 力学学报, 1989, 21(5): 613-619.
[102] 谢和平, 钱平皋. 大理岩微孔隙演化的分形特征. 力学与实践, 1995, 17(1): 50-52.
[103] 谢和平. 大理岩微观断裂的分形 (fractal) 模型研究. 科学通报, 1989, 34(5): 365-365.
[104] 秦四清, 李造鼎. 岩石声发射事件在空间上的分形分布研究. 应用声学, 1992, 11(4): 19-20.
[105] 藤山邦久. 声发射 (AE) 技术的应用. 冯夏庭译. 北京: 冶金工业出版社, 1997.
[106] 谢和平, 周宏伟. 采矿科学中的分形研究, 现代力学与科技进步//庆祝中国力学学会成立 40 周年论文集. 北京: 清华大学出版社, 1997.
[107] 谭云亮, 杨永杰. 煤矿顶板失稳冒落分形预报的可能性研究. 岩石力学与工程学报, 1996, 15(1): 90-95.

[108] 谭云亮, 王学水. 煤矿坚硬顶板活动过程中的声发射特征研究. 岩石力学与工程学报, 1992, (3): 211-217.

[109] Feng X T, Seto M. Fractal structure of the time distribution of microfracturing in rocks. Geophysical Journal International, 1999, 136(1): 257-285.

[110] 谭云亮, 王泳嘉, 朱浮声, 等. 顶板活动过程的自组织演化研究. 岩石力学与工程学报, 1997, 16(3): 258-265.

[111] 秦四清, 张悼元, 王士天, 等. 应用重正化群理论探讨斜坡滑动面演化的普适性. 地质灾害与环境保护, 1993, 4(1): 49-52.

[112] 秦四清, 张倬元. 滑坡灾害可预报时间尺度问题探讨. 中国地质灾害与防治学报, 1994, 5(1): 17-22.

[113] 窦林名, 何学秋. 冲击矿压防治理论与技术. 徐州: 中国矿业大学出版社, 2001.

[114] 王志辉. 孙村矿冲击地压区域预测研究. 阜新: 辽宁工程技术大学, 2006.

[115] 鞠文君. 急倾斜特厚煤层水平分层开采巷道冲击地压成因与防治技术研究. 北京: 北京交通大学, 2009.

[116] 姜福兴, 王存文, 叶根喜. 采煤工作面冲击地压发生的可能性评价方法研究. 2008 全国冲击地压研讨会暨 2008 全国煤矿安全、高效、洁净开采技术新进展研讨会, 2008, 91-96.

[117] 陈学华, 段克信, 陈长华. 地质动力区划与矿井动力现象区域预测. 煤矿开采, 2003, 8(2): 55-57.

[118] 兖矿集团有限公司 (编). 冲击地压防治技术规范 (试行). 北京: 煤炭工业出版社, 2012.

[119] 陈正胜. 冲击地压灾害的监测及治理措施. 煤炭技术, 2009, 28(3): 93-94.

[120] 李秋林, 吕贵春. 声发射预测冲击地压技术研究. 矿业安全与环保, 2007, 34(5): 4-6.

[121] 窦林名, 何学秋, 王恩元. 冲击矿压预测的电磁辐射技术及应用. 煤炭学报, 2004, 29(4): 396-399.

[122] 吴其斌 (编译). 微重力方法在岩爆预测中的应用. 地球物理学进展，1993, 8(3)：136-142.

[123] Stacey T R. Dynamic rock failure and its containment//Proceedings of the First International Conference on Rock Dynamics and Applications. Lausanne: CRC Press, 2013: 57-70.

[124] Linkov A V. Dynamic phenomena in mines and the problem of stability. University of Minnesota, 1992.

[125] 苏国韶. 高应力下大型地下洞室群稳定性分析与智能优化研究. 中科院武汉岩土力学研究所博士学位论文, 2006: 46.

[126] Zhang C Q, Zhou H, Feng X T. An index for estimating the stability of brittle surrounding rock mass: FAI and its engineering application. Rock Mechanical and Rock Engineering, 2011, 44: 401-414.

[127] Cook N G W. The Design of Underground Excavations. Eighth Rock Mechanics Symposium, 1966: 167-194.

[128] Ryder J A. Excess shear stresses in the assessment of geologically hazardous situations. J. S. Afr. Inst. Min. Metall. 1988, 88(1): 27-39.

第二章　岩爆和冲击地压孕育演化特征的细胞自动机制论

2.1　引　　言

作为岩体破坏的一种特殊形式，岩爆和冲击地压的孕育演化是一个典型的非线性过程。因此，若要准确预测或控制这一过程，就必须对其非线性特征有深刻的了解。目前，针对岩体 (石) 非线性特征的研究方法有多种，如实验室试验、现场试验、数值模拟等。其中，数值模拟因具有周期短、投资小等优点被广泛应用。但由于岩体 (石) 破坏的非线性是岩体 (石) 系统所体现出来的整体特征，传统的岩石力学数值方法对之已不能适应，因此必须建立一种相应的方法来研究岩体 (石) 破坏过程的非线性特性。近些年发展起来的细胞自动机制论为我们的研究提供了一种新的思路。

细胞自动机 (cellular automata，CA) 最早由 Von[1] 提出，是一种在随机初始条件下，通过构造简单的数学规则，来描述离散动力系统内部单元之间因强烈的非线性作用而导致系统整体自组织演化过程的一种数学模型。该方法提出以后，引起了广泛关注，不同研究领域的学者根据本领域被研究对象的实际特点，构造出不同的细胞自动机模型。近些年来，细胞自动机理论被引入到地震研究领域，并得到了较大发展。如 Hiizu[2] 建立了地震的弹簧-滑块系统 (BKCL) 细胞自动机模型；Bak 和 Chao[3]、Chen 和 Bak[4]、Ito 和 Matsuzaki[5]、Sornette 等 [6]、郑捷[7]、伊东敬佑[8] 等均采用细胞自动机模型开展了相应研究，并与实际资料进行了对比分析；刘长海等[9] 针对三维大型细胞自动机模型开展了研究；特别是刘杰等[10] 考虑了实际介质参数的分维特征和单元破裂时应力分配准则问题，从而使细胞自动机模型由数学模型向着物理化模型迈出了一大步。

目前岩石力学领域所提细胞自动机模型的基本思想大都是以最简单的 BKCL 模型为基础的，没有考虑实际岩体介质的材料性质、应力环境等对岩体破坏演化起决定作用的因素，如岩体材料的各向异性、复杂应力环境以及岩体微单元破坏以后的能量耗散等因素。尽管细胞自动机的基本出发点是通过简单模型的非线性作用来模拟系统的复杂现象，但若不考虑上述因素，则所建立的细胞自动机将不能充分反映实际岩体破坏演化的动力学过程。因此，本章将在前人研究的基础上，建立一种适于模拟岩体破坏演化的物理细胞自动机 (physical cellular automata，PCA) 模型，使其能够对不同材料性质的岩体在不同应力条件下的破坏演化进行模拟，以揭示岩体非线性破坏演化的物理过程。

根据几何尺度不同，岩体的破坏可分成不同类型：

(1) 小尺度破坏，如岩石试件的破坏等；

(2) 中尺度破坏，如山体滑坡、顶板来压、冲击地压、岩爆和矿震等；

(3) 大尺度破坏，如地震等。

本书所建立的物理细胞自动机 (PCA) 模型以模拟小几何尺度的岩石破坏为基础，但由于岩体的动力学过程具有分形特征，不同几何尺度岩体的动态破坏过程和静态的破坏形态之间具有自相似性[11]，因此，PCA 对于模拟冲击地压、岩爆和矿震等动力灾害这种几何尺度岩体破坏形式的非线性特性也同样适用。

2.2 物理细胞自动机的基本规则

根据岩体的物理力学性质和破坏演化的实际特点，二维物理细胞自动机模型的基本算法如下：

(1) 将被研究区域划分成 $N \times N$ 的方块矩阵，每个方块即为一个细胞，其位置由 (x, y) 表示；用 PLYZ(x_i, y_i, t) 表示时步为 t 时细胞 (x_i, y_i) 的破裂阈值 (相当于岩体微单元的强度，即当细胞 (x_i, y_i) 内储存的广义能量超过 PLYZ(x_i, y_i, t) 时，该细胞就会发生破坏)；用 XBNL(x_i, y_i, t) 表示时步 t 时细胞 (x_i, y_i) 内储存的“广义能量”(等效于岩体的弹性应变能)；用 PLNL(t) 表示时步 t 时整个系统细胞破裂的总个数。

(2) 按一定的概率分布设置在初始状态每个细胞的破裂阈值 PLYZ$(x_i, y_i, 0)$，同时设置每个细胞的初始能量 XBNL$(x_i, y_i, 0)$、细胞破裂后向不同方向传递能量的概率 $P(i)$、局部能量吸引域、广义能量输入方式和能量耗散系数 $NH(j)$。其中初始破裂阈值 PLYZ$(x_i, y_i, 0)$ 为 1~4 的整数，表示岩石微单元 (细胞) 的初始强度；初始细胞能量 XBNL$(x_i, y_i, 0)$ 为 1~(PLYZ$(x_i, y_i, 0)-1$) 的整数，表示岩体微元体内存在原始应力；细胞破裂后向不同方向传递能量的概率 $P(i)$(i 为 1~4 的整数) 表示岩体的各向异性；局部能量吸引域等效于岩体内裂纹等局部宏观软弱区的影响区域；广义能量输入方式为每时步内向系统输入的广义能量粒子数，表示岩体系统所处的不同应力环境，只不过本书的物理细胞自动机对于应力的表达是通过广义能量来体现的；能量耗散系数 $NH(j)$(j 为 1~4 的整数) 表征不同强度的细胞破坏以后的能量耗散，它对应于实际岩体微单元破坏后以声波、热能和新生裂纹表面能的形式消耗掉的那部分弹性应变能。

(3) 在每个时步 t 内随机选择细胞 (x_i, y_i)，并按规则将能量输入给该细胞。

(4) 检查 t 时步系统内每个细胞的能量 $\mathrm{XBNL}(x_i, y_i, t)$，若细胞 (x_i, y_i) 满足条件

$$\mathrm{XBNL}(x_i, y_i, t) \geqslant \mathrm{PLYZ}(x_i, y_i, t) \tag{2.1}$$

就认为该细胞达到了破坏强度，则按规则将其能量传递给相邻的细胞。此时把细胞 (x_i, y_i) 的能量变为 0，即 $\mathrm{XBNL}(x_i, y_i, t) = 0$。当所有细胞的能量均小于其破裂阈值时，即为一个时步结束。

(5) 按上述规则进行演化，即可得到每个时步内细胞破裂的次数，由于岩体的微破裂过程与岩体声发射之间有着对应的关系[12]，因而可以将模型中的细胞破裂次数序列视为岩体的声发射率序列。

(6) 用系统边界逸出的能量与细胞破坏后所耗散的能量之和来表示系统总的能量耗散，整个系统在演化过程中满足能量守恒定律。

2.3　物理细胞自动机对岩体物理力学性质及应力的模拟

2.3.1　对岩体材料性质的模拟

由于细胞自动机是从能量的角度来模拟离散动力系统的演化过程，因此对于各细胞物理力学性质的表达一直是一个难题。根据影响岩体材料破坏演化的主要物理力学性质以及细胞自动机本身的算法特点，所提出的物理细胞自动机模型重点考虑了岩体材料的均质程度、各向异性、长期强度等性质。

1. 岩体的均质程度

实际岩体材料内部微元体的初始强度是不同的，存在着许多微软弱区，因而岩体往往呈现出明显的非均质性 (这里所说的非均质指的是岩体强度非均质)。这一性质被一些学者认为是岩体受力破坏的根本原因[12]。在物理细胞自动机中，对于非均质性的模拟是通过在初始时刻给每个细胞赋予不同的破裂阈值 (可在 1、2、3、4 中按概率取值) 来体现，非均质的程度可由破裂阈值为 $i\,(i = 1 \sim 4)$ 的细胞数占细胞总数的比例 $P(i)$ (其中 $P(i)$ 可以为预先设定值，且 $\sum\limits_{i=1}^{4} P(i) = 1$) 来表示。

2. 岩体强度的时间效应

大量研究表明：岩体在长时间受某种低于自身初始强度的应力作用下，其强度会随着应力作用时间的延长而降低。试验统计表明，岩石强度随时间呈指数关系减小[13](图 2.1)，其方程可表示为

$$\sigma_t = A + B\mathrm{e}^{-\alpha t} \tag{2.2}$$

式中，σ_t 为岩石在时刻 t 时的强度；$A = S_\infty$；$B = S_0 - S_\infty$，S_0 为岩石的初始强度，S_∞ 为 $t \to \infty$ 时的岩石强度；α 为由试验确定的经验常数。

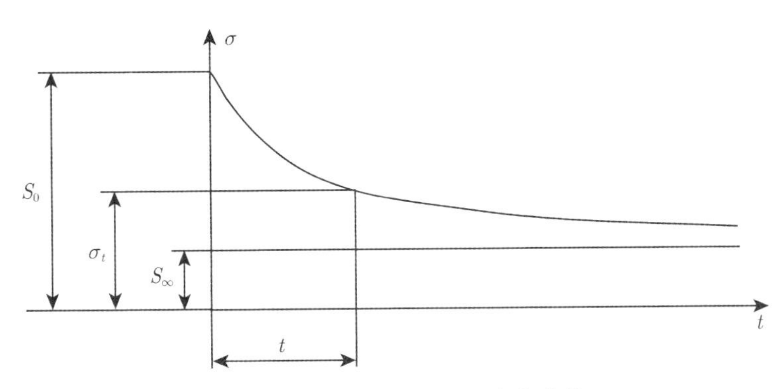

图 2.1　岩石强度随时间的变化曲线

为体现岩体强度的这一特点，在物理细胞自动机模型中引入重正化群的基本思想，对细胞作如下简化处理：

(1) 将每个细胞 (cell) 再划分成四个子细胞 (subcell)(图 2.2(a))，使子细胞都具有以下特征：

① 每个子细胞具有相同的几何尺寸；

② 每个子细胞只具有两种状态特性：0—— 未破坏，1—— 已破坏；

③ 状态为 0 的子细胞的强度为 1(即其所能储存的最大能量为 1)，状态为 1 的子细胞的强度为 0(即其已失去继续储存能量的能力)。

(2) 系统的局部破坏是以细胞为最小单位进行的，即当某个细胞中所有强度为 1 的子细胞储存的能量均为 1 时，整个细胞发生破坏，且每次只有一个强度为 1 的子细胞发生破坏 (强度为 0 的子细胞不再发生破坏)；当细胞中所有的子细胞均破坏 (即细胞中 4 个子细胞的状态均为 1) 时，则认为整个细胞处于完全破坏状态；完全破坏的细胞在系统后续的破坏演化中不再具有储存能量的能力，只起到能量传递的作用。

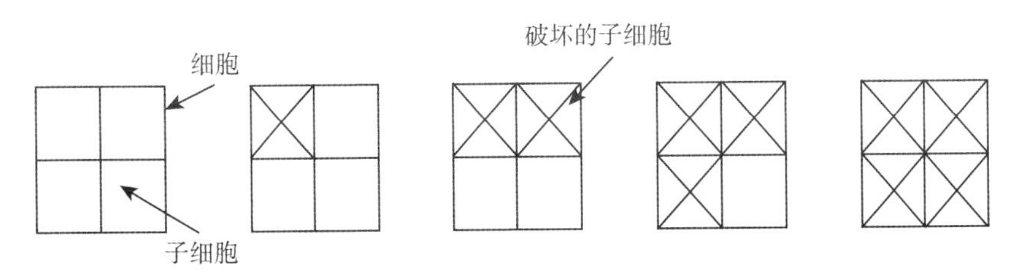

(a) 细胞破坏的演化过程示意图

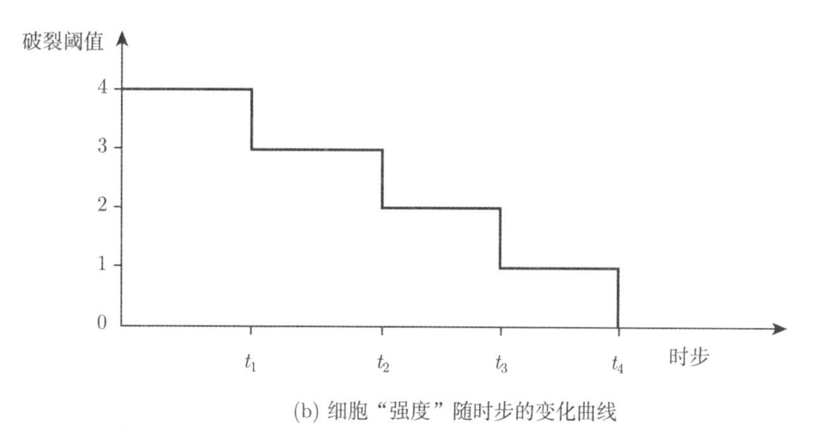

(b) 细胞“强度”随时步的变化曲线

图 2.2 细胞强度与破坏演化的关系

经过以上简化处理可以看出，细胞每破坏一次，其内部就有且只有一个子细胞发生破坏，从而整个细胞的破裂阈值 (即细胞的强度) 就下降 1。从而可得到在不同时步 t，细胞 (x_i, y_i) 的破裂阈值 $\text{PLYZ}(x_i, y_i, t)$ 演化序列：$\text{PLYZ}(x_i, y_i, 0)$，$\text{PLYZ}(x_i, y_i, 0) - 1$，$\text{PLYZ}(x_i, y_i, 0) - 2$，$\cdots$，0。图 2.2(b) 表示初始破裂阈值为 4 的细胞“强度”随时步的变化曲线。

3. *岩石材料各向异性*

与其他材料相比较，岩体材料在力学性质上往往呈现出明显的各向异性。物理细胞自动机模型通过设置细胞破裂时广义能量向不同方向的传递概率来体现岩体的这一性质。如图 2.3 所示，细胞 0 破裂后将向细胞 1、2、3、4 传递能量，传递能量概率大小的不同表明各方向传递广义能量的能力是不同的。例如，设置细胞 3、4 的能量接受概率 $P_{34} = P_3 = P_4$ 大于 (或小于) 细胞 1、2 的能量接受概率

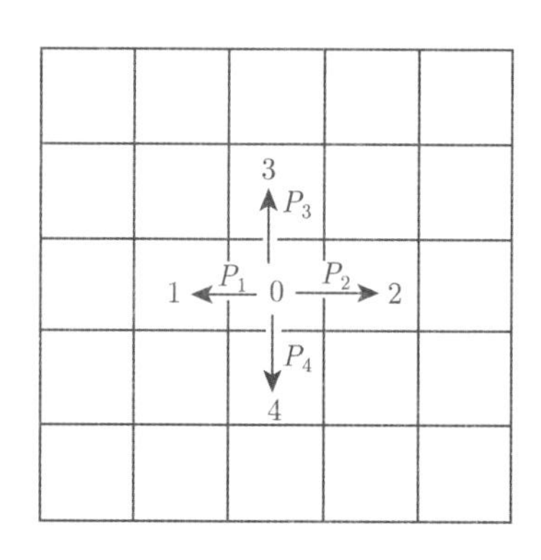

图 2.3 各向异性岩体细胞破裂能量传递示意图

$P_{12}=P_1=P_2$，且 $\sum_{i=1}^{4}P_i=1$，以此来表明竖直方向传递能量的能力大于 (或小于) 水平方向传递能量的能力。这种处理方法体现了细胞在水平方向与垂直方向上物理力学性质的差异。若 $P_1\neq P_2\neq P_3\neq P_4$，则为典型的各向异性情形。

2.3.2　对岩体内裂纹 (或宏观 "软弱区") 的模拟

试验和理论研究已表明：岩体内部的裂纹是导致岩体受力后弱化破坏的主要因素之一，岩体往往首先从裂纹处开始破坏。为了体现这一事实，物理细胞自动机模型采用如下处理方法：如图 2.4 所示，黑色细胞为裂纹穿过处，设置裂纹所贯通的细胞的初始破裂阈值为 PLYZ$(x_i, y_i, 0) = 0$ 或 1；同时，在裂纹两侧一定范围内设置一能量吸引域，如图 2.4 中的浅色方块所示。将吸引域内的细胞破裂阈值 PLYZ$(x_j, y_j, 0)((x_j, y_j)\in$ 能量吸引域) 设置为 0 或 1，即域内细胞的强度小于吸引域周围细胞的强度。这一处理方法可体现岩体裂纹及其附近处更易先破坏的特点。

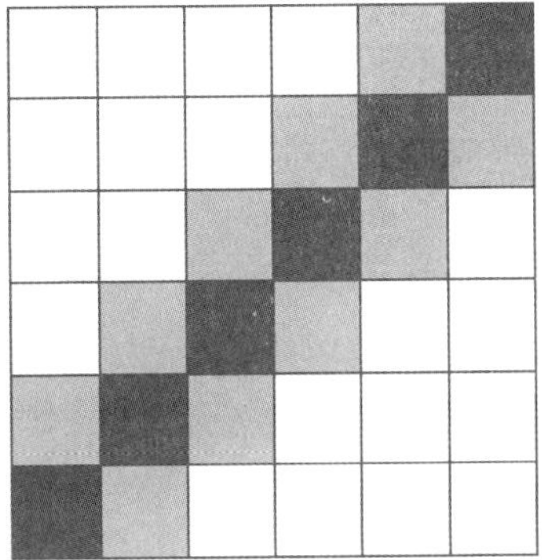

图 2.4　裂纹吸引域示意图

2.3.3　对应力环境的模拟

物理细胞自动机模型中的广义能量可等效为弹性应变能。对于实际的岩体系统而言，其能量的获得是通过作用于其上面的力来实现的。因此，物理细胞自动机模型中的广义能量输入方式定性地表征了岩体所处的应力环境。

1. *岩体内的初始应力*

实际岩体在经过长期地质作用后，其内部会 "残余" 部分构造应力，储存一定的弹性应变能；同时，位于不同深度的岩石，其所处的应力状态也不同。为了模拟不同的初始应力，在初始时刻，令细胞 $(x_i, y_i)((x_i, y_i)\in$ 细胞系统) 的广义能量 XBNL$(x_i, y_i, 0)$ 在区间 [0, INT$(\beta\times$PLYZ$(x_i, y_i, 0))$] 中随机取值，其中 β 为 0~100%的比例因子，其大小用来体现岩体初始应力水平的高低。

2. 加载方式

物理细胞自动机对加载方式的模拟是通过在每个时步内输入给系统不同的广义能量粒子数 $C(t)$ 来实现的，$C(t)$ 越大，表示系统加载应力越大；$C(t)$ 越小，系统加载应力越小。能量输入方式可有如下形式。

(1) 恒定输入方式：$C(t)$ = 常整数；

(2) 恒速率输入方式：$C(t)=\text{INT}(a+bt)$，a、b 为常数，t 为时步；

(3) 一般输入方式：$C(t)=\text{INT}[f(t)]$，$f(t)$ 为任意函数。

3. 卸载

物理细胞自动机模型中，卸载可通过按时步减少系统的广义能量来实现。设需要由系统中卸载的总能量为 M，在每个时步内，从系统中随机选择一个细胞 (x_i, y_i)，若其广义能量 $\text{XBNL}(x_i, y_i, t) \neq 0$，则令 $\text{XBNL}(x_i, y_i, t+1)= \text{XBNL}(x_i, y_i, t)-1$；若 $\text{XBNL}(x_i, y_i, t)=0$，则再在系统中随机选择一个细胞，直至所选细胞 (x_j, y_j) 的广义能量大于 0，此时，令 $\text{XBNL}(x_j, y_j, t+1)= \text{XBNL}(x_j, y_j, t)-1$。按照这种方式，每时步便从系统中“卸载”掉一个能量粒子，直到总卸载能量等于 M 为止。需要说明的是，卸载过程也应遵循能量守恒定律，总卸载能量应小于或等于卸载前系统内储存的总广义能量。

2.3.4 对能量耗散的模拟

岩体的局部破坏是一系列的复杂动力学过程，在此过程中，岩体将以不同形式把其内部储存的部分弹性应变能向外界释放：一部分能量以声波的形式向四周传播，一部分能量转化为热能，还有一部分能量转化为新生裂纹的表面能。为尽可能逼真地再现岩体破坏的动力学过程，应充分考虑上述的能量耗散效应。但由于物理细胞自动机是以细胞破坏后的能量传递来模拟应力的重新分配的，因此要想精确地计算出耗散的能量是比较困难的。因为物理细胞自动机是从“唯象”的角度来模拟岩体的破坏演化，故可以人为设定不同强度细胞破坏后的能量耗散值，再通过对比模拟结果与试验结果，就可以定性地确定出不同强度细胞的能量耗散特性。物理细胞自动机通过能量耗散系数 $NH(j)$ 来表征每个细胞破坏后能量的耗散量。

2.3.5 对系统失稳的判别

岩体 (石) 受力时，当其内部微破裂和局部宏观破坏积累到一定程度时，岩体 (石) 会发生整体失稳破坏。遵照这一事实，并根据损伤力学的基本观点，可对物理细胞自动机中的系统失稳条件作下述简化处理。

在损伤力学中，损伤变量定义为

$$D=\frac{S_0-S^*}{S_0} \tag{2.3}$$

式中，S_0 为承载横截面的总面积；S^* 为有效承载面积。

根据损伤变量的定义，可用 PCA 中破坏细胞的面积与所有细胞的面积之比来定性地表示岩石试件的损伤变量 $D(t)$($D(t)$ 也是时间 t 的函数)。当系统中破坏细胞的比例 (即损伤变量 $D(t)$) 达到某一阈值时，则规定系统达到了失稳条件，已经处于完全破坏状态。

2.3.6 对单轴拉 (压) 条件下力-变形曲线的表达

细胞自动机 (CA) 是一种描述岩体破坏演化的广义非线性动力学模型，它既可以表征大尺度岩体的破坏过程 (如地震)，也可以描述中尺度和小尺度岩体的破坏行为 (如岩爆和试验室岩石试块的受力破坏)。由于物理细胞自动机 (PCA) 考虑了岩体的材料性质、应力环境和破坏的能量耗散等问题，因此它对于中小尺度岩体破坏行为的模拟更接近于实际情况。以下重点讨论如何基于物理细胞自动机的计算结果来求得单轴拉 (压) 条件下力-变形-声发射的关系，以便将 PCA 的计算结果与理论和试验结论作比较验证。

1. 岩石试件的当量损伤变量、当量弹性模量和当量刚度

若要由广义能量来计算力或变形，首先应求得中间变量 —— 岩石试件的刚度 $K(t)$ 和弹性模量 $E(t)$。考虑到在岩石试件的受力过程中，内部微单元不断发生破坏，因此刚度 $K(t)$ 和弹性模量 $E(t)$ 都是时间 t 的函数，其函数关系可以通过损伤变量来求得。

根据损伤变量的定义 (式 (2.3))，由于我们已经用 PCA 中破坏细胞的面积与所有细胞的面积之比来定性地表示岩石试件的损伤变量 $D(t)$，且如前文所述，在物理细胞自动机中，每个子细胞的面积都是相等的，因此，损伤变量 $D(t)$ 也可以用破坏子细胞的面积与所有子细胞的面积之比来表示。从而系统在初始状态时的损伤变量 $D(0)$ 为

$$D(0) = 1 - \frac{\sum\limits_{(x_i,y_i)\in\text{细胞矩阵}} \mathrm{PLYZ}(x_i, y_i, 0)}{4 \times \mathrm{BNXY}} \tag{2.4}$$

式中，BNXY 为系统内细胞的总数。

若设岩石无损伤时的弹性模量为 e，则系统的初始弹性模量可表示为

$$E(0) = e[1 - D(0)] = e\frac{\sum\limits_{(x_i,y_i)\in\text{细胞矩阵}} \mathrm{PLYZ}(x_i, y_i, 0)}{4 \times \mathrm{BNXY}} \tag{2.5}$$

若从初始状态至时间 t，整个系统中子细胞破坏的总个数为 $\Omega(t)$，则此时系统的损

伤变量为

$$D(t)=1-\frac{\sum\limits_{(x_i,y_i)\in\text{细胞矩阵}}\text{PLYZ}(x_i,y_i,0)-\varOmega(t)}{4\times\text{BNXY}}=D(0)+\frac{\varOmega(t)}{4\times\text{BNXY}} \tag{2.6}$$

此时系统的弹性模量为

$$E(t)=e[1-D(t)]=e\left[1-D(0)-\frac{\varOmega(t)}{4\times\text{BNXY}}\right]=E(0)-e\frac{\varOmega(t)}{4\times\text{BNXY}} \tag{2.7}$$

刚度 $K(t)$ 和弹性模量 $E(t)$ 之间存在如下关系

$$K(t)=\frac{E(t)S}{l} \tag{2.8}$$

其中，S为加载面的面积；l 为试件的轴向长度。因为在加载过程中 S 和 l 变化不大，作为近似，可将比值 $\dfrac{S}{l}$ 视为常数 C，则刚度可简化为

$$K(t)=\frac{E(t)S}{l}\approx E(t)C=\left[E(0)-e\frac{\varOmega(t)}{4\times\text{BNXY}}\right]C=K(0)-e\frac{\varOmega(t)}{4\times\text{BNXY}}C \tag{2.9}$$

2. 力与变形的计算

图 2.5 为典型的力 (F)-变形 (u) 曲线。设 A 点相应的力为 $F(t)$，变形为 $u(t)$(t 为时间变量)。由 A 点卸载至 B 点，则 OB 为塑性变形，BC 为弹性变形。假设卸载过程为缓慢卸载且损伤变量不发生变化，则卸载曲线 AB 为直线，直线的斜率为此时的系统刚度 $K(t)$，三角形 ABC 的面积 S_{ABC} 为卸载前岩石试件内储存的弹性变形能 $U^e(t)$，在物理细胞机中，$U^e(t)$ 即为 t 时步结束时系统内储存的全部广义能量。因此，可将 t 时刻的加载力 $F(t)$ 表示为

$$F(t)=\sqrt{2K(t)U^e(t)} \tag{2.10}$$

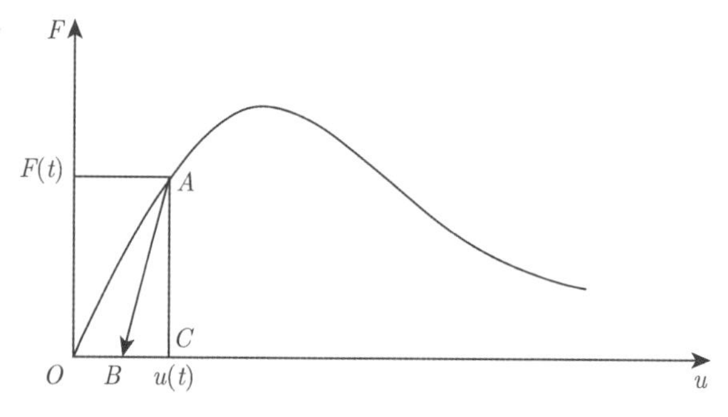

图 2.5　力-变形曲线

下面计算每个时步的变形 $u(t)$。如图 2.6 所示，A、B 分别对应于系统在 t 和 $t+1$ 时步的力与变形状态，将曲线段 AB 简化成直线段，则梯形 $ABDC$ 的面积为 $t+1$ 时步内外力所做的功，在数值上等于 $t+1$ 时步向系统输入的广义能量 $\Delta U(t+1)$，故有

$$\Delta U(t+1)=\frac{F(t+1)+F(t)}{2}[u(t+1)-u(t)] \tag{2.11}$$

所以

$$u(t+1)=u(t)+\frac{2\Delta U(t)}{F(t)+F(t+1)} \tag{2.12}$$

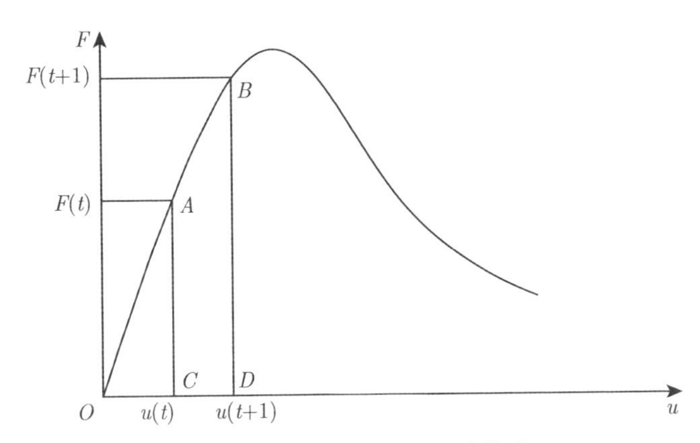

图 2.6　力-变形曲线及能量关系

通过式 (2.10) 和式 (2.12)，即可求得每个时步的当量力与当量变形，从而得到单轴拉 (压) 条件下的力-变形曲线。

上述分析只是根据岩石试件受力后力-变形关系的实际特点和能量守恒定律进行的合理简化，并没有改变物理细胞自动机本身的构成规则。下面将利用上述建立的物理细胞自动机模型对岩体破坏进行模拟验证。

2.4　物理细胞自动机对岩体破坏特征的模拟

2.4.1　对岩体破坏过程中力-变形-声发射演化关系的模拟

要检验物理细胞自动机 (PCA) 模拟岩石破坏演化过程的有效性，一个有力的证据就是看 PCA 是否可以逼真地模拟岩石在单轴拉 (压) 条件下力-变形-声发射之间的演化关系。本节将利用岩体破坏演化的物理细胞自动机模拟程序 (RFPCA)[14] 对该问题进行模拟分析。

模拟条件：① 细胞矩阵为 50×50；② 被模拟岩石的初始强度不均质，在初始时刻，破裂阈值 (即强度) 为 1、2、3 和 4 的细胞的数量各占 25%；③ 所有细胞每

破坏一次所耗散的系统广义能量均为 1；④ 被模拟岩石为各向同性体，即每个细胞破坏后向四周传递能量的概率相等；⑤ 系统内的初始广义能量为 0，即被模拟岩石内无初始应力；⑥ “加载方式” 通过每时步向系统输入 1 个能量粒子来体现。

在上述条件下，利用 RFPCA 程序运行 11000 步，得到的力-变形-声发射曲线如图 2.7(a) 所示。图中结果与大部分不均质岩石的应力-应变-声发射试验结果类似，图 2.7(b) 为煤的声发射试验结果。对比两图可以看出，若适当调整坐标比例，二者的声发射曲线在宏观变化趋势上已非常相似；同时，PCA 对力-变形曲线的模拟也达到了相当逼真的程度。

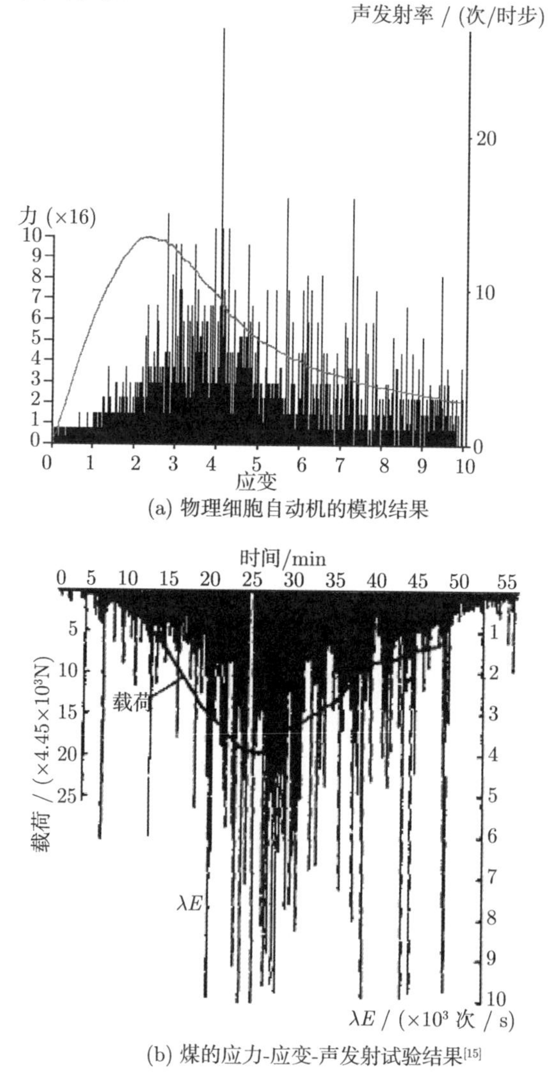

(a) 物理细胞自动机的模拟结果

(b) 煤的应力-应变-声发射试验结果[15]

图 2.7　不均质岩体声发射的 PCA 模拟结果与试验结果对比

因此，尽管物理细胞自动机是基于细胞能量的传递规则来实现对系统演化的模拟，撇开了经典弹塑性力学试验与模拟的描述方法，但由 PCA 的模拟结果可以看出，二者之间存在着对应的“当量”关系，即只要适当地选择物理细胞自动机所需的描述参数，就可得到与实际非常相似的模拟结果。当然，物理细胞自动机所需的参数不是 E、μ 等，而是能量指标，如细胞的广义能量和广义能量耗散系数等。

2.4.2 对循环加载的模拟

岩石在循环加载条件下具有以下典型的特性 (图 2.8(a))：① 在超过屈服点后卸载，将出现不可恢复的塑性变形；② 在峰值后区，当位移继续增长时，总位移中不可恢复的部分增加；③ 卸载-加载过程中，力与变形的对应关系不是唯一的；④ 岩石的表观弹性模量随试件峰值后的变形和渐进破坏而减小。为了验证物理细胞自动机模型能否再现上述特点，下面利用 RFPCA 程序进行了相应模拟。

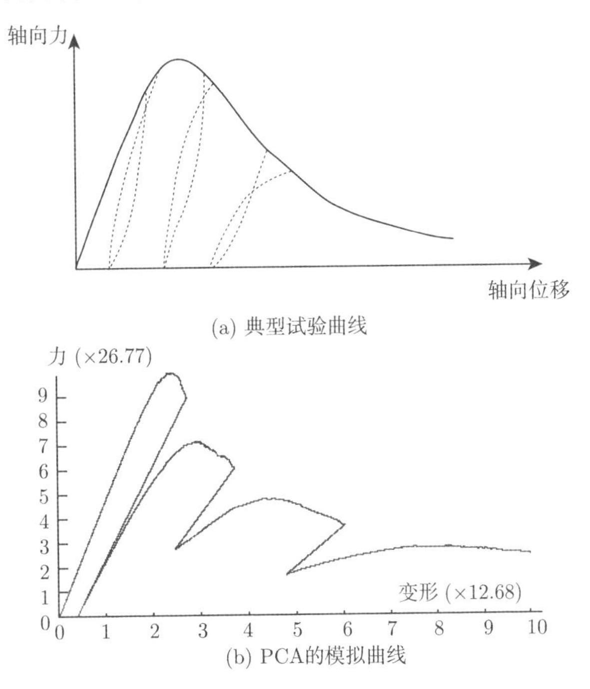

(a) 典型试验曲线

(b) PCA的模拟曲线

图 2.8 岩石在循环加载条件下的轴向力-轴向位移曲线对比结果

模拟条件: ①细胞矩阵为 50×50；②被模拟岩石的初始强度均匀，在初始时刻，全部细胞的破裂阈值 (即强度) 均为 4；③所有细胞每破坏一次所耗散的广义能量均为 1；④被模拟岩石为各向同性体，即每个细胞破坏后向四周传递能量的概率相等；⑤系统内的初始广义能量为 0，即被模拟岩石内无初始应力；⑥“加载方式” 通过每时步向系统输入 1 个能量粒子来体现。

在上述条件下，利用 RFPCA 程序共运行 27000 时步，其中：①第一次卸载：5600 ~9169 时步，共卸载总储存能量的 100%；②第二次卸载：14600 ~16481 时步，共卸载总储存能量的 80%；③第三次卸载：21500 ~22633 时步，共卸载总储存能量的 80%；④其他时步为加载时步。

图 2.8(b) 为由 PCA 模拟得到的轴向力-轴向位移曲线。与试验结果对比可见，物理细胞自动机真实地反映了实际岩石在循环加载条件下力与变形间的主要典型特征。由于 PCA 将卸载过程简化为线性关系，故没有反映出加载-卸载环，但仍反映出了加载和卸载过程中力与变形间的非单值对应关系。因此，PCA 仍不失为一种客观描述岩石力与变形关系的宏观广义模型。

2.4.3　对不同声发射模式的模拟

Mogi[15] 通过对各种脆性岩石材料的破裂试验，发现了其声发射模式的三种基本类型：主震-后震型、前震-主震-后震型和群震型 (图 2.9)，并且认为不同的声发射模式与岩石的均质程度密切相关。即第一种类型出现在均质性较好的岩石中，第二种类型出现在介于均质与非均质之间的岩石中，第三种类型出现在不均质岩石中。唐春安[16] 已从理论上就这一结论进行了证明。下面利用 RFPCA 程序对不同初始均质度岩石的声发射规律进行了相应模拟验证。

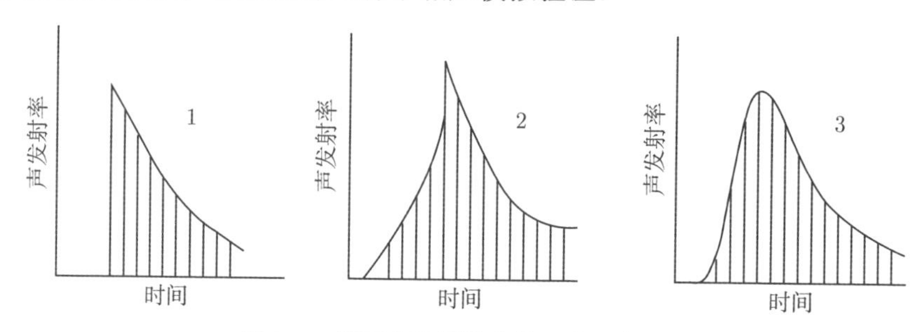

图 2.9　岩石声发射模式的三种基本类型

模拟条件如下。

(1) 初始均质度：

① 均质岩石-初始状态时强度为 1、2、3 和 4 的细胞比例分别为 0、0、0 和 1；

② 较均质岩石-初始状态时强度为 1、2、3 和 4 的细胞比例分别为 0.1、0.2、0.3 和 0.4；

③ 不均质岩石-初始状态时强度为 1、2、3 和 4 的细胞比例均为 0.25。

(2) 其他条件为：

① 细胞矩阵为 50×50；

② 强度为 3 和 4 的细胞的能量耗散系数为 1，其他细胞的能量耗散系数为 0；

③ 被模拟岩石为各向同性，即每个细胞破坏后向四周传递能量的概率相等；

④ 系统内的初始广义能量为 0；

⑤ "加载方式" 通过每时步向系统输入 1 个广义能量粒子来体现。

在上述条件下进行模拟，得到三种模型的声发射模式如图 2.10 所示。可见，若

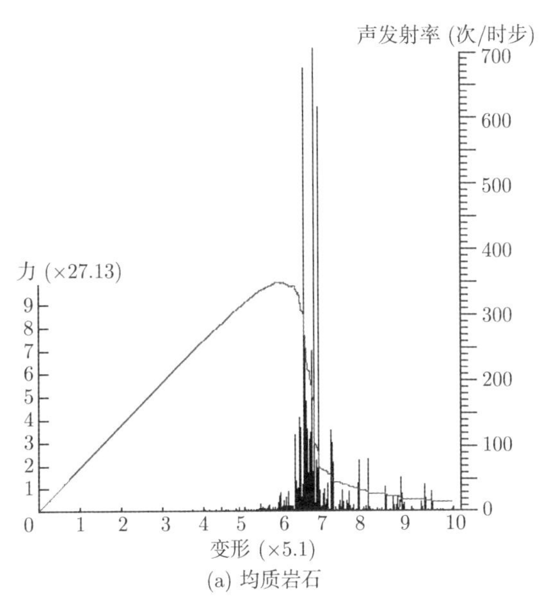

(a) 均质岩石

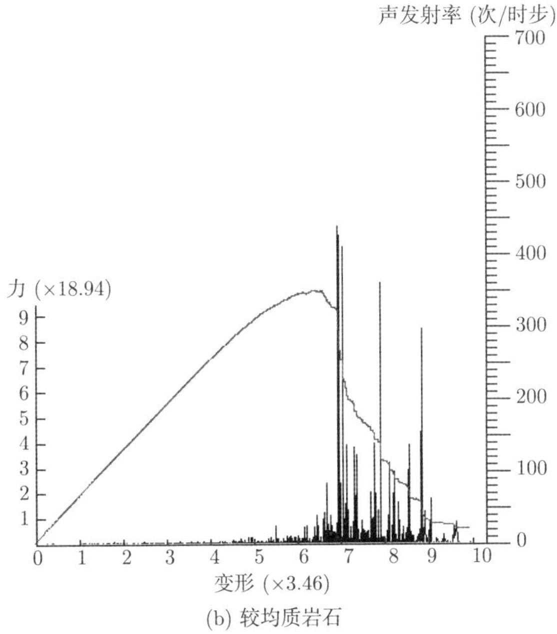

(b) 较均质岩石

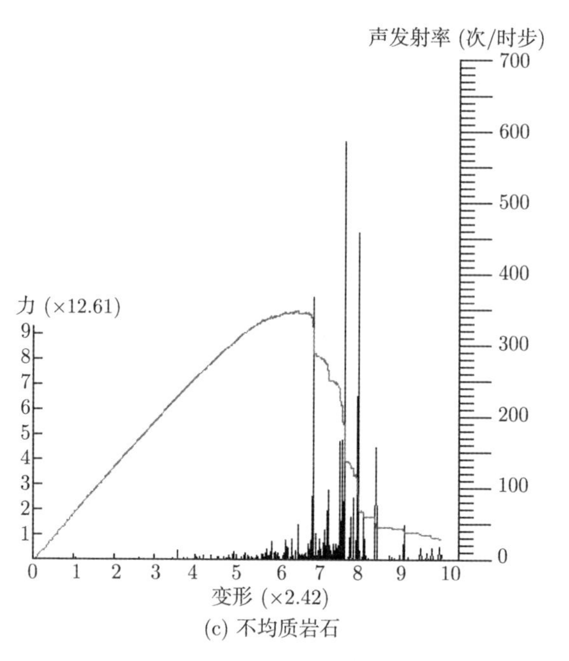

(c) 不均质岩石

图 2.10　物理细胞自动机对不同声发射模式的模拟

消除坐标比例的影响，可以认为图 2.10 中声发射曲线演化规律在宏观上与图 2.9 所示的三种模式是一致的，因此，利用物理细胞自动机完全可以逼真地再现实际岩石的不同声发射规律。另外，岩石的脆性程度可由力 (F)-变形 (u) 曲线来定性地判定：F-u 曲线在破坏后区下降越快，岩石的脆性越强，反之，其脆性越弱。PCA 非常客观地反映了岩石的脆性与其均质程度的关系 (图 2.10)：均质坚硬岩石的脆性最强，较均质岩石次之，不均质岩石的脆性最弱。这一结论与试验[15] 及理论[16] 结果是一致的。这又从另一个侧面说明了物理细胞自动机对岩石破坏演化模拟的有效性。

2.4.4　对裂纹尖端塑性破坏区形态的模拟

利用 PCA 对裂纹尖端塑性区的形态进行了模拟分析。模拟条件：① 细胞矩阵为 50×50，内有一裂纹 (图 2.11(a))；② 被模拟岩石的初始强度均匀，在初始时刻，裂纹影响域内细胞的破裂阈值 (即强度) 为 1，其他细胞的破裂阈值为 4；③ 所有细胞每破坏一次所耗散的广义能量均为 1；④ 被模拟岩石为各向同性体，即每个细胞破坏后向四周传递能量的概率相等；⑤ 系统内的初始广义能量为 0，即被模拟岩石内无初始应力；⑥ “加载方式” 通过每时步向系统输入 1 个能量粒子来体现。

图 2.11 显示了裂纹在不同时步的演化形态。图中的深黑色区域为完全破坏区；圆圈的圆心表示某时步的破坏中心，半径表示该时步声发射率的大小。图 2.12 为

由经典弹塑性理论得到的裂纹尖端塑性区的理论形态图。对比图 2.11 和图 2.12 可见：

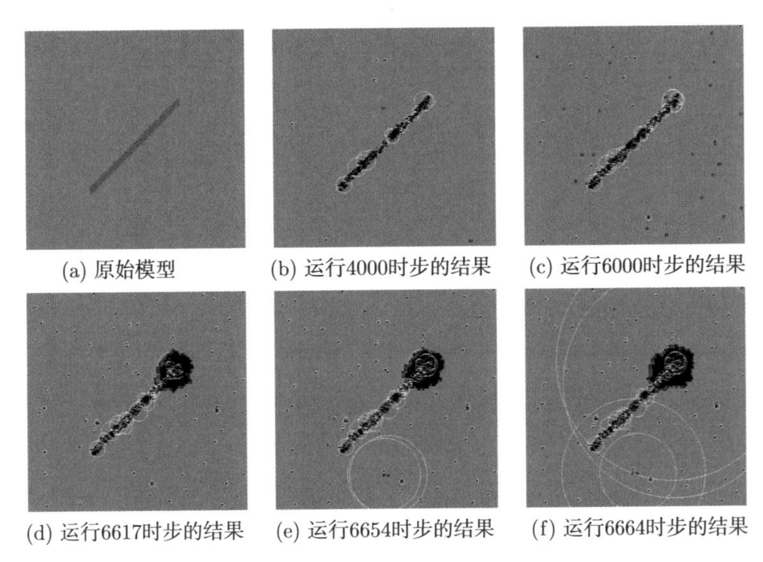

(a) 原始模型　(b) 运行4000时步的结果　(c) 运行6000时步的结果

(d) 运行6617时步的结果　(e) 运行6654时步的结果　(f) 运行6664时步的结果

图 2.11　裂纹尖端破坏区形态演化的 PCA 模拟结果

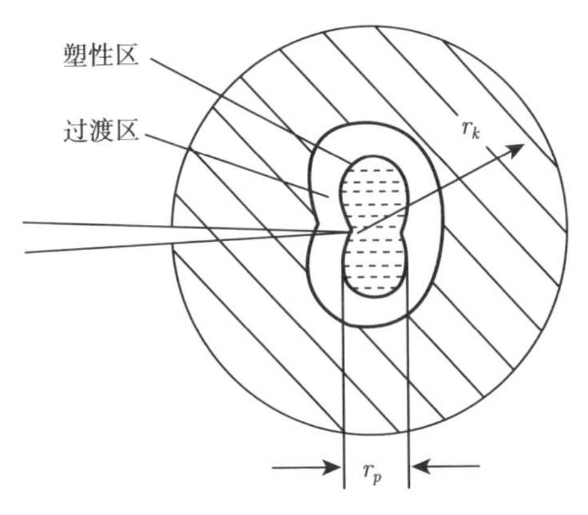

图 2.12　裂纹尖端塑性区形态的弹塑性理论结果

(1) 裂纹尖端破坏区形态的物理细胞自动机 (PCA) 的模拟结果与弹塑性理论结果虽然在实际尺寸上不存在对应关系，但其形态却是相似的。这表明，尽管在用物理细胞自动机模拟裂纹演化的微观过程中存在着强烈的随机性，但其宏观模拟结果却向着一个方向发展，最终形成如图 2.11 所示的形态。即在物理细胞自动机中，大量局部和短时间随机事件的综合结果将会导致高度稳定的近似确定性事件的发生。至于为什么会出现这种情况，有待于进一步研究，但这一结论已被大量

PCA 模拟算例所证实。

(2) 在图 2.11 中也存在一个类似于图 2.12 中过渡区的细胞区域，在该区域内，细胞的强度处于低水平状态 (0 或 1)，是完全破坏区 (图 2.11 中由强度为 0 的细胞构成的深黑色区域) 和未破坏区的过渡区域。

因此，尽管物理细胞自动机对岩体裂纹尖端破坏区演化的某些机制尚不能完全解释，但 PCA 对岩石破坏的模拟在微观上与经典弹塑性理论结果却在很大程度是一致的。

2.4.5　改进的物理细胞自动机模型及岩石破坏过程中的变量相关性分析

1. 改进的物理细胞自动机模型

在以上物理细胞自动机的基本模型中，所采用的细胞形式和邻居类型是最简单的四边形细胞和 Von Neumann 型邻居类型 (如图 2.13 所示，其中 1~4 为细胞 0 的邻居细胞编号，$P_1 \sim P_4$ 为细胞 0 破坏后的能量传递概率)。在这种类型的细胞自动机模型中，一个细胞上、下、左、右四个相邻的细胞为该细胞的邻居，邻居半径为 1，邻居的定义如下：

$$N_N = \{v_i = (v_{ix}, v_{iy}) | |v_{ix} - v_{ox}| + |v_{iy} - v_{oy}| \leqslant 1, (v_{ix}, v_{iy}) \in Z^2\} \tag{2.13}$$

其中，(v_{ix}, v_{iy}) 表示邻居细胞的坐标值 (二维情况下)，(v_{ox}, v_{oy}) 表示中心细胞的坐标值。当细胞 0 破坏时，其能量将传递给细胞 1、2、3 和 4 (图 2.13)。

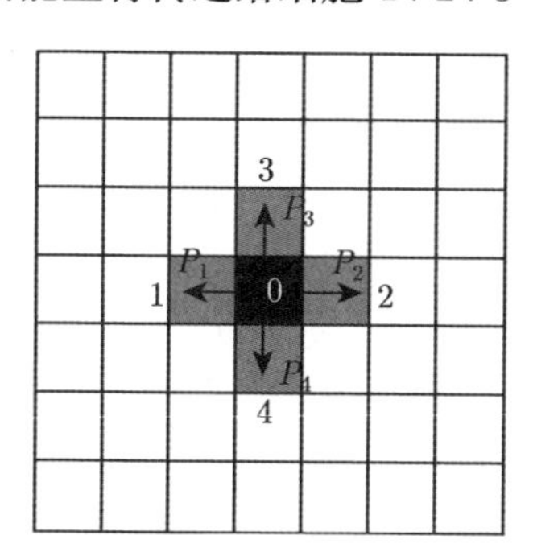

图 2.13　物理细胞自动机基本模型的细胞类型和邻居模型

四边形的 Von Neumann 细胞模型在处理上是简单的，但是对于各向异性和复杂问题的描述是不精确的，这个问题已经在格子气自动机的 HPP 模型 (四边形细胞) 和 FHP 模型 (六边形细胞) 的对比中得到了验证。另外，由于细胞自动机易于在细观尺度上描述岩石微单元破坏后的能量转换，而当裂纹扩展后，能量重新分配所影响到的区域半径要远大于一个细胞的尺寸，因此，如果取邻居半径为 1，则会使模拟结果与实际物理机制相差甚远。为了解决上述问题，对以上物理细胞自动机的基本模型作如下改进。

1) 采用六边形的细胞形状

与物理细胞自动机的基本模型类似，在二维空间内建立改进模型，则六边形细胞的形状为标准等边六边形 (图 2.14)。六边形细胞的优点是能够较好地描述各向异性现象，当细胞破坏时，在各个方向上均发生能量重新分配和传递，因此对于实际物理过程的描述也更为精细和真实。

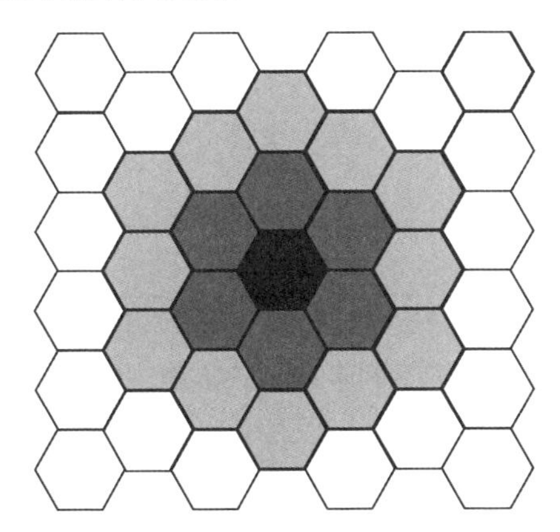

图 2.14　改进的物理细胞自动机的细胞形状 —— 六边形细胞

2) 采用扩展的 Moore 邻居类型

和物理细胞自动机基本模型中的 Von Neumann 型邻居类型不同，扩展的 Moore 邻居类型是将邻居半径 r 扩展为 2 或者更大；同时，将一个细胞四周所有方向上、且与该细胞的空间距离半径小于 r 的所有细胞均视为该细胞的邻居。其数学定义可以表达为

$$N_{\text{ModifiedMoore}} = \{v_i = (v_{ix}, v_{iy}) || v_{ix} - v_{ox}| + |v_{iy} - v_{oy}| \leqslant r, (v_{ix}, v_{iy}) \in Z^2\} \quad (2.14)$$

考虑到实际计算和处理的方便，在改进的物理细胞自动机模型中仅考虑邻居半径 r 为 2 的情况。

采用六边形细胞和扩展的 Moore 邻居类型，既可以考虑所有方向上的力学作用的影响，又可以考虑岩石单元破坏对能量重新分配区域的影响，同时在几何上又可以更精确地反映实际几何结构和物理过程的机制。

为了反映岩石单元破坏对于不同距离区域能量重新分配的影响不同，根据圣维南原理的基本思想，对于邻居细胞的能量接受概率 (即破坏细胞的能量传递概率) 作如下假设：邻居细胞的能量接受概率和该细胞与破坏细胞之间距离的关系满足如图 2.15 所示的曲线 1。因为改进的物理细胞自动机所考虑的邻居半径为 2，所以为了实际计算的方便，将曲线 1 简化为形如曲线 2 的折线形式 (图 2.15 中，r 为邻居半径，$P(r)$ 为邻居细胞的能量接受概率 (或破坏细胞的能量传递概率)，$P(1)$ 为半径为 1 的所有邻居能量接受概率的总和，$P(2)$ 为半径为 2 的所有邻居能量接受概率的总和，$P(1)$ 和 $P(2)$ 为预先设定值)。

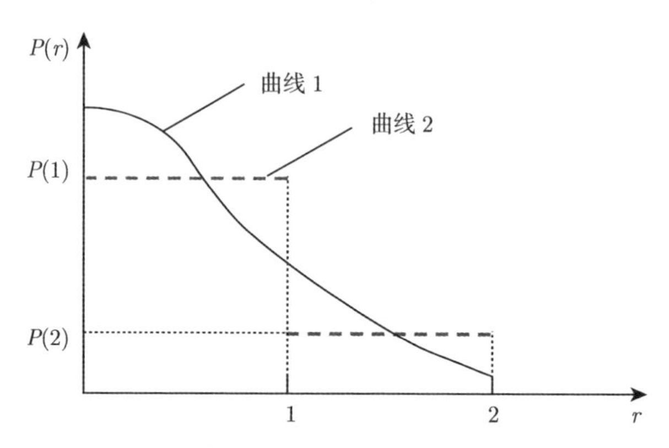

图 2.15 对邻居细胞的能量接受概率曲线的简化

在实际计算过程中，破坏细胞向其周围邻居的能量传递分两步进行：对于单位能量，首先根据 $P(1)$ 和 $P(2)$ 的数值大小随机确定将要传递的邻居细胞层 (1 或 2，半径相同的细胞处于同一层中)；在已经确定的接受该单位能量的细胞层中，等概率地随机取一个细胞，作为接收该单位能量的细胞；如此循环往复，直至破坏细胞的所有能量均按上述过程传递到周围的邻居细胞中。

2. 改进的物理细胞自动机模型的模拟实例和验证

要检验改进的物理细胞自动机模型对岩石破坏演化过程模拟的有效性，一个有力的证据就是看该模型是否可以更逼真地模拟岩石在单轴拉 (压) 条件下的荷载-变形-声发射之间的演化关系。为验证这一问题，利用改进的物理细胞自动机模型，并结合物理细胞自动机基本模型的模拟结果，进行如下模拟对比验证模拟。

1) 对不均质岩体声发射模式的模拟对比

模拟条件 (为了使模拟结果具有可比性，采用和文献 [17] 相似的模拟条件)：① 细胞总数为 2500 个；② 被模拟岩石的初始强度不均质，在初始时刻，破裂阈值 (即强度) 为 1，2，3 和 4 的细胞的数量各占 25%；③ 所有细胞每破坏一次所耗散的系统广义能量为 1；④ 被模拟岩石为各向同性体，即每个细胞破坏后向同一层邻居的所有细胞传递能量的概率相等；⑤ 系统内的初始广义能量为 0，即被模拟岩石内无初始应力；⑥ “加载方式” 通过每时步向系统输入 1 个能量粒子来体现；⑦ 取 $P(1) = 0.8$，$P(2) = 0.2$。

在上述条件下，利用改进的物理细胞自动机模型计算 11000 步，得到的荷载-变形-声发射曲线如图 2.16(c) 所示，图中结果与大部分不均质岩石的应力-应变-声发射试验结果类似。图 2.16(a) 为煤的声发射试验结果，图 2.16(b) 为文献 [17] 中物理细胞自动机基本模型的模拟结果。对比图 2.16(a)~(c) 可以看出，改进的物理细胞自动机模型对于荷载-变形-声发射三者对应关系的模拟更趋近于实际情况，尤其是改进的物理细胞自动机得到的荷载峰值和声发射峰值的对应关系与试验结果更为符合，表明改进的物理细胞自动机在内在机制上更符合岩石破坏的实际情况。

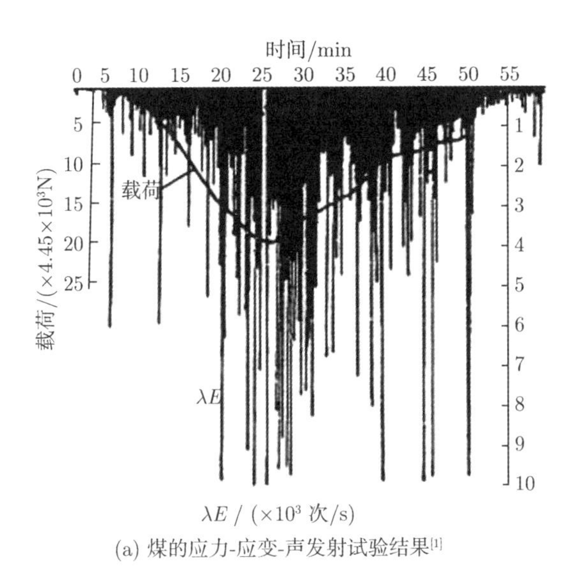

(a) 煤的应力-应变-声发射试验结果[1]

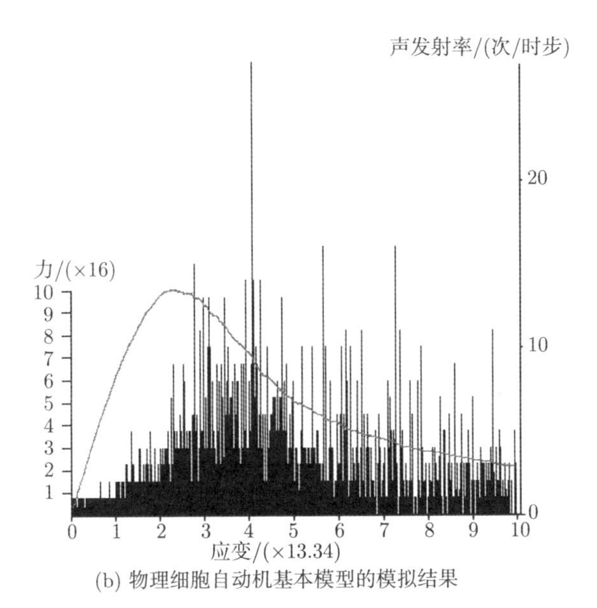

(b) 物理细胞自动机基本模型的模拟结果

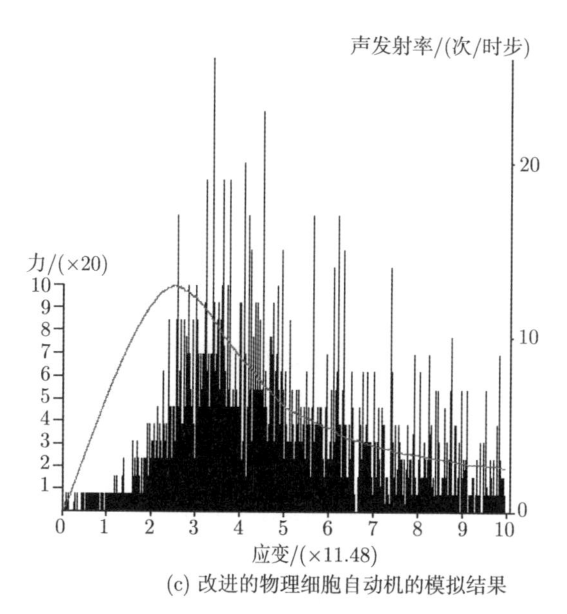

(c) 改进的物理细胞自动机的模拟结果

图 2.16　不均质岩石声发射模拟结果与试验结果对比

2) 对循环加卸载条件下岩石声发射曲线的模拟

岩石在循环加卸载条件下具有以下典型的特性[17]：① 在超过屈服点后卸载，将出现不可恢复的塑性变形；②在峰值后区，当位移继续增长时，总位移中不可恢复的部分增加；③卸载-加载过程中，力与变形的对应关系不是唯一的；④岩石的表观弹性模量随试件峰值后的变形和渐进破坏而减小；⑤岩石一般都具有明显的 Kaiser 效应，即岩石材料被重新加载期间，在应力值达到上次加载最大应力之前不产生明显的声发射信号。物理细胞自动机基本模型能够对上述岩石特性①~④进行比较合乎实际的模拟[17]，但是对于模拟岩石循环加卸载条件下的 Kaiser 效应，物理细胞自动机基本模型并不能得到满意的结果。为了验证改进的物理细胞自动机模型对模拟 Kaiser 效应的适应性，进行了如下模拟验证。

模拟条件：①细胞总数为 2500 个；②被模拟岩石的初始强度均质，在初始时刻，破裂阈值 (即强度) 为 1、2、3 和 4 的细胞数的比例分别为 0、0、0 和 100%；③所有细胞每破坏一次所耗散的系统广义能量为 1；④被模拟岩石为各向同性体，即每个细胞破坏后向同一层邻居的所有细胞传递能量的概率相等；⑤系统内的初始广义能量为 0，即被模拟岩石内无初始应力；⑥“加载方式” 通过每时步向系统输入 1 个能量粒子来体现；⑦取 $P(1)=0.8$，$P(2)=0.2$。

在上述条件下，利用改进的物理细胞自动机模型计算 29000 步，其中共卸载三次：

第一次卸载：5500~9087 步，共卸载当前系统储存能量的 100%；

第二次卸载：15000～16500 步，共卸载当前系统载储存能量的 80%；

第三次卸载：22000～23854 步，共卸载当前系统载储存能量的 80%。

最终得到荷载-变形-声发射曲线如图 2.17 所示。由图中结果可以看出，与物理细胞自动机基本模型相比，改进的物理细胞自动机不仅可以对上述岩石受力破坏过程中的特性①～④进行比较合乎实际的模拟，而且对于模拟岩石循环加卸载条件下的 Kaiser 效应，改进的物理细胞自动机模型也可以得到比较满意的结果。

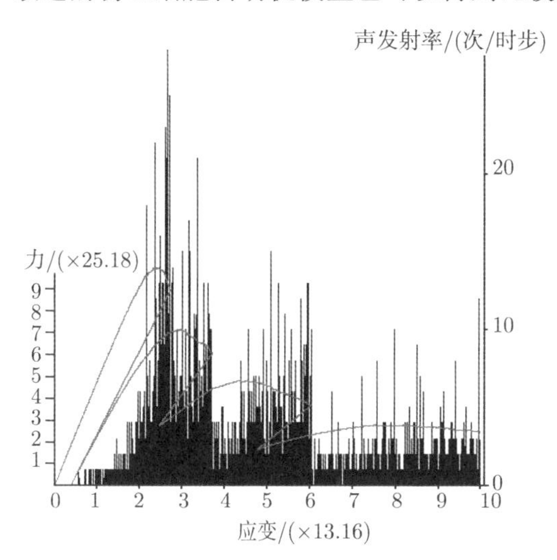

图 2.17　循环加卸载条件下岩石的声发射曲线模拟

以上的模拟对比分析表明，改进的物理细胞自动机模型可以更好地描述岩石破坏的内部细观机制。需要指出的是，与物理细胞自动机基本模型类似，改进的物理细胞自动机模型对于岩石破坏机制的描述 (通过其构成规则来体现) 也是广义上的和定性的，它通过定性地表达局部岩石细胞之间简单的相互作用的综合结果来模拟岩石破坏演化过程的宏观特征，其优势主要是用来模拟分析岩石破坏过程中的各种能量传递和转化关系，而这种细观尺度上的能量传递和转化关系对于研究岩石的破坏机制 (如岩石细观尺度的断裂和损伤等) 是至关重要的，且往往不便于由经典的数值计算方法和岩石力学试验手段得到；同时，改进的物理细胞自动机模型还可以更精确地模拟荷载-变形-声发射三者之间的对应关系和曲线，这对于从宏观上分析岩石破坏演化及其非线性动力学特征具有特殊的优势。

3. 岩石破坏过程中宏观变量的相关性分析

岩石的受力破坏是一个复杂的物理过程，长期以来，关于这一过程的研究主要集中在以下三个方面：①岩石破坏的宏、细、微观机制和规律；②岩石破坏过程和破坏行为的预测方法；③对岩石破坏过程的控制方法和相关理论。这三个方面体现了人类认识自然和改造自然的三个基本层次和阶段。

为了研究岩石破坏的机制和规律，首先需要引入一系列的特征变量来描述岩石受力变形直至破坏过程的特征，其中，应力、应变、变形、应变能等是被用作表达岩石受力变形的常用特征变量。在进行理论分析时，总可以从上述变量中挑选出一组或多组相互独立的、完备的且具有普遍实际物理意义的变量来描述岩石的变形破坏系统。但在进行实际现场观测研究时，上述变量往往并不易直接测量或分析得到。例如，即使是最常见的应力测量，在进行实际现场测量时，经常由于受各种实际条件的限制，也不能得到比较准确的测量值或者根本就很难进行测量。在这种情况下，人们常采用一些其他易于测量的变量或现象作为替代变量来描述岩石变形破坏系统。例如，岩爆是岩石地下特别是深部地下工程经常遇到的重大动力灾害，是岩体由于地下工程的开挖产生应力集中，当高应力达到某一临界值时，其力学平衡系统突然失稳，产生以突然、急剧、强烈的破坏为特征的动力现象。到目前为止，对于岩爆机制的多种理论中，能量观点无疑是比较完善的解释：从能量的角度来看，岩石内部储存了巨大的弹性应变能，一旦受到适当的扰动，弹性能突然释放，使破坏的岩石获得足够的动能，从而发生岩爆。基于能量理论的岩体冲击倾向性指标 —— 弹性能指标 W_{ET} 是被国内外和多个行业普遍接受的评价指标，它是一种以弹性能与永久变形消耗能之比值作为衡量煤岩体冲击倾向程度的指标。其数学表达式为 (图 2.18)：

$$W_{ET} = \frac{\Phi_{SE}}{\Phi_{SP}}, \quad \Phi_{SP} = \Phi_C - \Phi_{SE}$$

式中，W_{ET} 为弹性能指标；Φ_{SE} 为弹性变形能；Φ_C 为总变形能；Φ_{SP} 为塑性变形能。

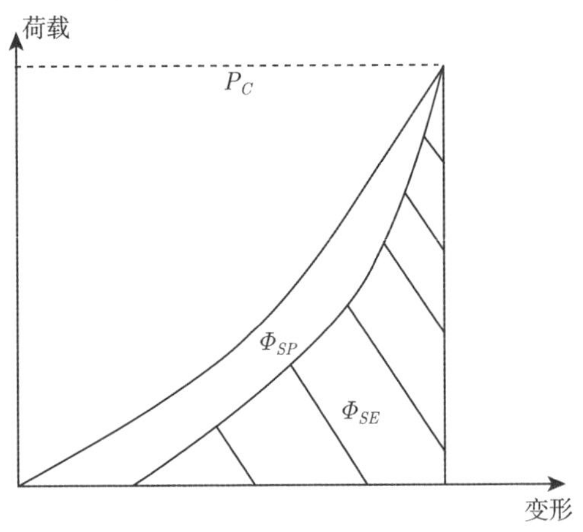

图 2.18 弹性能指标计算示意图

岩爆的孕育发展是一个动态过程，在这个动态过程中，实时地测量到能量和应力的变化无疑是进行准确预测的前提，但是这在实际现场工程中一般是不易实现的。为了对岩爆进行预测，人们常通过监测声发射活动的手段来实现，这种方法在矿山 (如门头沟煤矿、红透山铜矿等) 岩爆预测中已经得到了一些成功的应用。此外，声发射监测和预测方法在煤矿顶板来压预测、复杂条件下的隧道稳定性预测等方面也得到了一系列成功的应用案例。声发射方法的成功案例应用表明，岩石的动态声发射活动和岩石受力过程中的能量转化和应力变化等特征变量之间具有一些内在的相关性。同时，在实际应用中也发现，对于一些特定的条件，声发射方法并不能很好地预测岩石的破坏行为。当然，这种预测的不准确性与预测理论和方法本身有一定的关系，但最根本的原因在于：在不同的条件下，岩石的声发射活动和岩石受力过程中的能量转化和应力变化等特征变量之间的相关程度是不同的。也就是说，在某些情况下，岩石的声发射活动和岩石受力过程中的能量转化和应力变化等特征变量之间具有较强的相关性，这种情况下，利用声发射方法预测岩石的破坏活动一般都会得到比较准确的结果；但是在某些条件下，这种相关性较弱，这时声发射预测方法往往就会出现不准确的现象 (尽管预测理论和预测方法也会对预测结果的准确性产生影响，但观测变量和岩石破坏之间的相关程度是决定预测准确性的根本前提)。也就是说，在一定条件下，如果声发射的变化趋势与岩体内的应力和弹性变形能变化趋势的对应性 (这种对应关系可能是正相关的对应关系，也可能是负相关的对应关系) 比较强，就可以由声发射的增大 (或减小) 来比较准确地反映岩体内应力和弹性变形能的增大 (或减小)，进而就可以对岩体的破坏作出比较准确的预测；反之，基于声发射监测数据的预测就是不准确的。岩石的破坏行为是其内在的物理力学性质和外界应力条件综合作用的结果，物理细胞自动机可以从广义和定性上方便地得到上述变量的对应关系。因此，本书将应用改进的物理细胞自动机模型分析岩石的不同性质对于其破坏过程中声发射活动和能量转化及应力变化等特征变量之间相关性的影响，以及岩石不同受力破坏阶段中上述变量之间的相关性变化，从而为评价岩石破坏行为的声发射预测结果的可信程度提供定性的理论借鉴。

岩石本身的物理力学属性是影响岩石力学行为的内在因素，例如，岩石的冲击倾向性和岩爆倾向程度实际上与岩石的弹脆塑性程度密切相关。因此，此处将重点分析不同弹脆塑性程度的岩石在受力破坏全过程的不同阶段，声发射与弹性应变能及应力之间的相关程度 (这种相关程度采用线性相关系数来表达，因此此处讨论的三者之间的相关性实际上是线性相关性) 及其变化。

文献 [17] 研究结果表明，岩石局部破坏的能量耗散现象是岩石的一种固有属性，而物理细胞自动机中所定义的能量耗散系数在微观上描述了岩石微单元破坏时消耗弹性应变能的能力，可以视为岩石脆性的一种微观量度，能量耗散系数越大，宏观上体现出来的岩石的塑性程度越强；反之，弹脆性程度就越强。根据这一结论，首先利用改进的物理细胞自动机模拟得到三种不同弹脆塑性程度的荷载-弹性变形能-声发射之间的对应数据。

模拟条件：

(1) 三个模型的细胞总数均为 2500 个；

(2) 被模拟的三种岩石的初始强度均为非均质，在初始时刻，破裂阈值 (即强度) 为 1、2、3 和 4 的细胞数的比例均为 25%；

(3) 被模拟岩石均为各向同性体，即每个细胞破坏后向同一层邻居的所有细胞传递能量的概率相等；

(4) 三种被模拟的岩石系统内的初始广义能量为 0，即被模拟岩石内无初始应力；

(5) “加载方式” 通过每时步向系统输入 1 个单位的能量粒子来体现；

(6) 三种模型均取 $P(1)=0.8$，$P(2)=0.2$；

(7) 能量耗散系数设定：

模型 I：所有细胞的能量耗散系数均为 0；

模型 II：破裂阈值 (或 “强度”) 为 3 和 4 的细胞的能量耗系数为 1，其他细胞的能量耗散系数为 0；

模型III：所有细胞的能量耗散系数均为 1。

(8) 当完全破坏的子细胞比例达到 85%时，就认为系统失稳破坏。

整体上来看，三个模型的能量耗散系数由大到小的排列顺序为：模型III > 模型 II > 模型 I。在以上三种条件下，利用改进的物理细胞自动机程序进行模拟，直到系统完全破坏为止，得到三个模型的 “荷载-弹性变形能-声发射率-变形” 的对应曲线如图 2.19 所示，模拟曲线明显地显示出了三个模型之间弹脆塑性程度的差异，

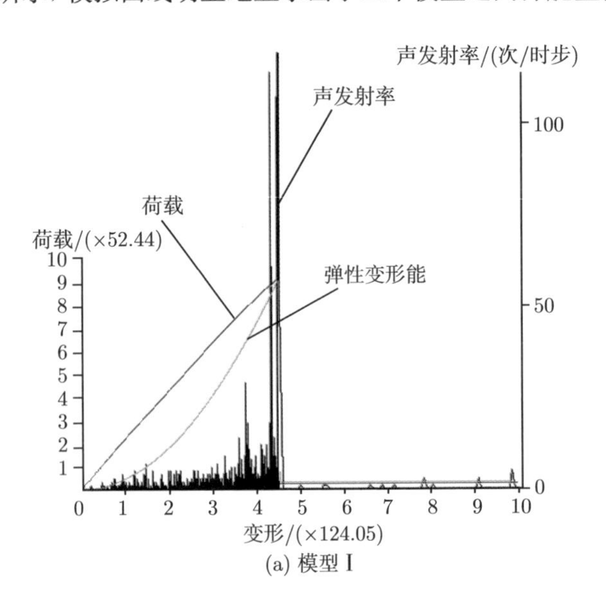

(a) 模型 I

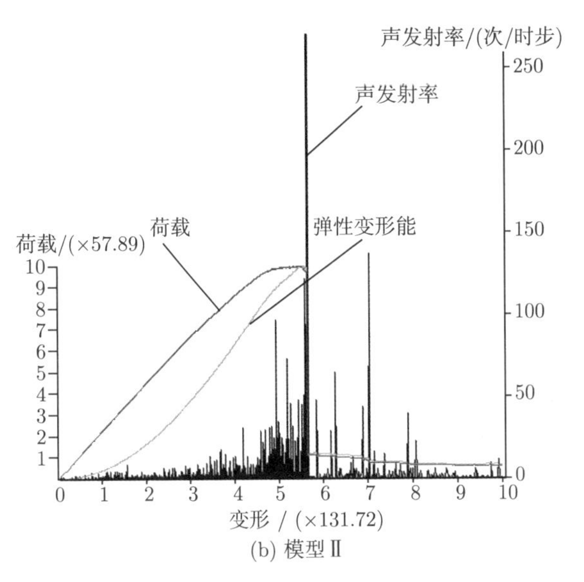

(b) 模型Ⅱ

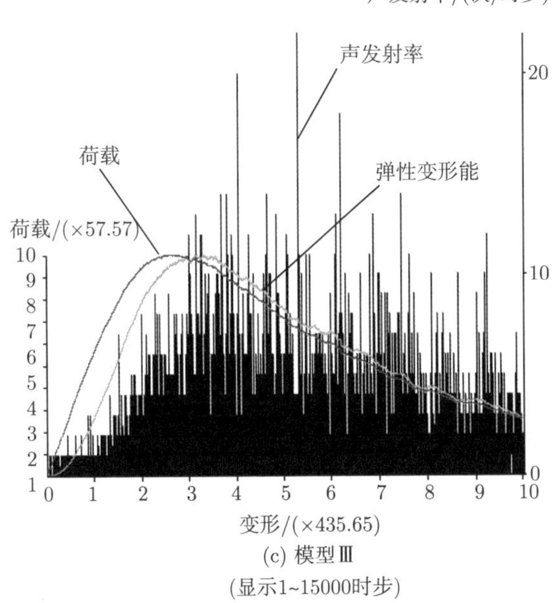

(c) 模型Ⅲ

(显示1~15000时步)

图 2.19 改进的物理细胞自动机对不同弹脆塑性岩石“荷载-弹性变形能-声发射率-变形”曲线的模拟结果

塑性程度按照模型Ⅰ、模型Ⅱ、模型Ⅲ的顺序依次增强。下面利用模拟数据和图中的“荷载-弹性变形能-声发射率-变形”曲线来讨论不同弹脆塑性程度的岩石在受力破坏全过程的不同阶段，声发射与弹性应变能及应力之间的相关程度及其变化。

对于模型 I 的模拟数据，以计算时间间隔为 100 的方式分别计算荷载、弹性变形能与声发射率之间的相关系数，数据间隔的取值方式为 i，$i+1$，$i+2$，$\cdots$，$i+99$ (i 依次取 1，2，3，$\cdots$)，分别得到荷载-声发射率、弹性变形能-声发射率间的相关系数曲线如图 2.20 所示。

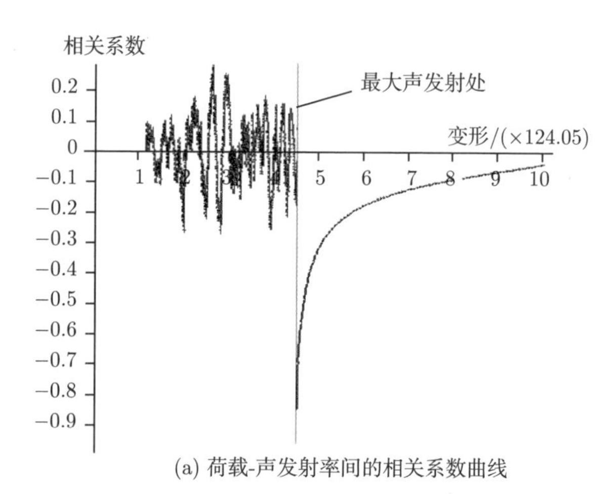

(a) 荷载-声发射率间的相关系数曲线

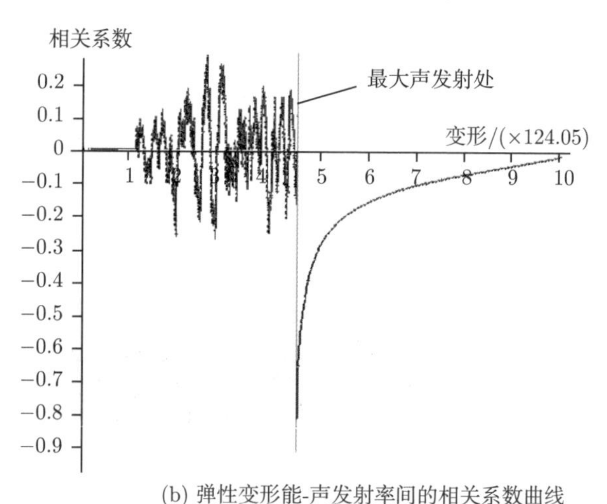

(b) 弹性变形能-声发射率间的相关系数曲线

图 2.20　模型 I 条件下的变量相关性特征 (计算时步间隔为 100)

由图 2.20 可以看出：两组曲线具有较为一致的变化关系，表明岩石破坏过程中，应力的增大和弹性变形能的积累有着一致的内在对应关系，这在力学分析上也是显而易见的；同时可以看出，在声发射的峰值前 (即应力峰值前)，在较小的时间间隔条件下，不同阶段的荷载、弹性应变能和声发射之间的相关性变化非常复杂。这表明在不同的较小时间段内，岩石内应力和弹性应变能的增加和内部微破坏之间的对应关系是不同的，总体上呈现出分段类周期循环波动的趋势，这与岩石微细观尺度上的“应力升高 (弹性能积累)— 局部破坏 — 应力再升高 (弹性能再积累)— 再局部破坏 —……”的交替循环过程密切对应。为了得到总体上较为稳定的相关系数曲线，分别增大计算时步间隔为 500、700 和 900，计算结果如图 2.21~图 2.23 所示。

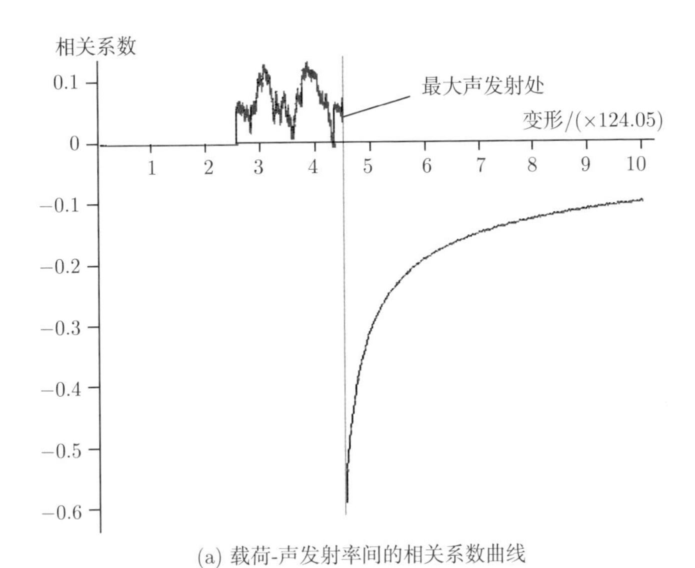

(a) 载荷-声发射率间的相关系数曲线

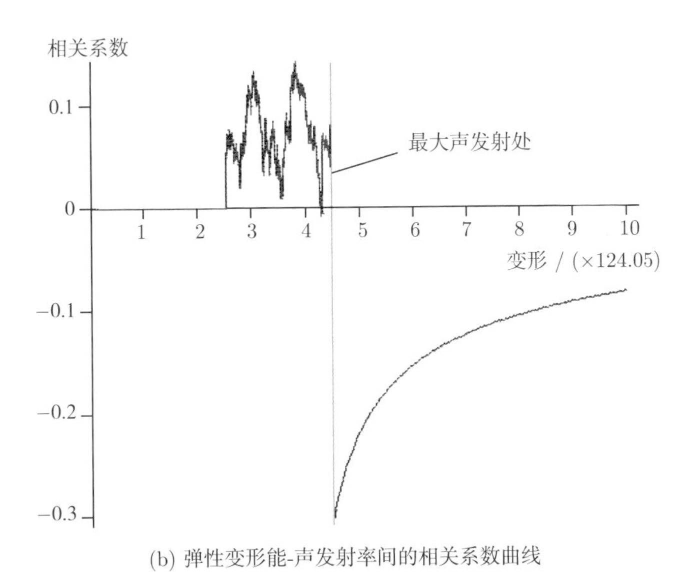

(b) 弹性变形能-声发射率间的相关系数曲线

图 2.21　模型 I 条件下的变量相关性特征 (计算时步间隔为 500)

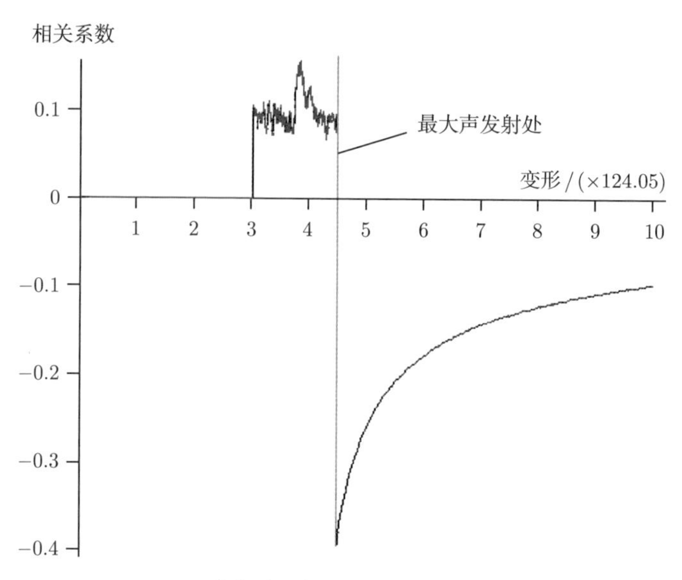

(a) 荷载-声发射率间的相关系数曲线

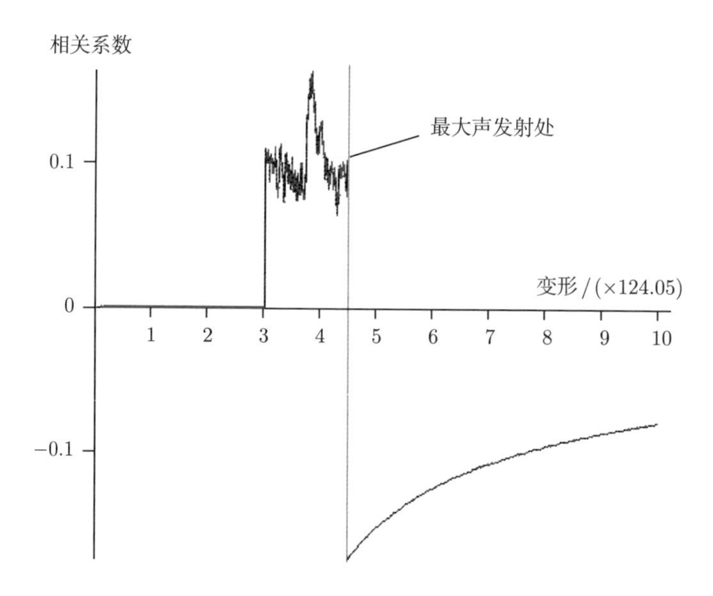

(b) 弹性变形能-声发射率间的相关系数曲线

图 2.22　模型 I 条件下的变量相关性特征 (计算时步间隔为 700)

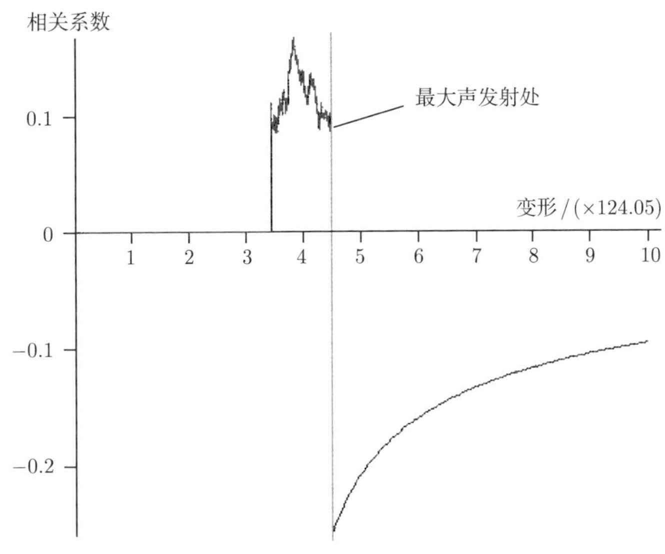

(a) 荷载-声发射率间的相关系数曲线

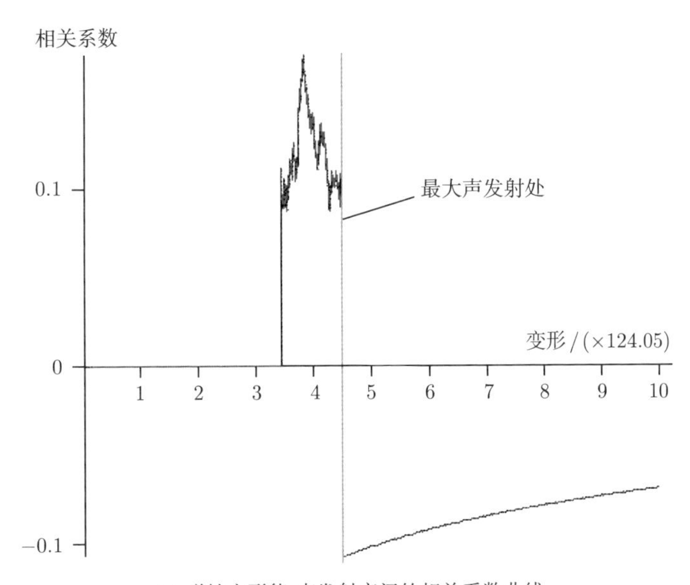

(b) 弹性变形能-声发射率间的相关系数曲线

图 2.23 模型 I 条件下的变量相关性特征 (计算时步间隔为 900)

可见，当计算时步间隔为 900 时，两组相关系数变化曲线趋于稳定。采用同样的方法，可以分别得到模型II和模型III的荷载-声发射率、弹性变形能-声发射率间的相关系数曲线，分别如图 2.24 和图 2.25 所示。

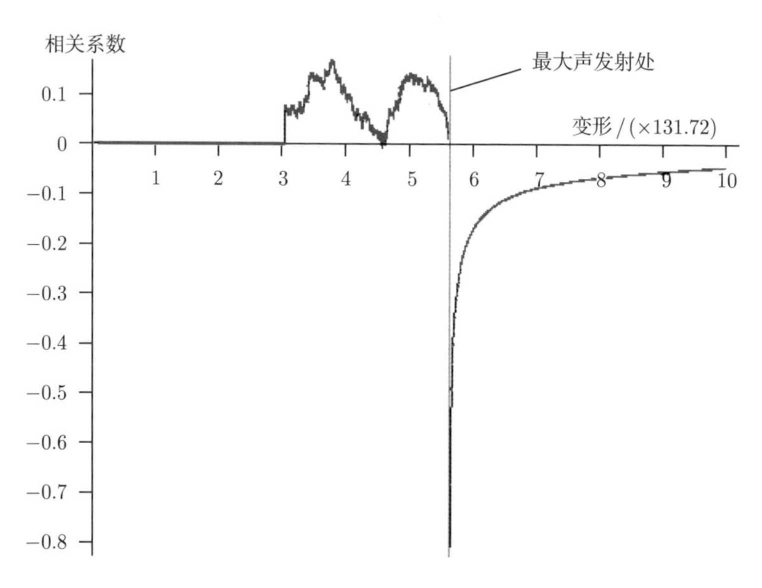

(a) 荷载-声发射率间的相关系数曲线

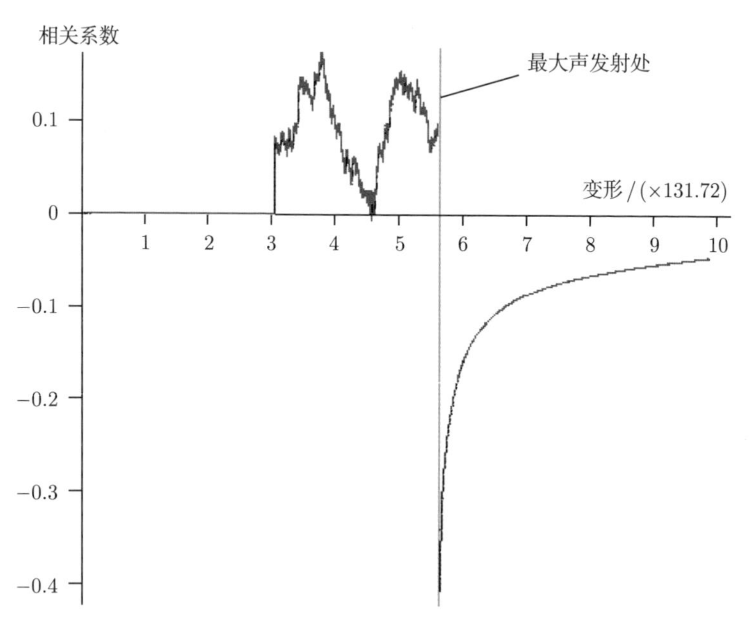

(b) 弹性变形能-声发射率间的相关系数曲线

图 2.24　模型 II 条件下的变量相关性特征 (计算时步间隔为 800)

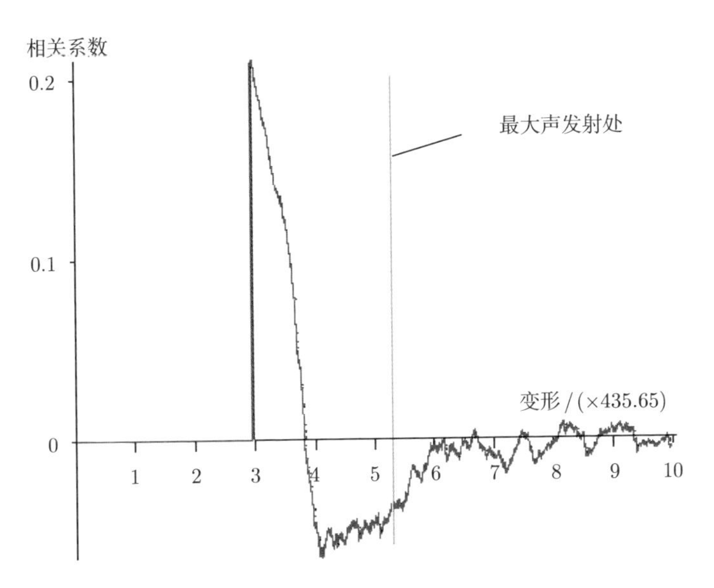

(a) 荷载-声发射率间的相关系数曲线

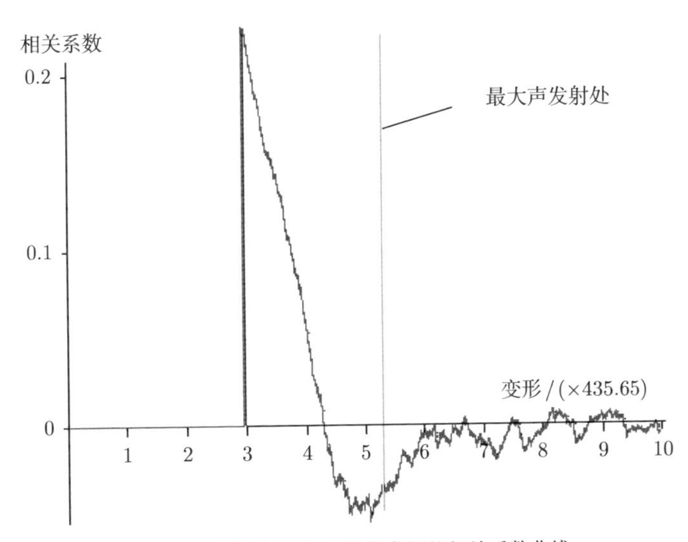

(b) 弹性变形能-声发射率间的相关系数曲线

图 2.25 模型III条件下的变量相关性特征 (计算时步间隔为 5000)

对比图 2.23~图 2.25 可见，不同性质的岩石的破坏过程中，荷载、弹性变形能与声发射之间的相关性具有以下主要特征：

(1) 在邻近声发射峰值前，所有性质的岩石的荷载、弹性变形能与声发射之间的相关性都有下降的趋势。对于脆性较强的岩石，其荷载、弹性变形能与声发射之间的相关性在邻近声发射峰值前由正相关逐渐下降，这表明虽然岩石内部的微破裂不断发生，但由于微破裂产生的能量耗散速度明显小于岩石内部的弹性变形能的积累速度，因此内部的弹性变形能总量仍在不断积累，应力不断升高。对于塑性较强的岩石，其荷载、弹性变形能与声发射之间的相关性在邻近声发射峰值前由负相关逐渐下降 (即负相关系数的绝对值不断地增大)，这表明在声发射峰值前的一段时间内，随着声发射的逐渐增大 (或减小)，应力和弹性变形能在逐渐减小 (或增大)，在邻近声发射峰值时，岩石内部的微破坏和应力、弹性应变的积累之间对应性减弱，破坏过程更趋复杂。

(2) 在邻近声发射峰值前，岩石的脆性程度越强，其荷载、弹性变形能与声发射之间的相关性绝对值的降低幅度就越小，相应的相关性越强，则声发射率的升高就可以更准确地说明岩石内部的应力和弹性变形能的升高；同时，由于脆性岩石的声发射峰值和应力峰值以及破坏临界点更为接近，因此，由短期声发射活动的剧增来判别脆性岩石的破坏一般更容易得到准确的结果。而对于塑性较强的岩石，其荷载、弹性应变能与声发射之间的相关性由负相关逐渐趋近于 0，因此更不容易利用声发射数据进行塑性岩石破坏的短期预测。

(3) 在声发射峰值处，脆性较强的岩石的荷载、弹性变形能与声发射之间的相关性达到最大负相关关系，且出现了明显的间断点。这是由于脆性岩石经过声发射峰值前的能量积累，突然发生了大范围的微破坏活动，弹性变形能的积累速度远低于能量的耗散速度，同时造成应力急剧降低。而塑性越强的岩石越不易发生大规模的微破坏活动，整个破坏过程较为平稳，因此相关系数曲线不会出现明显的间断点。

(4) 在声发射峰值后，所有性质的岩石的荷载、弹性变形能与声发射之间的相关性都会由负相关而逐渐减弱，应力降低、弹性变形能的耗散与微破裂活动之间逐渐失去了明显的对应关系。

(5) 分别计算三个模型声发射峰值前的相应变量的相关系数，得到模型 I 、模型 II 和模型III荷载和声发射率、弹性变形能和声发射率之间的相关系数分别为 0.1167 和 0.1314、0.1345 和 0.1666、0.1433 和 0.1717。可见，在声发射峰值前，塑性岩石荷载、弹性应变能与声发射之间的整体相关性更大。因此，尽管在接近岩石声发射峰值前，利用声发射活动对脆性岩石破坏所作的短期预测要比对塑性岩石的预测准确，但是对于长期预测而言，利用声发射，对于塑性岩石破坏的预测却更准确。由于我们在复杂的实际岩体工程应用中并不总能准确地预知岩石的破坏阶段，所监测到的数据往往包含了不同部位岩石的不同破坏阶段的声发射数据，所以所做出的预测更接近于上述的长期预测。在这种情况下，一般可认为塑性岩体的破坏较脆性岩体更容易利用声发射来进行准确的预测。

通过以上的模拟对比分析可见，上述建立的物理细胞自动机 (PCA) 模型可以较好地描述岩体的破坏演化过程，同时，物理细胞自动机并不追求局部和细节上的计算精确性，而是侧重于描述和寻求岩体由于其内部微单元体之间强烈的非线性作用而表现出来的系统整体的非线性规律，因此，可为非线性科学的研究提供一种新方法。

为了利用物理细胞自动机模型对岩爆和冲击地压孕育演化的非线性特征进行模拟分析，下面首先介绍岩爆和冲击地压孕育演化的非线性特征的描述方法。

2.5　岩爆和冲击地压非线性特征的描述方法

描述岩爆和冲击地压非线性特征的两个重要参数为：Lyapunov 指数和关联维，下面将介绍这两个参数的意义和计算方法。

2.5.1　Lyapunov 指数的定义及计算方法

1. Lyapunov 指数的定义

定义 1　对于一维映射

$$x_{n+1} = f(\mu, x_n) \tag{2.15}$$

由初始条件的敏感性可知，当初始条件 x_0 稍微出现一偏差 δx_0，则经过 n 次迭代后，结果就会呈指数分离，故 n 次迭代后的误差为

$$\delta x_n = |f^n(x_0 + \delta x_0) - f^n(x_0)| = \frac{\mathrm{d}f^n(x_0)}{\mathrm{d}x}\delta x_0 = \mathrm{e}^{LE\cdot n}\delta x_0 \tag{2.16}$$

其中

$$LE = \frac{1}{n}\ln\frac{\delta x_n}{\delta x_0} = \frac{1}{n}\ln\left|\frac{\mathrm{d}f^n(x_0)}{\mathrm{d}x}\right| \tag{2.17}$$

即所谓的 Lyapunov 特征指数，它表征了相邻两相点之间距离的平均指数幅散率。

对于一个 n 维流的动力系统

$$\frac{\mathrm{d}x_i}{\mathrm{d}t} = f(x_1, x_2, \cdots, x_n; \alpha), \quad i = 1, 2, 3, \cdots, n \tag{2.18}$$

其中，t 为时间；$x_i(i = 1, 2, \cdots, n)$ 是一个 n 维状态变量，并由它构成一个 n 维相空间；f_i $(i = 1, 2, \cdots, n; \alpha)$ 是一个 n 维函数向量，它给出 n 维相空间中的一个"速度"场；α 是系统的控制参数，一般来说，它的取值决定了相空间吸引子的类型。如果假定系统式 (2.18) 是耗散的，即它是相空间的收缩流，则

$$\sum_{i=1}^{n}\frac{\partial f_i}{\partial x_i} < 0 \tag{2.19}$$

如果用 $\delta x_i(t)(i=1,2,\cdots,n)$ 表示 t 时刻系统的误差，那么只要 δx_i 足够小，则误差 $\delta \boldsymbol{x}$ 的增长率就可以由下列线性微分方程控制：

$$\frac{\mathrm{d}\delta x_i}{\mathrm{d}t}=\sum_{i=1}^{n}A_{ij}\delta x_j,\quad i=1,2,\cdots,n \tag{2.20}$$

系数 A_{ij} 是式 (2.18) 右端项 f 的 Jacobi 矩阵的元素：

$$A_{ij}=\frac{\partial f_i(x_1,x_2,\cdots,x_n;\alpha)}{\partial x_j}\bigg|_{\boldsymbol{x}=\boldsymbol{x}_0} \tag{2.21}$$

A_{ij} 通常是依赖于时间函数。

定义 2　把误差分量 $\delta x_i(i=1,2,\cdots,n)$ 所构成的空间称为切空间。

如图 2.26 所示，考察切空间中一个以 x_0 为中心，以 $\boldsymbol{W}(0)$ 为半径的 n 维无穷小球面的长时间变化。由于初始条件的敏感性和局部形变，该球面将变为 n 维椭球面。由式 (2.21) 可知，矩阵 $\{A_{ij}\}$ 的特征值给出了在某一时间，其相体积在各个特征方向上的指数变化率。设 $W_i(t)$ 是 t 时刻按长度排在第 i 位的椭球轴长度。

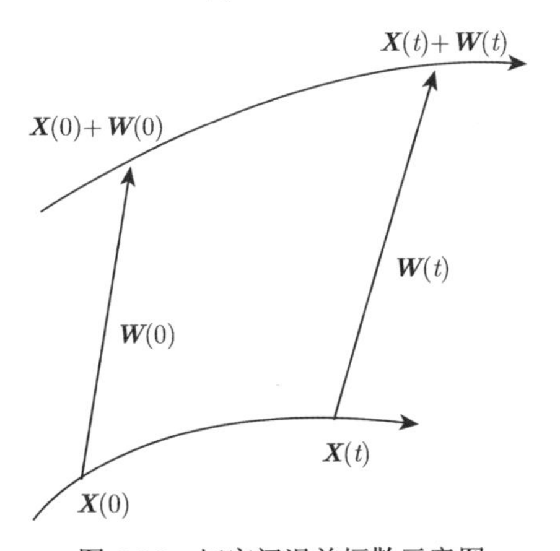

图 2.26　切空间误差幅散示意图

定义 3　用各个基轴的长度 $W_i(t)$ 相对于初始小球的直径 $W_i(0)$ 的平均变化率来表征在切空间中不同方向上的指数增长率，即

$$LE_i=\lim_{x\to\infty}\frac{1}{t}\log_2\frac{W_i(t)}{W_i(0)} \tag{2.22}$$

上式即为系统的第 i 个 Lyapunov 指数。

定义 4　n 维切空间的每个基底都有一个 Lyapunov 指数，如果把它们按大小排列起来：

$$LE_1>LE_2>\cdots>=LE_n \tag{2.23}$$

则称这 n 个数为 Lyapunov 特征数谱，而 LE_1 称为最大 Lyapunov 指数。

显然，若 A_{ij} 是常数矩阵，则 LE 就是 Jacobi 矩阵 A_{ij} 的特征值 λ 的实部 $\mathrm{Re}\{\lambda\}$，此时系统的 Lyapunov 指数为

$$LE = \lim_{t\to\infty} \frac{1}{t} \log_2 \frac{\|W(t)\|}{\|W(0)\|} \tag{2.24}$$

这里 $\|\cdot\|$ 表示欧氏空间的模。

2. 动力系统不同运动形式的 Lyapunov 指数谱特征

由式 (2.22) 的定义来看，Lyapunov 指数是与相空间中在不同方面上轨道的收缩和膨胀特征有关的一个平均量，每一个 Lyapunov 指数 LE_i 都可以看作是相空间各个方向上相对运动的局部变形的平均，同时又都是由系统长时间演变决定的。所以，无论从空间还是从时间意义上来说，Lyapunov 指数都不是局部量，而是系统演化整体特征的一个表示。

对于保守系统，由于相体积守恒，所以 LE_i=0，对于耗散系统而言，其相体积总体上是收缩的，所以 $\sum LE_i < 0$。而由式 (2.22) 可知，在 $LE_i < 0$ 的方向上，相体积是收缩的，该方向上的运动是稳定的，因此，耗散系统至少有一个负的 Lyapunov 指数，此时，每一个正的 Lyapunov 指数反映了系统在该“方向”上是不断膨胀的。混沌吸引子的局部不稳定对应于某方向上的指数幅散或膨胀，所以耗散混沌系统至少有一个正的 Lyapunov 指数。对于随机系统，由于布朗运动过程使相体积无限地膨胀，所以 $LE_1 = \infty$。为识别混沌吸引子和混沌行为，下面给出系统不同运动形式相应的 Lyapunov 指数谱特征。

(1) 定常运动：所有 Lyapunov 指数都小于 0，即 $LE_i < 0\ (i = 1, 2, \cdots, n)$；

(2) 周期运动：有一个 Lyapunov 指数为 0，其余 Lyapunov 指数小于 0，即 $LE_1 = 0$，$LE_i < 0\ (i = 2, \cdots, n)$；

(3) 准周期运动：有两个 Lyapunov 指数为 0，其余 Lyapunov 指数小于 0，即 $LE_1 = 0$，$LE_2 = 0$，$LE_i < 0\ (i = 3, \cdots, n)$；

(4) 混沌运动：至少有一个 Lyapunov 指数为正值，即 $LE_1 > 0$，LE_i 可正、可负或为 0 $(i \neq 1)$；

(5) 随机运动：有一个 Lyapunov 指数趋于无穷大，即 $LE_1 \to \infty$，LE_i 可正、可负或为 0 $(i \neq 1)$。

在解决实际问题时，具有特别意义的是 LE_1 和 LE^+，LE^+ 表示 Lyapunov 指数谱中所有正的 Lyapunov 指数之和，即

$$LE^+ = \sum_{LE_i > 0} LE_i \tag{2.25}$$

LE_1 表征了相空间中一个小体积单元在其最大伸长方向上的平均指数增长率，它是判别系统行为是否为混沌行为的最好指标之一。系统中只要 $LE_1>0$，则系统必为混沌系统。而 LE^+ 描述了相空间中一个小体积元在其伸长方向上的平均指数增长率，它可以表征系统的混沌程度，所以 LE^+ 也称为混沌度。

3. 从观测数据中提取最大 Lyapunov 指数的方法

上面的论述给出了 Lyapunov 指数与动力系统不同运动形式之间的对应关系。1985 年，Wolf [18] 提出了如何从单变量时间序列中提取最大 Lyapunov 指数 LE_1 的方法。其方法和步骤如下：

(1) 应用时间序列 $X=\{x_1, x_2, \cdots, x_n\}$重构 m 维相空间；

(2) 选取合适的延滞时间 τ，使相空间各坐标间的相关性最小；

(3) 在延拓的 m 维相空间中，取初始相点 $A(t_1)$ 为参考点 (图 2.27)，其 m 个分量为：$x(t_1), x(t_1+\tau), \cdots, x(t_1+(m-1)\tau)$。

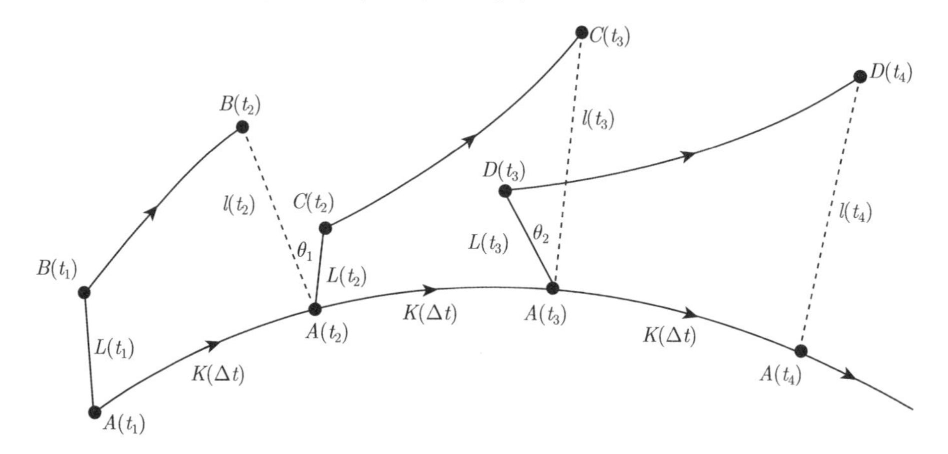

图 2.27　相轨线幅散示意图

根据

$$L_{\mathrm{nbt}}=\underset{i\neq j}{\mathrm{MIN}}[\|X_i-Y_i\|] \tag{2.26}$$

可求得 $A(t_1)$ 的最近邻点 $B(t_1)$，这里 MIN 为取最小函数，L_{nbt} 表示 $A(t_1)$ 与其最近邻点 $B(t_1)$ 的欧氏距离，设为 $L(t_1)$。又设在时间 $t_2=t_1+kt$ 时，$A(t_1)$ 演化到 $A(t_2)$ 点，同时 $B(t_1)$ 演化到 $B(t_2)$，其间距 $\overline{A(t_2)B(t_2)}=l(t_2)$，若用 λ_1 表示在此时间内线段的指数增长率，即

$$l(t_2)=L(t_1)2^{\lambda_1 k\Delta t} \tag{2.27}$$

则

$$\lambda_1=\frac{1}{t_2-t_1}\log_2\frac{l(t_2)}{L(t_1)}=\frac{1}{k}\log_2\frac{l(t_2)}{L(t_1)} \tag{2.28}$$

这里已取 $\Delta t=1$(单位)。

(4) 如图 2.27 所示，在 $A(t_2)$ 的若干近邻点中找一个使 θ_1 角很小的近邻点 $C(t_2)$ (若无法满足小 θ_1 和近邻两个条件，则取 $B(t_1)$ 为 $C(t_2)$ 点)。设在时间 $t_3=t_2+k\Delta t$ 时，$A(t_2)$ 发展到 $A(t_3)$，而 $C(t_2)$ 发展到 $C(t_3)$，且 $\overline{C(t_3)A(t_3)}=l(t_3)$，而 $\overline{C(t_2)A(t_2)}=L(t_2)$，则

$$\lambda_2=\frac{1}{k}\log_2\frac{l(t_3)}{L(t_2)} \tag{2.29}$$

将上述过程一直进行到时间序列$\{x_i, i{=}1, 2, \cdots, n'\}$的终点，而后取指数增长率 λ_N 的平均值为最大 Lyapunov 指数的估计值，即

$$LE_1(m)=\frac{1}{N}\sum_{i=1}^{N}\frac{1}{k}\log_2\frac{l(t_i)}{L(t_{i-1})} \tag{2.30}$$

这里的 N 不是相点数，而是演化发展的总步数，即 $N=\dfrac{n'}{k}$，k 为步长。

(5) 依次增加嵌入相空间的维数 m，重复上述步骤 (3)、(4)，直到最大 Lyapunov 指数的估计值 $LE_1(m)$ 保持平稳为止，记为

$$LE_1(m_0)=LE_1(m_0+1)=LE_1(m_0+2)=\cdots=LE_1 \tag{2.31}$$

则此时得到的 LE_1 就是最大的 Lyapunov 指数值。

为了得到一个好的最大 Lyapunov 指数 LE_1 的估计值，必须要求所给定的时间序列有足够的长度。Wolf 认为，这个长度的估计范围为 $10^{D_0}\sim30^{D_0}$, 这里的 D_0 为吸引子的分维。但最近 Eckmann 曾给出一个样本数量 n 与维数的经验关系式:

$$D_0\approx\frac{2\lg n}{\lg\left(\dfrac{1}{\rho}\right)} \tag{2.32}$$

其中，$\dfrac{1}{\rho}$ 表示分割吸引子的网络的尺寸。如取 $\dfrac{1}{\rho}=10$，则 $n=10^{\frac{D_0}{2}}$，这个资料数量的要求远比 Wolf 的要求小。但资料的个数最好不要小于 10^{D_0} 个，尤其是在 m_0 (即饱和 Lyapunov 指数所对应的嵌入空间维数) 和 τ 较大的情况下。

与计算 $LE_1(m_0)=LE_1$ 类似，可以用相空间面积增长率来计算二维 Lyapunov 指数:

$$LE_1(m)+LE_2(m)=\frac{1}{N}\sum_{i=1}^{N}\frac{1}{k}\log_2\frac{S(t_i)}{S(t_i-1)} \tag{2.33}$$

以及用相体积增长速率来计算三维 Lyapunov 指数：

$$LE_1(m) + LE_2(m) + LE_3(m) = \frac{1}{N}\sum_{i=1}^{N}\frac{1}{k}\log_2\frac{V(t_i)}{V(t_i-1)} \tag{2.34}$$

2.5.2　关联维的定义及其提取方法

系统变量的观测值可以看作是该系统动力学方程的一系列特解，因此，系统吸引子的结构特征必然蕴含于这些观测时间序列中。1980 年 Packara[19] 提出的用时间序列重构吸引子相空间图像的方法，为关维联的计算提供了一种思路，1981 年 Takens[20] 提出的嵌入定理进一步完善了这种方法。

1. 关联维的定义

考察由实测等间隔时间序列

$$x(t_1), x(t_2), \cdots, x(t_n)$$

支撑起的 m 维相空间中的两个相点

$$X_m(t_i) : (x(t_i), x(t_i+\tau), \cdots, x(t_i+(m-1)\tau))$$

$$X_m(t_j) : (x(t_j), x(t_j+\tau), \cdots, x(t_j+(m-1)\tau))$$

设其欧氏距离为

$$r_{ij} = \|X_m(t_i) - X_m(t_j)\| \tag{2.35}$$

给定一临界距离 r(r 为一很小的数)，记所有距离小于 r 的 “点对”(X_i, X_j) 在所有 “点对” 中所占的比例 $C_2(r, m)$ 为

$$C_2(r,m) = \frac{1}{N^2}\sum_{i,j=1}^{N}\theta(r - \|X_i - X_j\|) \quad (i \neq j) \tag{2.36}$$

其中，$N = n-(m-1)\tau$ 为相点数；θ 为 Heaviside 函数。

显然 $C_2(r, m)$ 是一个累积分布函数，它描述了相空间中吸引子上两点之间距离小于 r 的概率，刻画了相对于相空间某参考点 X_i 在半径为 r 的球内的相点聚集程度。若 r 选得太小，以致于距离 $\|X_i-X_j\|$ 都比 r 大，则 $\theta(z)=0$，故 $C_2(r,m)=0$，表示相点分布在 r 范围之外；若 r 选得过大，一切 “点对” 的距离都不会超过它，则 $C_2(r, m)=1$，所以太大的 r 反映不了系统吸引子的内部结构。一般来说，r 的取法要使得 $C_2(r, m) \in (0, 1)$ 才有意义。

考察关联函数 $C_2(r, m)$ 与 r 的关系：给定一个微量 δ，用 δ 来探测吸引子的结构。如果吸引子结构是一维的，则与参考点的距离在 r 以内的相点数将正比于

r/δ；若吸引子的结构是二维的面型，则所对应的相点数将正比于 $(r/\delta)^2$；如此类推可知，如果吸引子的结构是 D_2 维流型的，则所对应的相点数应正比于 $(r/\delta)^{D_2}$，即

$$C_2(r,m) \propto r^{D_2} \tag{2.37}$$

由于上式的比例关系与所取的试探量 δ 的数值无关，所以取比例系数为一单位时，有

$$C_2(r,m) = r^{D_2(m)} \tag{2.38}$$

$$D_2(m) = \left|\frac{\ln C_2(r,m)}{\ln r}\right| \tag{2.39}$$

上式所定义的 D_2 就是所谓的关联维。显然，按式 (2.39) 计算的 D_2 与所嵌入的相空间维数 m 有关，$D_2(m)$ 是关联维 D_2 的估计值。但 $D_2(m)$ 不会总与 m 有关，当 $m=m_0$ 时，$D_2(m)$ 不再随 m 的增大而变化，这时 $D_2(m)$ 即为关联维，m_0 称为饱和嵌入维数。

2. 从单变量时间序列中提取关联维 D_2 的方法

1985 年，Grassberger 和 Procaccia[21] 提出了一种从实测时间序列中计算吸引子关联维的方法，其步骤为：

(1) 由单变量时间序列重构 m 维相空间；

(2) 依次取若干个延滞时间 τ，计算各坐标间的相关系数，从而筛选出使相关性最小的 τ；

(3) 依次取若干不同的 r 值，分别计算与 r 对应的 $C_2(r,\ m)$。

(4) 作 $\ln C_2(r,m)$-$\ln r$ 的曲线，则曲线中近似于直线部分的斜率就是 $D_2(r,\ m)$ 的估计值。

(5) 逐渐提高嵌入维数 m，依次重复上述步骤 (3)、(4)，直至达到某一值 m_C 时，相应的关联维估计值 $D_2(m)$ 不再随 m 的增大而发生有意义的变化 (即保持在给定的误差范围内) 为止，这在 $\ln C_2(r,m)$-$\ln r$ 图中表现为曲线的直线段部分的斜率不再随 m 的变化而变化，此时 $D_2(m_C)=D_2(m_C+1)=D_2(m_C+2)=\cdots$ (记：$D_2(m_C)=D_2$)。

3. 关联维 D_2 的意义

在由时间序列提取关联维时，若饱和嵌入维数 m_C 不存在，那么关联维的估计值 $D_2(m)$ 将随 m 的增长而趋于无穷大，这表示吸引子不存在，从而可判定被诊断时间序列为一随机系统，例如，对于白噪声，$D_2(m)$ 就是 m 的线性函数。对于混沌系统，$D_2(m)$ 可达到饱和，但由 "$D_2(m)$ 能达到饱和" 这一条件并不能判定被诊断系统为混沌系统，这是在实际应用中常被忽略的一个重要前提。对此分析如下：

混沌系统的特征之一就是系统的演化过程是一个不断重复的“某稳定的定态失稳而同时另一定态建立”的过程，系统在相空间的行为就表现为当快趋于某一吸引子时却突然跑向另一吸引子的吸引域里，而快要趋近该吸引子里又突然跑到另一(或原生的)吸引子的吸引域里 ⋯⋯。如图 2.28 所示，当由吸引子 1 附近突然进入吸引 2 的吸引域时，为保证相空间状态的唯一性，即相轨道不能相交(否则，在交点就有两个速度方向，从而违背了状态唯一性条件)，则系统所需的相空间至少是三维的，所以一般情况下，只有三维及三维以上的非线性动力系统才能出现混沌。因此，要判定被诊断系统为混沌系统，除要求 $D_2(m)$ 存在饱和值外，还必须满足 $D_2(m)$ 的饱和值为大于 2 的分数这一条件。

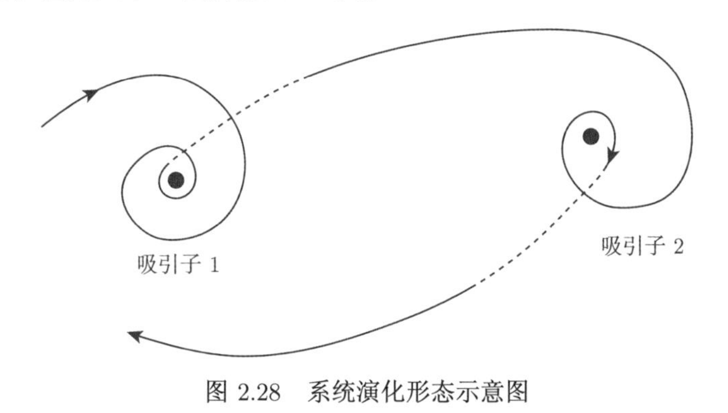

图 2.28　系统演化形态示意图

Grassberger 和 Procaccia[21] 已经证明：关联维 D_2 和吸引子分维 D 之间存在关系

$$D_2 \leqslant D_0 \tag{2.40}$$

而分维反映了确定相空间一点的位置所需要的最小独立坐标个数，因此关联维 D_2 也近似描述了这一数值。为了实际研究的方便，总将系统的状态变量个数确定为整数，故由关联维 D_2 所确定的系统独立状态变量的最小个数 ψ 为

$$\psi = \mathrm{INT}(D_2 + 1) \tag{2.41}$$

式中，INT 为取整函数。

从某种意义上讲，关联维 D_2 的数值越大，表示描述系统所需的状态变量越多，系统就越复杂。因此，关联维 D_2 还客观地反映了系统的复杂性。

2.6　物理细胞自动机对岩体破坏演化混沌性的模拟分析

由于岩爆和冲击地压也是岩体破坏的一种形式，而物理细胞自动机是岩体破坏的广义非线性模型，因此，由物理细胞自动机得到的岩体的混沌性特征亦可认为是岩爆和冲击地压演化所遵循的普遍规律。

事实上，岩爆和冲击地压的演化规律及发生与否受诸多因素的影响，从整体上来看，岩体本身的脆性越强，所受的应力越高，则相应发生岩爆和冲击地压的可能性就越大。通过前面的模拟分析可知，在物理细胞自动机的表达方式中，能量耗散系数越小，“岩石” 越易呈现脆性，所以在以下分析中，主要对耗散系数较小和高“应力” 的情况进行分析，同时为了保持本章研究的系统性和完整性，对于耗散系数较大的岩体 (石) 破坏的混沌性也将作相应分析。另外，岩爆和冲击地压往往发生在物理细胞自动机的模拟声发射率峰值处，在峰值以后，实际意义上的岩爆和冲击地压已经发生，再对其进行研究已无太大的实际意义，因此除特殊说明外，以下仅对峰值前的模拟声发射率进行分析。

2.6.1 不同能量输入方式对岩体破坏演化混沌性的影响

以下设计了三种不同的能量输入方案，以模拟 “加载方式” 对岩体破坏混沌性的影响。三种方案的模拟条件及能量输入方式如表 2.1 所示。利用物理细胞自动机模拟得到不同条件下的岩体 “声发射率” 序列如图 2.29 所示 (为了体现可比性，仅分别取三种模拟方案前 300 时步的结果进行分析)，最大 Lyapunov 指数 LE_1 和关联维 D_2 的计算分别如图 2.30 和图 2.31 所示，计算得到 LE_1 和 D_2 如表 2.2 所示。

表 2.1 不同能量输入方式的物理细胞自动机模拟条件

模型	均质度 1, 2, 3, 4	初始应变能分布区间 *	裂纹	能量输入方式 **	运行时步
模型 I	0.1, 0.2, 0.3, 0.4	[0, 0.9×PLYZ(x_i, y_i, 0)]	无	$\sigma_t = 1 + 0.01t$	300 步
模型 II	0.1, 0.2, 0.3, 0.4	[0, 0.9×PLYZ(x_i, y_i, 0)]	无	$\sigma_t = 2 + 0.01t$	300 步
模型III	0.1, 0.2, 0.3, 0.4	[0, 0.9×PLYZ(x_i, y_i, 0)]	无	$\sigma_t = 3 + 0.01t$	300 步

注：1. * 表示岩体内微单元初始应力水平的高低；** t 为模拟时步；
2. 所有细胞的能量耗散系数均为 0。

表 2.2 不同能量输入方式条件下模拟 “声发射率” 序列的 LE_1 和 D_2

模型	最大 Lyapunov 指数 LE_1	关联维 D_2
模型 I	0.0842	2.40
模型 II	0.149	2.54
模型III	0.222	4.33

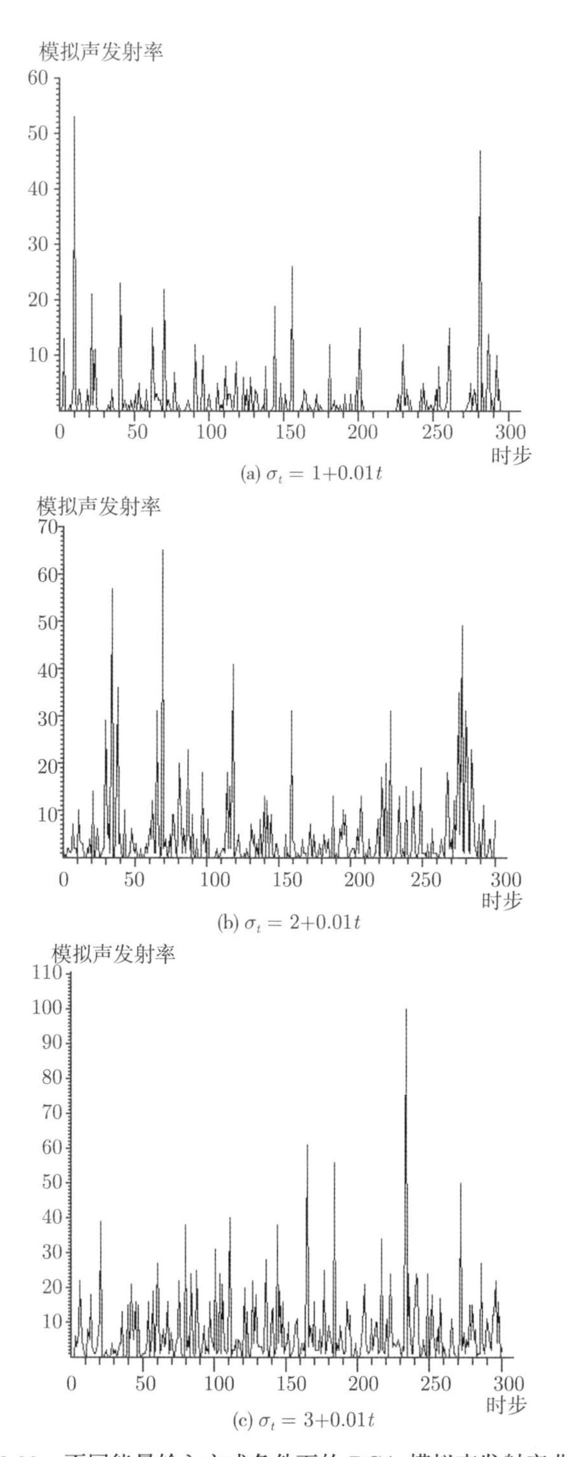

(a) $\sigma_t = 1+0.01t$

(b) $\sigma_t = 2+0.01t$

(c) $\sigma_t = 3+0.01t$

图 2.29　不同能量输入方式条件下的 PCA 模拟声发射率曲线

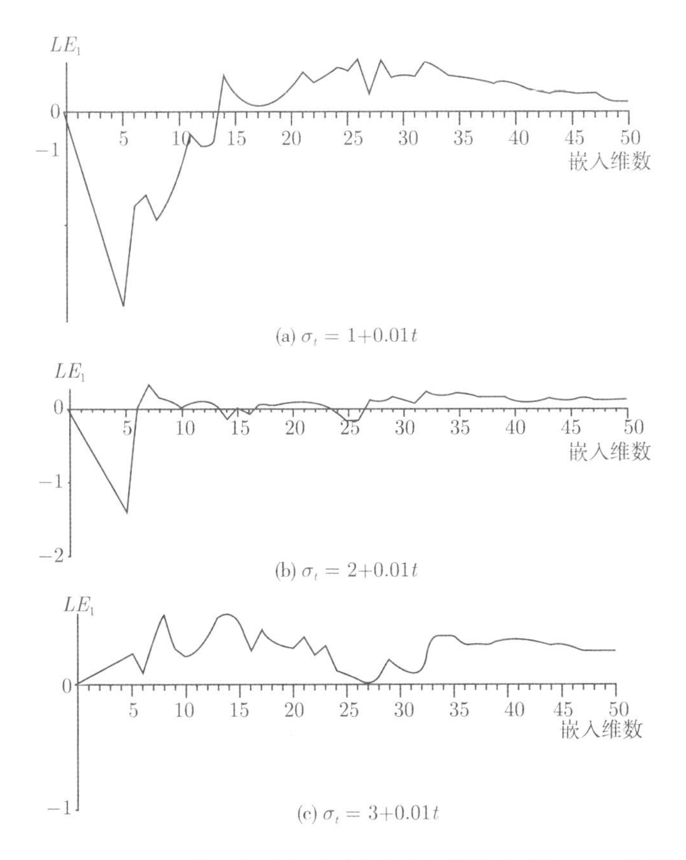

图 2.30 不同能量输入方式条件下模拟声发射率序列的 LE_1 计算图

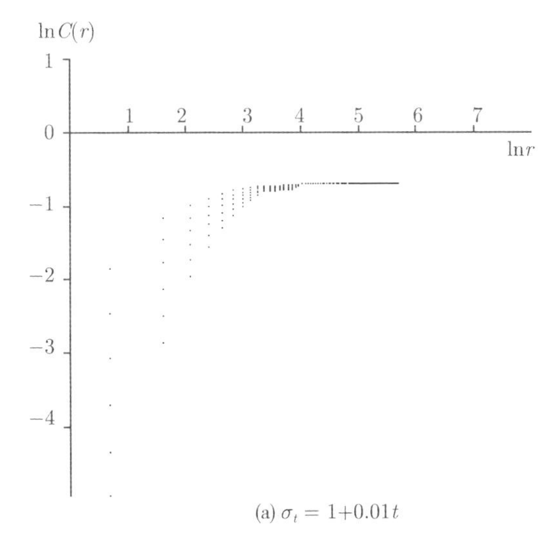

(a) σ_t = 1+0.01t

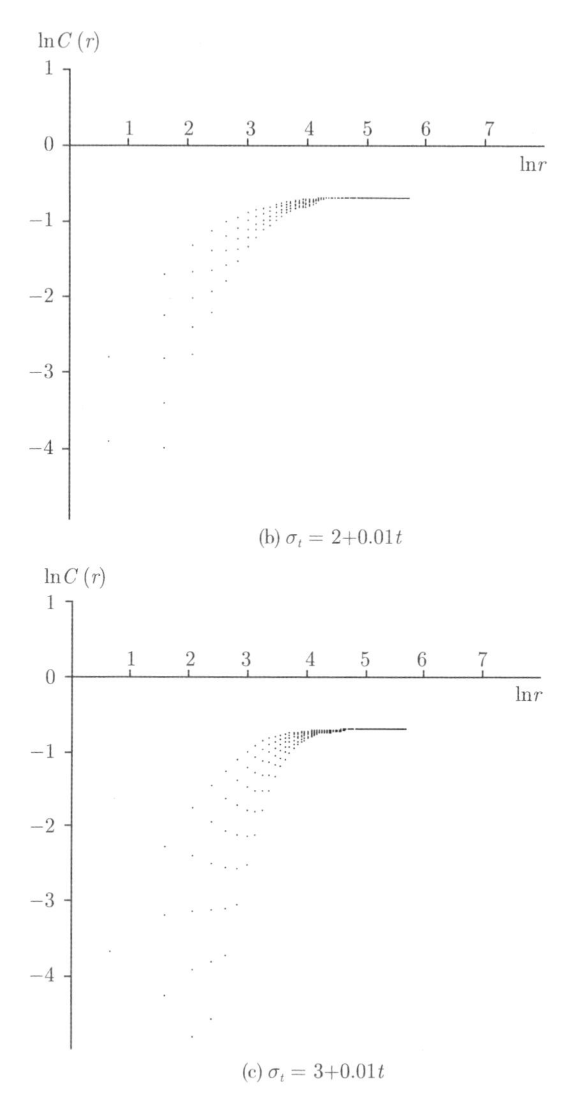

(b) $\sigma_t = 2+0.01t$

(c) $\sigma_t = 3+0.01t$

图 2.31　不同能量输入方式条件下模拟声发射率序列的 D_2 计算图

分析模拟及计算结果可以看出，每个时步输入给系统的能量越多，表示加载应力水平越高，随着加载应力水平的提高，岩体破坏演化的混沌性明显增强。这是由于应力增大会导致岩体在相同时间内破坏的微单元数增加，且微破裂事件在空间上的分布也将表现出更加复杂的状态，因此，整个岩体系统的破坏演化在宏观上也呈现出更强的混沌性。继续增加模拟时步，还可发现：①随加载时步的增加，在高应力条件下，岩体迅速破坏，且其破坏演化过程的混沌程度也迅速下降；相反，在低应力条件下，系统的混沌性虽然也发生下降现象，但其下降速度明显比高应力条件下低。这是由于在高应力条件下，岩体系统内会更迅速地形成宏观破坏区域，而这种宏观破坏区域一旦形成，整个系统微单元的破裂行为就会被吸引到该区域内，故系统破坏演化的混沌程度也会迅速降低。②无论是在高应力加载条件下还是在低应力加载条件下，在每次大规模的破裂发生之前，关联维 D_2 和系统的混沌性都有不同程度的降低，这一结论与前人由实测得到的研究结果一致[22~25]。

2.6.2 裂纹 (或局部宏观“软弱区”) 对岩体破坏演化混沌性的影响

1. 单裂纹的影响

在表 2.1 的模型 II 中设置一条裂纹，如图 2.32(a) 所示，在其他条件与模型 II 相同的情况下，模拟 300 时步后得到的模拟声发射率序列如图 2.32(b) 所示，计算得到 1~300 时步模拟声发射率序列的最大 Lyapunov 指数为 0.0914 (图 2.32(c))、关联维 D_2 为 2.15 (图 2.32(d))，分别小于表 2.2 中模型 II 的最大 Lyapunov 指数

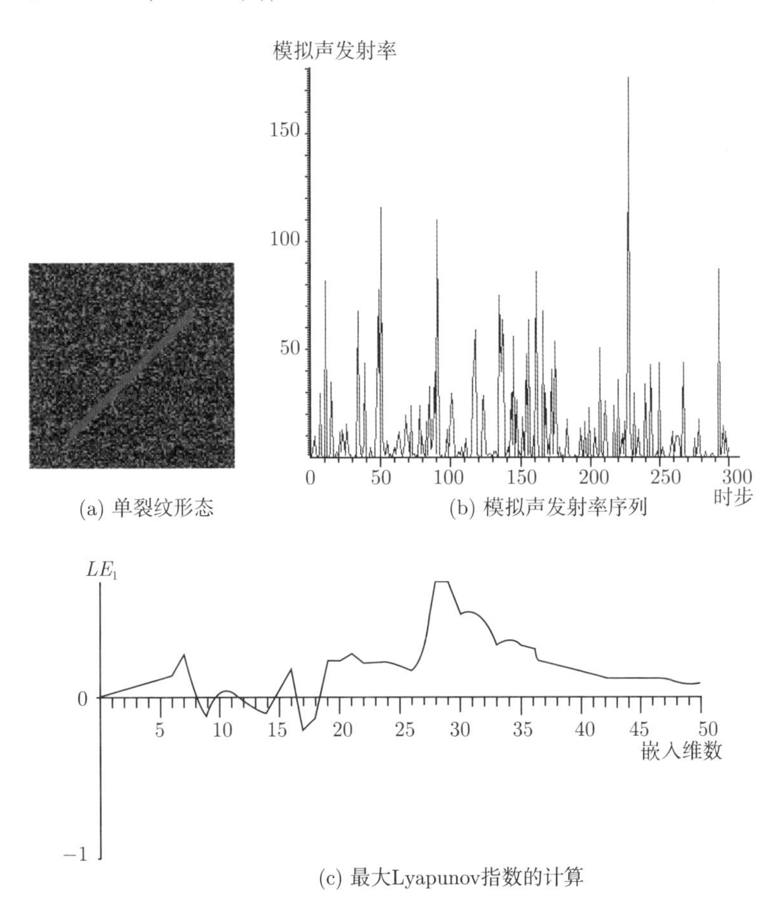

(a) 单裂纹形态

(b) 模拟声发射率序列

(c) 最大Lyapunov指数的计算

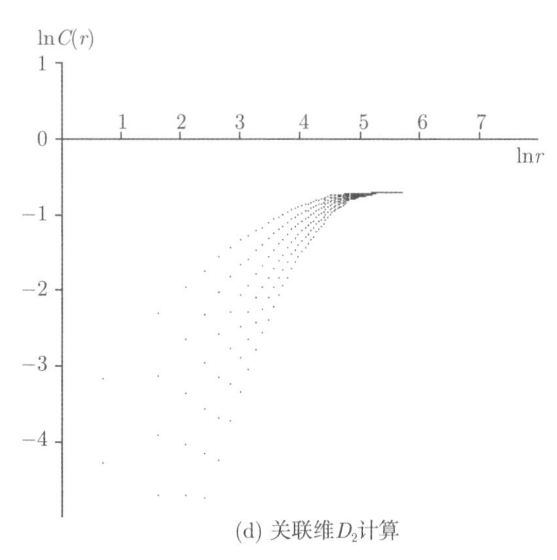

(d) 关联维D_2计算

图 2.32 单裂纹对岩体破坏演化混沌性的影响

LE_1(Ⅱ) 和关联维 D_2(Ⅱ)。这一结果表明：单裂纹在岩体破裂过程中起到“吸引域”的作用。由于裂纹的存在，岩体内微单元的破裂事件在空间上迅速向这一吸引域集中，系统演化的有序化程度提高，不确定性和复杂性减弱，因而关联维 D_2 和最大 Lyapunov 指数 LE_1 也相对降低，系统破坏演化过程的混沌程度降低。

2. 多裂纹的影响

当岩体内包含有多个裂纹时，其破坏行为会变得非常复杂。在表 2.1 的模型Ⅱ中设置 3 条裂隙，裂隙形态如图 2.33(a) 所示。在其他条件与模型Ⅱ相同的情况下，运行 300 时步得到的模拟声发射率序列如图 2.33(b) 所示，计算 1~300 时步模拟声发射率序列的最大 Lyapunov 指数 LE_1 为 0.175(图 2.33(c))、关联维 D_2 为 3.478 (图 2.33(d))，二者分别大于单裂纹条件下的最大 Lyapunov 指数和关联维。这表明在多裂纹条件下，岩体微单元的破裂行为受到多个裂纹影响域之间相互关联和耦合作用的影响，整个岩体系统的内在随机性和无序性比单裂纹条件下明显增强，故系统破裂演化过程的混沌性也相应提高。需要说明的是，这里所说的“裂纹”既可以指真正意义上的裂纹，也可以代表大范围岩体内的局部宏观“软弱区域”。

由此发现这一结论对于岩爆和冲击地压的研究具有重要的实际指导意义。例如，当需要提高某岩爆和冲击地压动力系统的可预测性时，可在岩体内人为地 (如松动爆破或注水软化等) 制造一个“软化区”(相当于图 2.32(a) 中的单裂纹)，使岩体系统的破裂演化行为向着人为“软化区”集中，以减小岩体内众多原生“软弱区”破坏时相互耦合作用的影响，强迫岩体的破裂演化朝着有序方向发展，以降低整个系统的混沌性，达到提高预测精度和延长可预测尺度的目的。

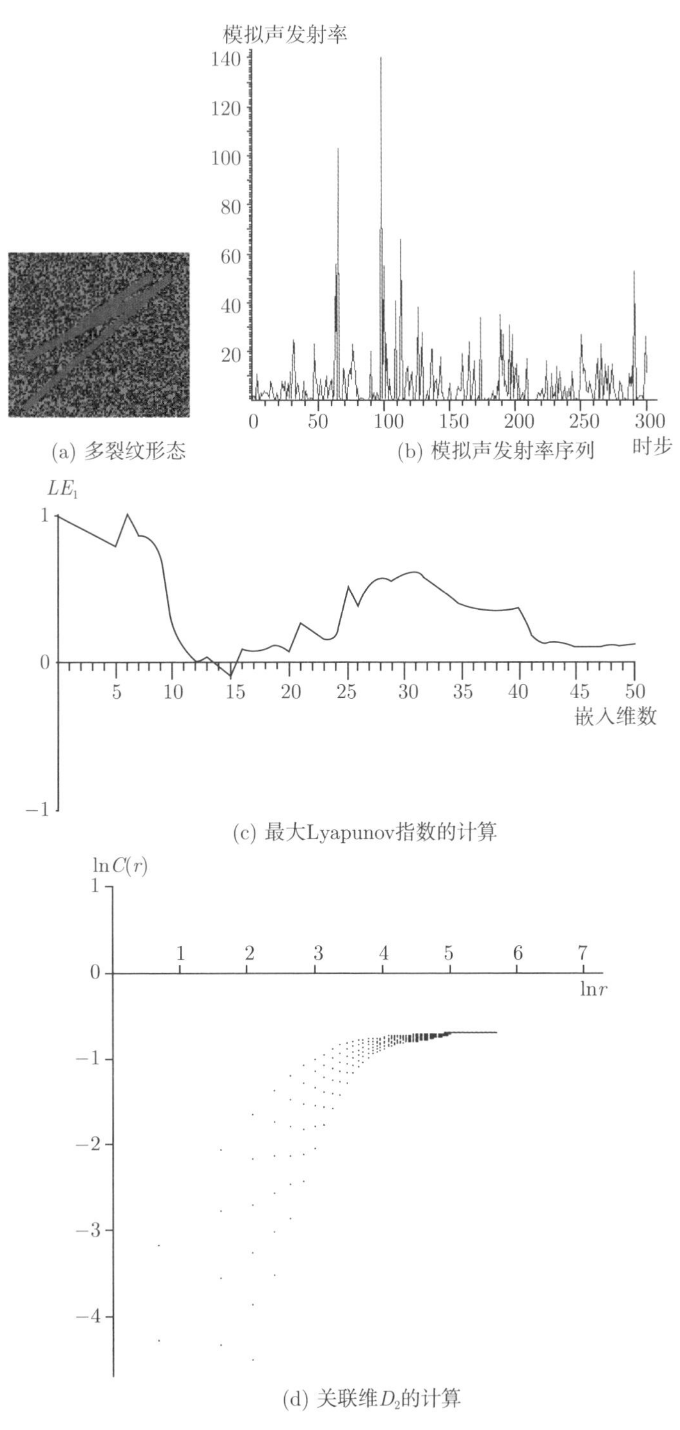

(a) 多裂纹形态

(b) 模拟声发射率序列

(c) 最大Lyapunov指数的计算

(d) 关联维D_2的计算

图 2.33 多裂纹对岩体破坏演化混沌性的影响

同时，对比表 2.1 中模型Ⅱ和多裂纹 (图 2.33(a)) 条件下的混沌性发现：多裂纹条件下混沌性比无裂纹时更强，但大量模拟实例表明这并不是普遍规律，二者混沌性强弱受岩体均质度的影响较大，当岩体较均质且其他条件相同时，多裂纹条件下的混沌性会更强；相反，当岩体均质程度较低时，大量弱强度单元的存在相当于在岩体中形成众多“软弱区”，这些“软弱区”间的破裂耦合作用强于多裂纹的作用，此时就会出现无裂纹条件下的混沌性比多裂纹时更强的现象。

2.6.3　不同初始均质程度对岩体破坏演化混沌性的影响

设置两个模型的初始均质度值分别为：

模型 A(均质)：$(P_{\mathrm{A}}(1)=0,\ P_{\mathrm{A}}(2)=0,\ P_{\mathrm{A}}(3)=1.0,\ P_{\mathrm{A}}(4)=0)$；

模型 B(不均质)：$(P_{\mathrm{B}}(1)=0.15,\ P_{\mathrm{B}}(2)=0.35,\ P_{\mathrm{B}}(3)=0.4,\ P_{\mathrm{B}}(4)=0.1)$。

两模型的广义能量输入方式为 $\Delta U(t)=2+0.01t$，初始广义能量分布区间为 $[0,\ 0.9\times\mathrm{PLYZ}(x_i,\ y_i,0)]$，所有细胞的能量耗散系数均为 0。为使两模型具有可比性，分别运行 300 时步得到模拟声发射率序列如图 2.34 所示，最大 Lyapunov 指数 LE_1 和关联维 D_2 的计算分别如图 2.35 和图 2.36 所示，最大 Lyapunov 指数 $LE_1(\mathrm{A})=0.45$、$LE_1(\mathrm{B})=0.623$，关联维 $D_2(\mathrm{A})=2.99$、$D_2(\mathrm{B})=4.51$。由此可知，岩体微单元体的初始强度越不均匀，受力破坏时其内在随机性就越大，整个岩体系统破坏行为的混沌性就越强。

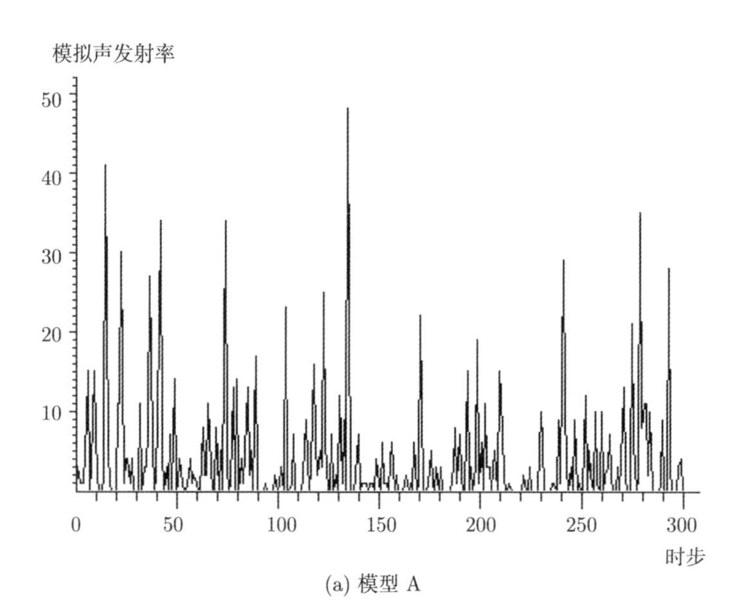

(a) 模型 A

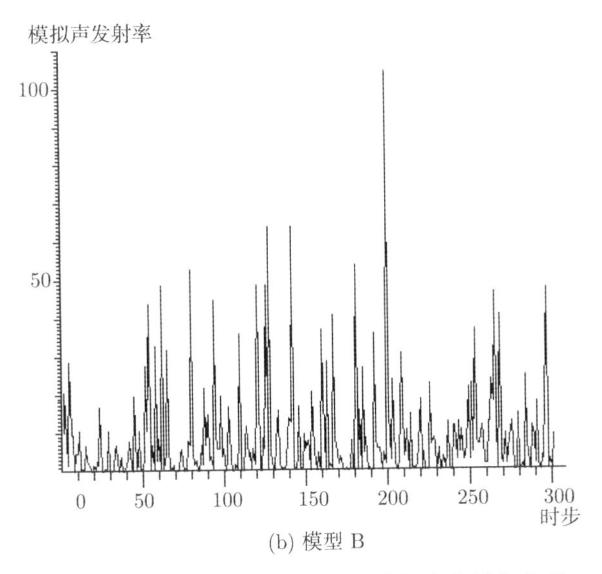

(b) 模型 B

图 2.34 不同初始均质度条件下模拟声发射率序列

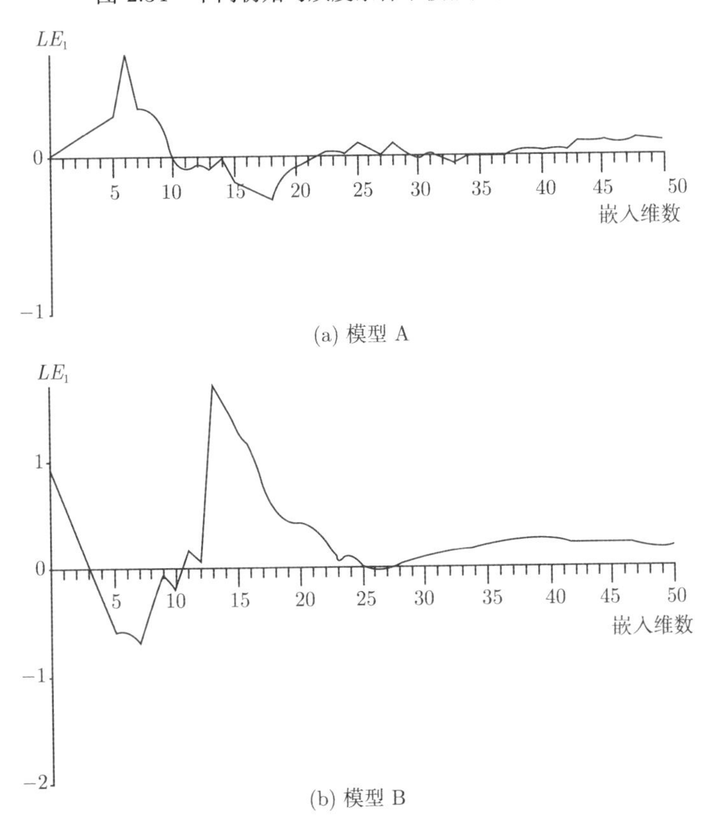

图 2.35 不同初始均质度条件下模拟声发射率序列的 LE_1

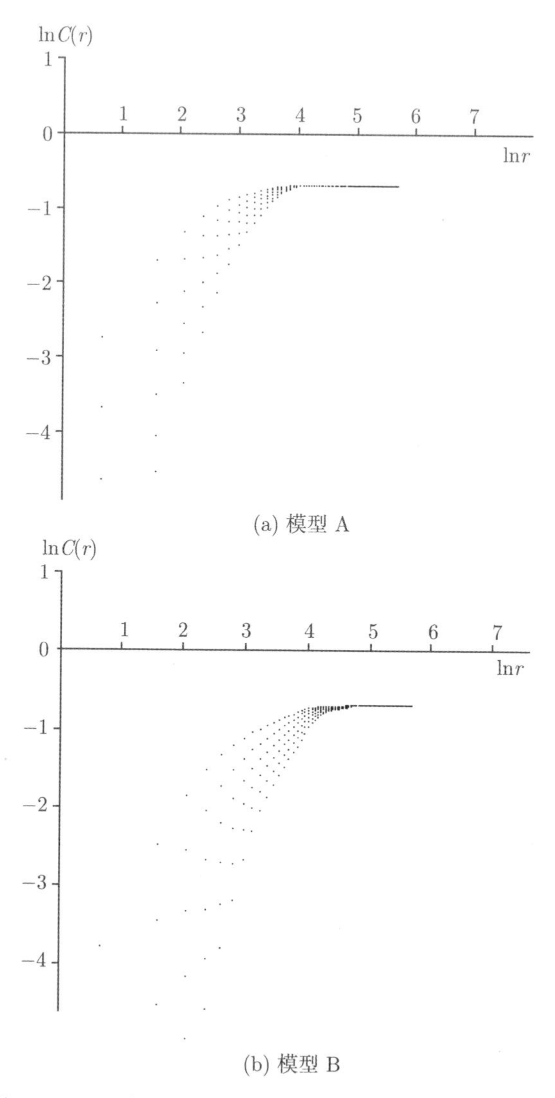

(a) 模型 A

(b) 模型 B

图 2.36　不同初始均质度条件下模拟声发射率序列的 D_2

2.6.4　能量耗散系数的物理意义及对岩体破坏过程混沌性的影响

1. 能量耗散系数的物理意义

在物理细胞自动机的构成规则中，为了反映岩体在破坏过程中的能量损失，引入了细胞能量耗散系数的概念。在物理细胞自动机中，细胞的能量耗散系数定义为细胞破坏时损失的广义能量，但在经典力学中并没有明确的概念与之相对应。由前述的模拟分析可见，能量耗散系数似乎与岩石的脆性有着某种对应关系；而人们在对大量的岩 (煤) 爆、冲击地压和矿震的研究中发现，岩体发生上述灾害性动力现

象的可能性与岩体 (石) 的性质密切相关，其中岩体 (石) 的脆性是影响岩体 (石) 冲击倾向性的关键因素。因此，如果能量耗散系数能决定岩石的脆性特征，那么它就从本质上决定了岩体发生冲击可能性的大小。为进一步研究能量耗散系数的物理意义，本节假设在单轴拉压条件下，针对三种不同模型进行如下模拟分析。

模拟条件：

(1) 系统初始均质度为：$P(1)=P(2)=P(3)=P(4)=0.25$；

(2) 能量输入方式函数为：$\Delta U(t)=5$ (t 为模拟时步)；

(3) 系统在初始状态无广义能量；

(4) 系统内无裂纹 (或宏观 “软弱区”)；

(5) 被模拟岩体为各向同性介质；

(6) 当完全破坏的子细胞比例达到 85%时，就认为系统失稳破坏；

(7) 模型 I：所有细胞的能量耗散系数均为 0；模型 II：破裂阈值 (或 “强度”) 为 3 和 4 的细胞的能量耗系数为 1，其他细胞的能量耗散系数为 0；模型III：所有细胞的能量耗散系数均为 1。

从整体系统来看，三个模型的能量耗散系数由大到小的排列顺序为：模型III > 模型 II > 模型 I。在以上三种条件下，利用 RFPCA 程序进行模拟，直到系统完全破坏为止，得到三个模型的 “加载力-变形-声发射率” 的对应曲线如图 2.37 所示，下面利用图中的 “加载力-变形” 曲线讨论能量耗散系数与岩石脆性的关系。

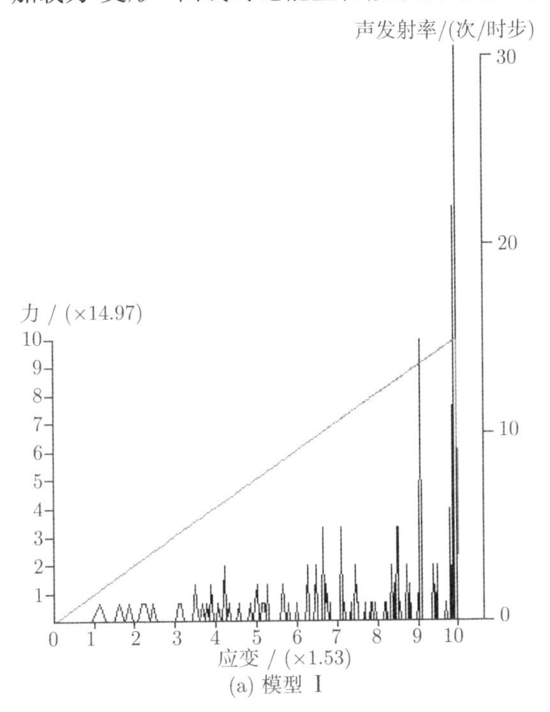

(a) 模型 I

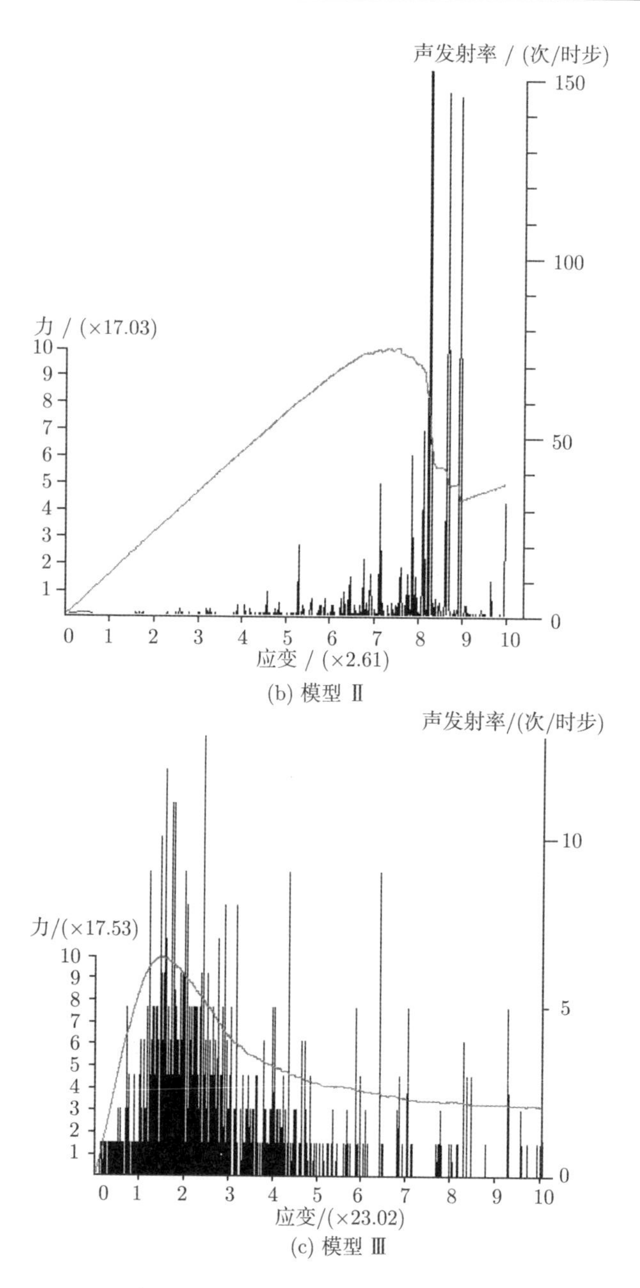

(b) 模型 Ⅱ

(c) 模型 Ⅲ

图 2.37　能量耗散系数的物理意义

首先讨论岩石 “脆性” 的力学意义及其在应力-应变 (σ-ε)(或加载力-轴向变形 (F-u)) 曲线上的体现。岩石的脆性是与岩石的韧性相比较的一种力学性质，在宏观上表现为岩石材料在受力发生破坏或断裂前，只出现很小的弹性变形而不出现塑

性变形 (或只出现很小的塑性变形)；在破坏形式上呈现明显的突发性；脆性岩石的应力-应变 (σ-ε)(或加载力-轴向变形 (F-u) 曲线具有以下特征：①在应力 (或荷载) 的峰值以前，σ-ε(或 F-u) 曲线呈直线或近似直线；②岩石的弹性极限接近于其强度极限；③在应力 (或荷载) 的峰值以后，应力 (或荷载) 迅速下降，岩石试件在无明显塑性变形的情况下突然发生破坏。

针对岩石脆性的上述特点，对照图 2.37 可以发现：

(1) 在无能量耗散条件下，系统会在某一时刻突然发生 "失稳"，这是脆性岩石破坏时所具有的典型特征。在 F-u 曲线上可以看到，加载力在某一时步突然呈近似直线的趋势下降，且在加载力的峰值以前，F-u 呈现明显的直线关系。因此可以认为，无能量耗散的 PCA 模型描述了理想 "弹-脆性" 岩石的力学行为。当然，"弹-脆性" 模型只是一种非常理想化的力学模型，它可以作为对强脆性岩石力学模型的一种简化。

(2) 在模型Ⅱ条件下，系统在第 439 时步发生主破坏，但此时整个系统并没有完全破坏，而是又经过了一系列的微破坏演化以后才走向 "崩溃"。从发生主破坏到系统完全失稳，虽然历时很短，系统的破坏也呈现出一定的突发性，但与模型Ⅰ相比，这种突发性程度明显降低。另外，由 F-u 曲线可以看出，与模型Ⅰ不同，模型Ⅱ的弹性极限与其强度极限不同，且在破坏前区和破坏后区均产生了一定的塑性变形。因此可以认为，模型Ⅱ的脆性程度比模型Ⅰ要弱。

(3) 在模型Ⅲ条件下，系统的破坏在时间上未发生突发性现象，在空间上不存在明显的主破坏区域。在 F-u 曲线的破坏前区和后区均发生了明显的塑性变形。因此，在三种模型中，模型Ⅲ的脆性程度最弱，呈现出典型的塑性破坏性质。

通过上述分析可以看出，能量耗散系数可以视为岩石脆性的一种微观量度。岩石局部破坏的能量耗散现象是岩石的一种固有属性，而能量耗散系数在微观上描述了岩石微单元破坏时释放弹性应变能的能力 (从相反的角度也可以表达为，岩石微单元破坏时储存弹性应变能的能力)。岩石的能量耗散系数越小，其微单元破坏时释放的弹性应变能越少，岩体内剩余的能量就越多，这一性质在宏观上造成了整个岩体系统的能量储存速率增大，从而能量的积累迅速达到系统的失稳条件，系统会突然发生大规模破坏。由于在破坏过程中，系统耗散的弹性应变能很少，且系统由于破坏而储存能量的能力降低，故破坏行为会迅速继续发展，岩体的应力迅速下降，从而导致岩石出现脆性特征。这就是能量耗散系数的物理意义及其对岩石脆性影响的微观解释。

另外，在对图 2.23 的分析中发现，岩石微单元强度的初始均匀程度对脆性亦有一定的影响，但这种影响并不是决定性的，而能量耗散系数才是决定岩石脆性程度的关键性因素。但岩石微单元强度的初始均匀程度决定着岩石的极限强度的大小：在初始状态，系统细胞强度的均值越大，相应岩石的极限强度越大；反之，岩石的极限强度就越小。

2. 能量耗散系数对岩体 (石) 破坏混沌性的影响

作为决定岩体 (石) 力学行为特征的重要参数，能量耗散系数对于岩体 (石) 破坏的混沌性必然也会产生影响，下面利用图 2.37 的模拟结果来讨论不同能量耗散系数的岩石在受力过程中的混沌性规律。

对于三模型的模拟声发射率序列，以每 100 时步为一时间段，分别计算系统破坏前不同时段声发射率序列的最大 Lyapunov 指数 LE_1(对于模型 II 和模型III，仅计算最大声发射率发生以前的 LE_1)，发现：模型 I 在 125~225 时步内的混沌性最强，且 $LE_1^{\text{I}}{}_{\max}$ 为 0.137；模型 II 在 250~350 时步内的混沌性最强，且 $LE_1^{\text{II}}{}_{\max}$ 为 0.124；模型III在 900~1000 时步内的混沌性最强，且 $LE_1^{\text{III}}{}_{\max}$ 为 −0.0598。可见，岩石的能量耗散系数越大，其完全破坏前的混沌性越弱。这是由于岩体 (石) 微单元破坏行为的复杂性是两个直接因素 (微单元的破坏在空间上分布的无序程度和微单元破坏事件在时间上分布的复杂程度) 综合作用的结果。尽管模型III的细胞破坏事件在空间上的分布较模型 I 和模型 II 复杂，但其声发射率随时步的变化曲线远比模型 I 和模型 II 简单，所以出现了模型III的整体混沌性比模型 I 和模型 II 弱的现象。

2.6.5 岩体破坏演化全过程中不同时段的混沌性

在地震研究中，一些学者已经发现[26~28]，在每一次大地震发生前都会出现不同程度的降维现象；谭云亮等[23] 在研究煤矿顶板运动时发现，在老顶来压前，声发射参数会出现降维现象。虽然二者的表现形式不同，但归根结底都是由岩体破坏所引起的，只是破坏的空间尺度和破坏的显现形式不同而已。这表明，在岩体破坏演化过程的不同阶段，系统的复杂程度 (即混沌性) 是不同的，可能存在某些基本的广义演化规律。为研究这一问题，下面分别在不同能量耗散系数、不同广义能量输入方式等条件下，运用物理细胞自动机对岩体破坏演化全过程的混沌性规律进行了模拟分析。

1. 无能量耗散、有初始能量且采用线性能量输入方式

模拟条件：

(1) 系统初始均质度为：$P(1) = 0$, $P(2) = 0.2$, $P(3) = 0.6$, $P(4) = 0.2$；

(2) 能量输入方式函数为：$\Delta U(t) = 2 + 0.01t$ (t 为模拟时步)；

(3) 初始能量布区间为：$[0, 0.8\times\text{PLYZ}(x_i, y_i, 0)]$；

(4) 系统内有一裂纹 (或宏观 “软弱区”)(图 2.38(a))；

(5) 被模拟岩体为各向同性介质；

(6) 所有细胞的能量耗散系数均为 0。

模型的初始状态如图 2.38(a) 所示，运行至 265 步时系统发生“失稳”破坏，破坏形态、模拟声发射事件和能量分布如图 2.38(b) 所示，得到的模拟声发射率序列 (1~264 步) 如图 2.38(c) 所示。为研究系统在不同破坏阶段的混沌性，分别计算不同时段模拟声发射率序列的最大 Lyapunov 指数 LE_1(图 2.39) 和关联维 D_2 (图 2.40)，计算结果如表 2.3 所列。根据表中的数据分别作出 LE_1 和 D_2 随时步而变化的曲线 (图 2.41)。结合图 2.38(c) 所示的模拟声发射率序列可以发现，在无能量耗散条件下，岩体破坏过程中不同阶段的混沌性具有如下特点。

(a) 模型的初始状态

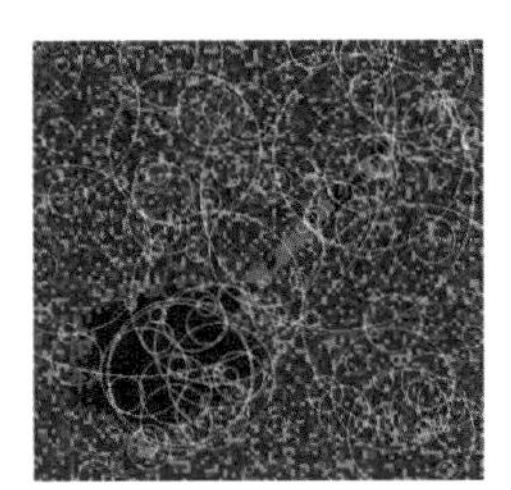

(b) 模型声发射事件的分布

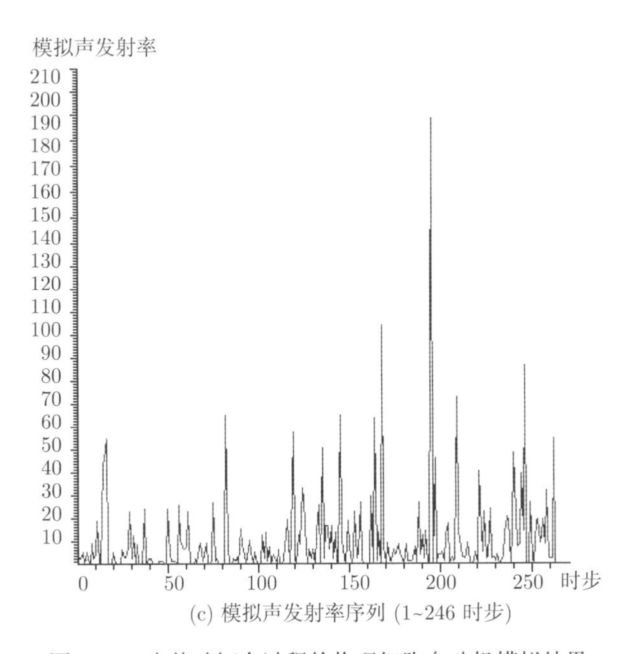

(c) 模拟声发射率序列 (1~246 时步)

图 2.38 岩体破坏全过程的物理细胞自动机模拟结果

(1) 岩体在受力的初始阶段，由于岩体微单元初始强度的不均匀性，造成岩体内微单元的破裂事件在空间和时间上的分布极其复杂而无序，因此，模拟声发射率序列的最大 Lyapunov 指数 LE_1 和关联维 D_2 值都较大。这表明在该阶段，岩体破坏行为的混沌性较强。

表 2.3　无能量耗散条件下岩体破坏全过程中的 LE_1 和 D_2

混沌性参数	1~100 步	50~150 步	100~200 步	150~264 步
最大 Lyapunov 指数 LE_1	0.257	0.013	0.0275	0.0071
关联维 D_2	3.732	2.904	3.172	2.414

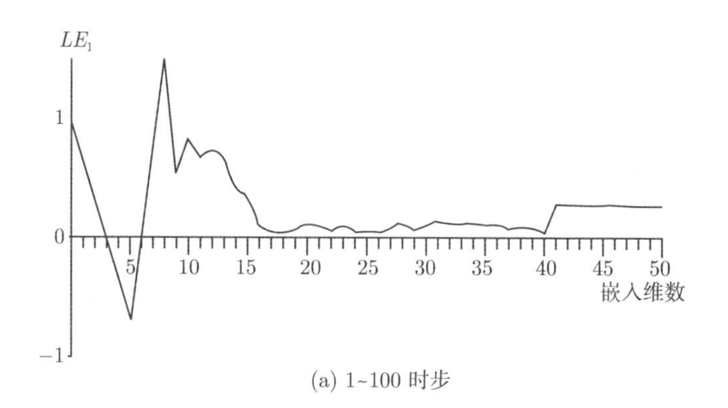

(a) 1~100 时步

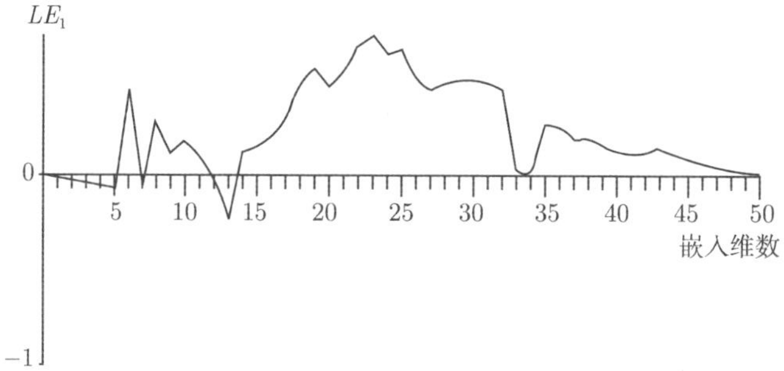

(b) 50~150 时步

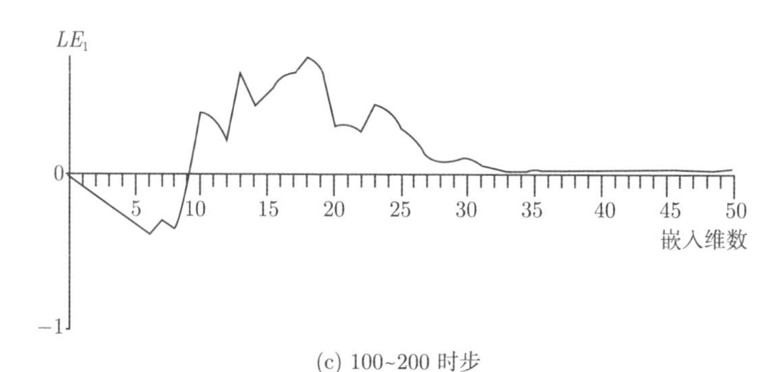

(c) 100~200 时步

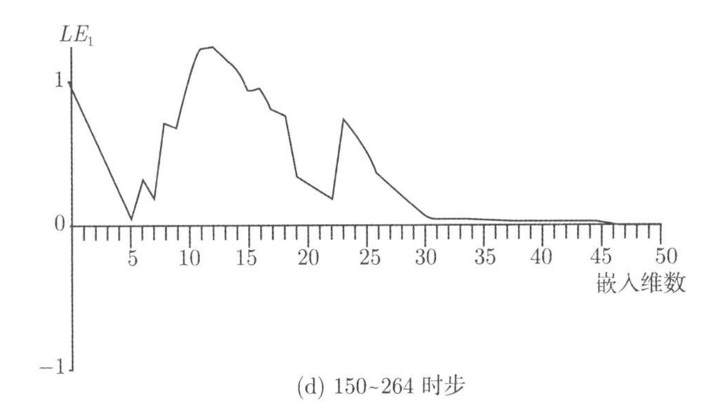

(d) 150~264 时步

图 2.39 岩体破坏全过程模拟声发射率的 LE_1 计算图

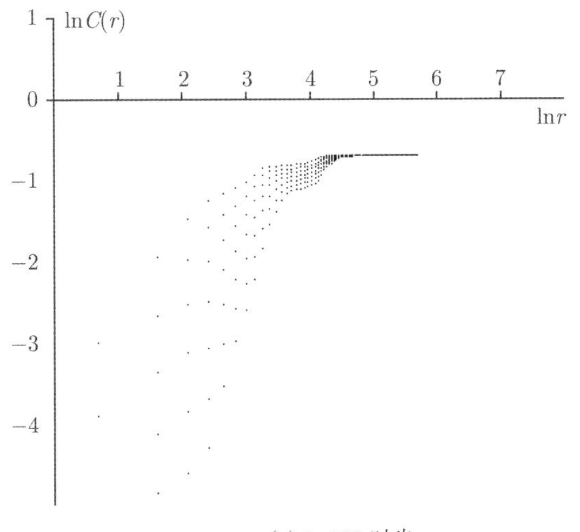

(a) 1~100 时步

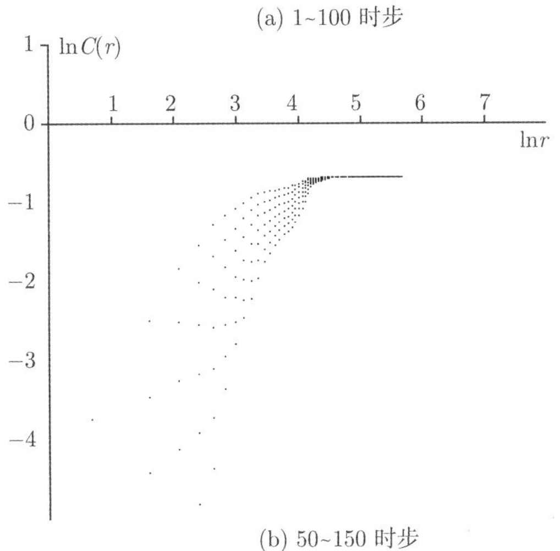

(b) 50~150 时步

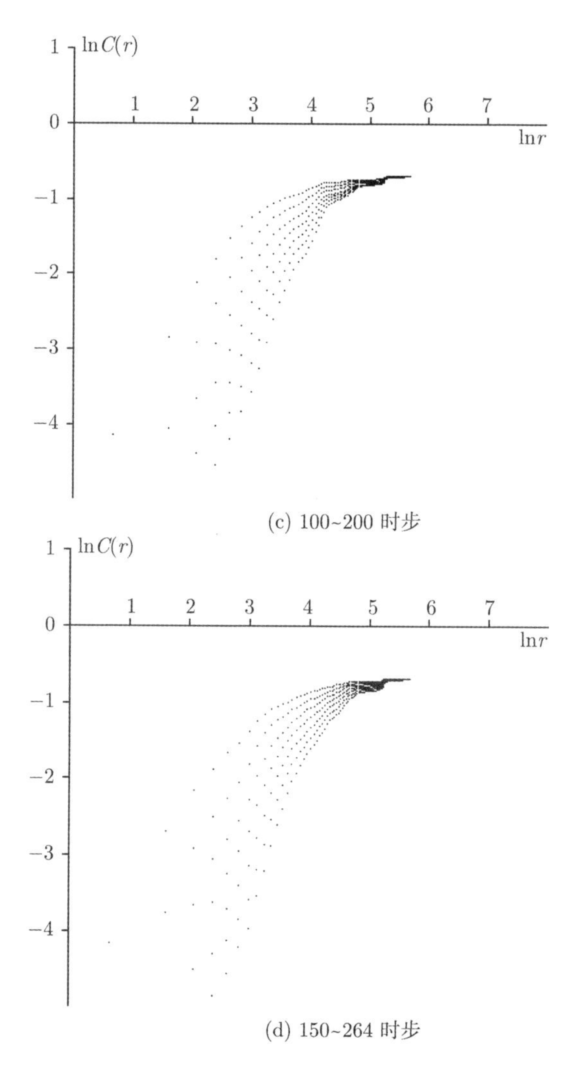

(c) 100~200 时步

(d) 150~264 时步

图 2.40　岩体破坏全过程模拟声发射率 D_2 计算图

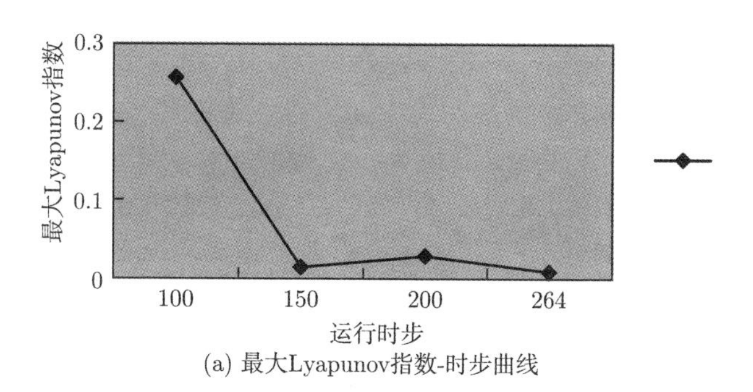

(a) 最大Lyapunov指数-时步曲线

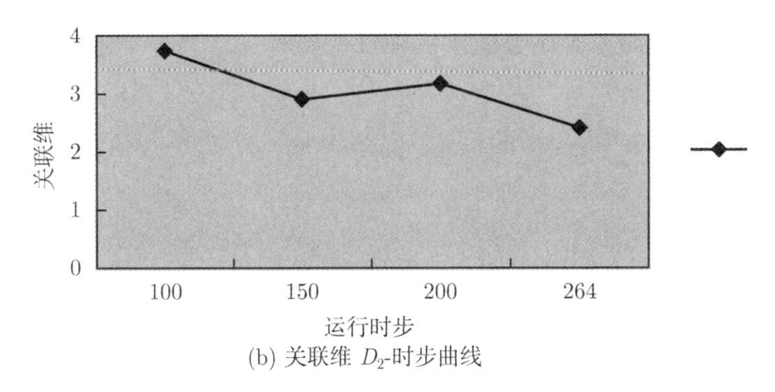

(b) 关联维 D_2-时步曲线

图 2.41 无能量耗散岩体破坏过程中的混沌性演化典型规律

(2) 岩体微单元经过一段时间的自组织演化后，随着加载“应力”水平 (由每个时步内输入系统的广义能量数来体现) 的提高，材料强度的不均匀性对混沌性的影响相对降低，其内部微单元的破坏行为在空间上的分布逐渐向某一区域集中。故在 50~150 时步，系统的混沌性明显降低。

(3) 随着加载应力的继续增大，加载应力对岩体系统混沌性的影响逐渐成为主导因素，系统的内在随机性随单元“应力”(或“能量”) 的增大而越发明显地显现出来。在这一阶段，岩体进入主裂纹出现前的复杂自组织演化阶段，因此系统在此时段的混沌程度略有升高。

(4) 随着岩体内微单元的不断破坏 (150~264 步)，整个岩体的破坏行为经自组织演化而逐渐向某一更小的区域集中，系统的主破坏形成。此时，系统的破坏在空间上的复杂性和无序性迅速降低，故系统在此阶段的破坏演化呈现出弱混沌性，这一现象与之前所述的地震和煤矿顶板破坏前的降维现象相对应。

此外，通过其他类似条件下的模拟还发现了另外两种混沌性演化模式 (图 2.42(a)、(b))。虽然图 2.41 和图 2.42(a)、(b) 所示的三种混沌性演化模式稍有

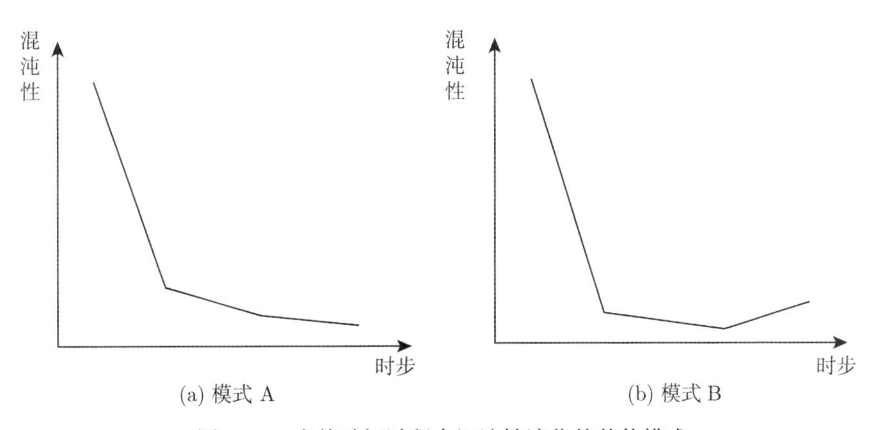

图 2.42 岩体破坏过程中混沌性演化的其他模式

不同，但是从宏观上看，岩体破坏的混沌性一般都要经历如下过程：高混沌性 → 混沌性降低 → 混沌平静期 → 岩体破坏。在“混沌平静期”内，系统的混沌性会有不同程度和不同形式的波动，波动的幅度和形式取决于岩体内主破裂形成后有无次生的宏观破坏区出现以及次生破坏区的数目和几何尺寸的大小。若在“混沌平静期”内，系统内部无大的次生破坏区生成，则岩体破坏的混沌性演化一般会遵循如图 2.42(a) 所示的模式；若在“混沌平静期”内，系统内部有一个或多个大的次生破坏区生成，则岩体破坏的混沌性演化规律一般会遵循如图 2.41 或图 2.42(b) 所示的模式。这种不同是混沌系统内部的随机性涨落被放大的结果。

2. 全部细胞的能量耗散系数为 1、无初始能量且采用恒定能量输入方式

模拟条件：

(1) 系统初始均质度为 $P(1) = P(2) = P(3) = P(4) = 0.25$；

(2) 能量输入方式函数为 $\Delta U(t) = 5$ (t 为模拟时步)；

(3) 在初始状态，系统内无广义能量；

(4) 系统内无裂纹 (或宏观“软弱区”)；

(5) 被模拟岩体为各向同性介质；

(6) 所有细胞的能量耗散系数均为 1。

在上述条件下，利用 RFPCA 程序进行模拟，运行至第 3741 时步系统发生“失稳”破坏，模拟声发射率序列如图 2.43(a)所示。分时段分别计算模拟声发射率序列的最大 Lyapunov 指数 LE_1 和关联维 D_2(表 2.4)，图 2.43(b)、(c) 为根据表中结果所作的 LE_1 和 D_2 随时步的变化曲线。

表 2.4　有能量耗散条件下岩体破坏全过程中的 LE_1 和 D_2

混沌性参数 \ 时步	1～600	801～1000	900～1100	1000～1200	1100～1300	1200～1456	1457～1657	1658～2000	2001～3741
E_1	−2.532	−2.527	−0.478	−0.058	−2.654	−2.515	−2.515	0.097	−2.531
D_2	2.25	2.31	2.79	2.836	2.17	2.45	2.44	2.96	2.27

对比图 2.43(b)、(c)与图 2.41(a)、(b)可见，两种不同模拟条件下得到的岩体 (石) 破坏的混沌性规律是不同的，分析如下：

(1) 由于考虑了岩体局部破坏的能量耗散，并且系统在初始状态内部无能量分布，故本小节所模拟的“岩体 (石)”在受力的初始阶段，其混沌性相对较弱。

(2) 由于能量耗散系数的存在，图 2.43 可以反映塑性岩体 (石) 的受力破坏特点，故我们能够研究其破坏前区和破坏后区的混沌性。在破坏前区，塑性岩体 (石) 的混沌性演化规律同脆性岩体 (石) 破坏前的混沌性规律相似，二者最显著的相同点是：在发生大规模破坏之前，系统的混沌性都有不同程度的下降现象。

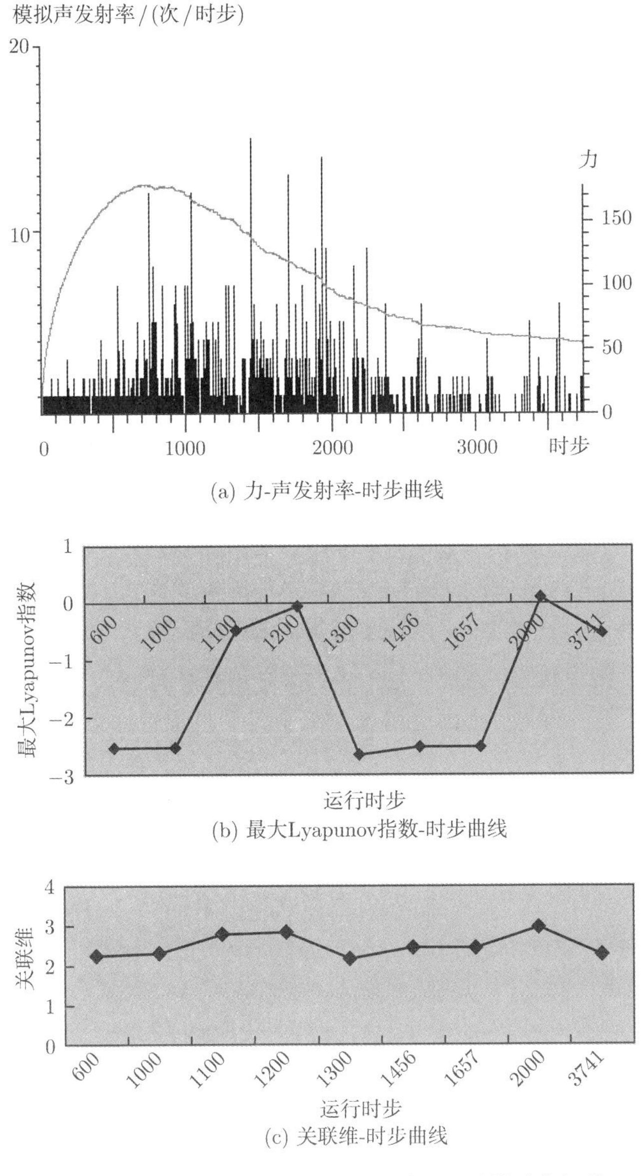

(a) 力-声发射率-时步曲线

(b) 最大Lyapunov指数-时步曲线

(c) 关联维-时步曲线

图 2.43 有能量耗散岩体破坏过程中的混沌性演化规律

(3) 在破坏后区，系统的混沌性先增强，随后急剧下降。这是由于主破坏发生后，因能量和应力的重新分配，导致未破坏区域处于高“应力”状态，所以其内部微单元发生破坏的概率增大，且破坏事件在空间上的分布已经摆脱了主破坏区的“吸引”而呈现出更复杂的状态，故在破坏后区的开始阶段，岩体 (石) 破坏的混沌性出现一定程度的增强现象。但这时的系统毕竟已经发生了主破坏，岩体 (石) 的整体强度明显降低，在继续受力时变形会迅速增大，声发射事件在空间和时间上的复杂性迅速降低。因此，破坏后区的高混沌性不会持续太久。

物理细胞自动机模型是通过能量的传递规则而建立的一种描述岩体破坏演化规律的广义模型，由物理细胞自动机模拟得到的上述结论也是岩爆和冲击地压形成过程中的混沌性所普遍遵循的广义规律。研究岩体破坏演化过程中的混沌性变化规律对于预测岩爆和冲击地压的发生具有重要意义，通过分析岩爆和冲击地压混沌性的变化可以了解岩体破坏演化所处的状态，从而可以预测是否会发生岩爆和冲击地压及其演化趋势；更重要的是，研究岩体破坏过程的混沌性规律还可为进一步利用混沌控制方法来控制岩爆和冲击地压灾害提供必要的理论基础。

2.6.6 岩体破坏演化中的定常运动行为

在以往的研究中，人们经常不加分析地以"岩体的破坏演化过程是一个混沌过程"为前提来讨论岩体破坏的混沌性，而很少有人对"岩体的破坏演化是否一定是混沌行为"这一关键问题进行研究。本章通过采用物理细胞自动机对岩体破坏的模拟研究发现：由于岩体的初始材料参数和"应力"环境等条件不同，岩体的破坏演化会呈现出不同程度的混沌性。这就给我们带来一个启示：在一定条件下，岩体的破坏演化是一个混沌过程，偏离了这一条件，岩体破坏可能会呈现出其他的运动演化形式。为分析这一问题，下面运用物理细胞自动机进行如下模拟研究。

模拟条件为：

(1) 初始均质度设置：$P(1) = 0.1$, $P(2) = 0.2$, $P(3) = 0.3$, $P(4) = 0.4$;

(2) 广义能量输入方式函数：$\Delta U(t) = 1 + 0.01t$ (t 为时步)；

(3) 初始广义能量分布区间：$[0,\ 0.5\times\mathrm{PLYZ}(x_i,\ y_i,\ 0)]$；

(4) 系统内无裂纹；

(5) 被模拟岩体为各向同性介质；

(6) 运行时步为 300 步；

(7) 所有细胞的能量耗散系数均为 0。

模拟得到的声发射序列如图 2.44(a) 所示，同时得到最大 Lyapunov 指数 LE_1 如图 2.44(b) 所示，计算得到最大 Lyapunov 指数 $LE_1 = -0.448$。因为最大 Lyapunov 指数 $LE_1 = -0.448 < 0$，从而可判定该模拟演化过程为一定常运动过程。由非线性动力学模式的稳定性分析可知，对于定常运动，由于所有的 Lyapunov 指数都小于 0，它在每个自由度方向上都是收缩的，其演化过程是一个由高维相空间收缩到低维吸引子的过程，或者说是一个自由度归并过程。在演化时间充分长时，定常运动的相空间轨线将收缩成为一点，即系统的状态在经过充分长时间的演化后最终将以某一稳定的状态而存在。

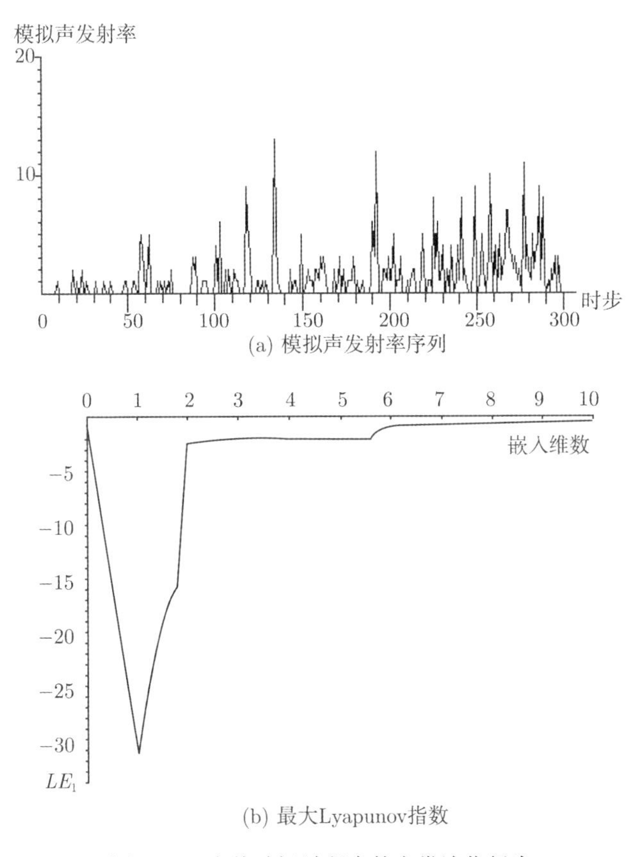

图 2.44 岩体破坏过程中的定常演化行为

通过大量的模拟分析发现：要使岩体的破坏过程呈现定常行为，必须满足一定的条件。一般来说，岩体的初始均质程度越高，初始 "应力" 和加载 "应力" 越低，能量耗散系数越大，系统呈现定常行为的可能性就越大。需要指出的是，本次模拟所得到的定常行为只是暂时的，随着加载 "应力" 的增大，系统的混沌性逐渐增强，最终将演化成为一个混沌过程。即脆性岩体破坏过程中的混沌行为是普遍的，定常行为只是在特定条件下存在的暂时现象。

同时，在某些条件下，当脆性岩体 (石) 的破坏过程处于 "混沌平静期"(即主破坏发生前的一段时期) 时也会出现定常运动形式。因此，对于脆性岩体系统的破坏演化来说，出现定常运动形式意味着岩体可能正处于破坏过程中的某一状态 (这种状态在实际意义上是稳定的)，或者岩体正迅速趋向于完全破坏 (如 "混沌平静期" 中的定常运动就属于这种情况)。

发现岩体破坏的定常行为对于研究实际矿震系统的动力学特征具有重大的指导意义。例如，当对某一具有冲击倾向性的巷道或工作面进行预测时，若能判定该区域岩体的动力学行为为一定常行为，则只要结合数值计算和少量的现场观测，就可直接对工程的稳定性和动力学演化的最终趋向作出判断。因为由上述分析可知，岩体动力过程的定常行为往往对应于岩体运动的两种极端情况：岩体稳定和迅速破坏，且二者的区别明显。因此，对于在破坏过程中出现定常运动行为的巷道或工作面，我们更容易对其发生岩爆和冲击地压的可能性及其演化趋向作出预测。

2.6.7　不同观测时间间隔对岩体破坏混沌性的影响

观测时间间隔指相邻两次观测值间的时间差。设某变量的原始观测序列为

$$x_1,\ x_2,\ x_3,\ \cdots,\ x_n,\ \cdots$$

且其相邻观测值间的时间间隔相等，设为 Δt。若取不同的时间间隔 Δt, $2\Delta t$, $3\Delta t, \cdots$，则可构成不同的观测序列

$$\left\{\begin{array}{llllll} x_1, & x_2, & x_3, & \cdots, & x_n, & \cdots \\ x_1, & x_3, & x_5, & \cdots, & x_{(2t+1)}, & \cdots \\ x_1, & x_4, & x_7, & \cdots, & x_{(3t+1)}, & \cdots \\ \vdots & \vdots & \vdots & \vdots & \vdots & \vdots \end{array}\right.$$

对于同一个动力系统，观测值的时间间隔不同，得到的时间序列的混沌性也可能不同。为了研究观测时间间隔对岩体破坏混沌性影响的一般规律，下面利用物理细胞自动机作如下模拟。

模拟条件：

(1) 岩体内无裂纹 (或宏观 “软弱区”)；

(2) 初始均质度设置：$P(1) = 0.1$，$P(2) = 0.2$，$P(3) = 0.3$，$P(4) = 0.4$；

(3) 广义能量输入函数：$\Delta U(t) = 2 + 0.01t$ (t 为时步)；

(4) 初始广义能量分布区间：$[0, 0.8 \times \mathrm{PLYZ}(x_i, y_i, 0)]$；

(5) 模拟岩体为各向同性介质；

(6) 总运行时步数为 300 步；

(7) 所有细胞的能量耗散系数均为 0。

运行得到的原始声发射时间序列如图 2.45 所示 (原始时序的观测时间间隔为 1)，设定不同的观测时间间隔，可以构成不同的时间序列。表 2.5 列出了不同时间序列的最大 Lyapunov 指数 LE_1 和关联维 D_2 值，由表 2.5 作 LE_1 和 D_2 随观测时间间隔的变化曲线，如图 2.45 所示。

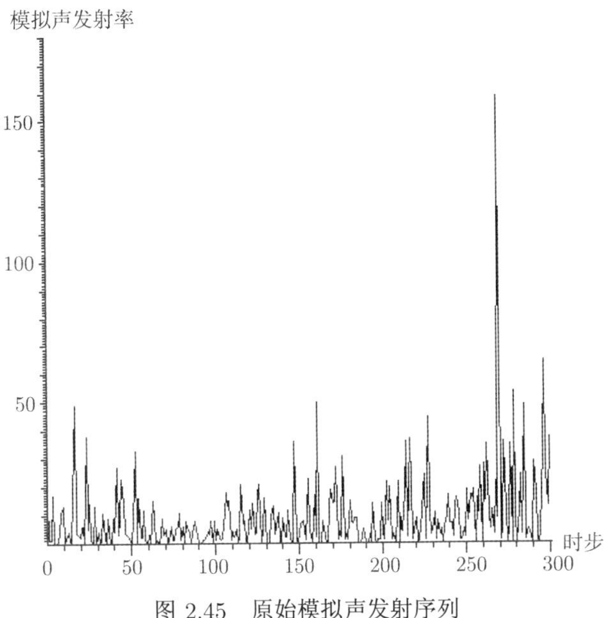

图 2.45 原始模拟声发射序列

表 2.5 不同观测时间间隔条件下的最大 Lyapunov 指数 LE_1 和关联维 D_2

混沌性参数	观测时间间隔 Δt^*				
	1	2	3	4	5
最大 Lyapunov 指数 LE_1	0.102	0.093	0.307	0.254	0.078
关联维 D_2	2.17	2.01	4.31	2.4	1.73

注：* 观测时间间隔以计算时步为单位

由图 2.46 可知，当观测时间间隔 Δt 取 1 时，所得到的观测时间序列为原始时间序列，我们认为它准确地反映了系统的吸引子结构；当观测时间间隔 Δt 取 2 时，一方面时间序列中包含了系统演化的大部分本质信息，另一方面由于数据的间隔增大，可能会导致原始系统吸引子的某些细微结构被“平滑”掉，故其混沌性较之于原始时间序列要弱，但由于 INT(D_2+1) 的值没有变化，故可以认为该时间序列对系统吸引子的描述仍然是正确的；但当观测时间间隔 Δt 取 3 时，时间序列已经“丧失”了太多的系统真实演化信息，若由所得到的时间序列重构相空间，则空间中的相点分布会呈现更大的无序性，相轨线已不能正确地反映原始吸引子的拓扑结构，此时混沌性参数 (最大 Lyapunov 指数 LE_1 和关联维 D_2) 明显增大，可以认为该时间序列对于系统的描述是失败的；当观测时间间隔 Δt 取 4 和 5 时，虽然所得到的时间序列的混沌性有所降低，但已经不能正确反映系统的破坏演化本质，故其对系统的描述同样也是失败的。

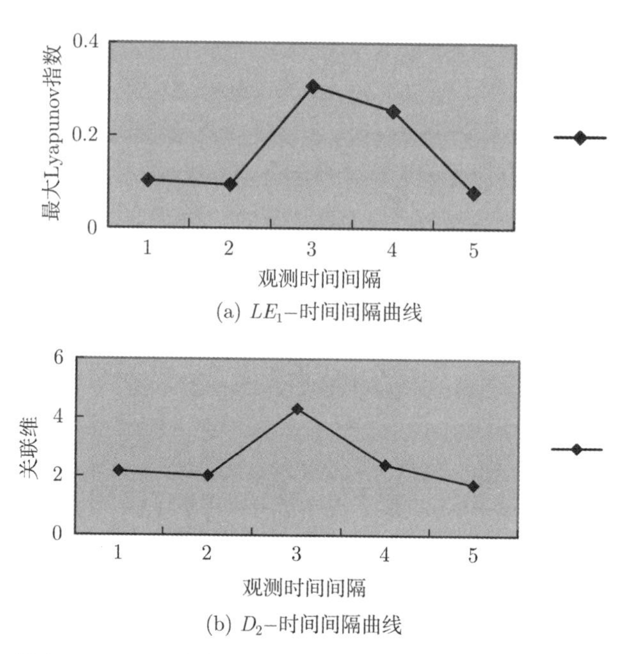

(a) LE_1–时间间隔曲线

(b) D_2–时间间隔曲线

图 2.46　最大 Lyapunov 指数 LE_1 和关联维 D_2 随观测时间间隔的变化曲线

以上分析表明，对于一个特定的岩体破坏演化过程，观测时间间隔不同，得到的观测变量序列会表现出不同的混沌性，这就存在一个最优的观测时间间隔问题。一般而言，理想时间序列应当满足：① 能正确地反映原始系统的吸引子结构；② 时间序列的混沌性程度较低 (因为混沌性的强弱关系到系统演化的可预测性问题，混沌性越强，系统的可预测程度越低，这显然不利于对系统的预测)。对于本次模拟而言，观测时间间隔 Δt 取 2 最为合理。

确定合理 (或最优) 的观测时间间隔对于研究岩爆和冲击地压的非线性规律具有重大的现实意义，它关系到我们对系统非线性动力学本质认知的准确程度和系统演化过程的可预测性问题。在确定合理 (或最优) 的观测时间间隔时，要综合考虑系统各状态变量对外界干扰的敏感程度和观测资料对系统非线性动力学本质描述的准确性这两个方面的因素，既要尽量摈弃外界“噪声”的影响，又要保证所得到的观测变量序列能正确反映系统破坏演化的动力学特征。

2.7　小结与讨论

岩爆和冲击地压的孕育演化是一个典型的非线性过程，本章基于细胞自动机制论对其压孕育演化特征的展开了研究，得到如下主要结论。

(1) 基于能量传递规则而建立的物理细胞自动机模型能够有效地模拟岩体破坏

演化的动力学过程，为研究岩爆和冲击地压的非线性特征提供了一种有力的工具。

(2) 岩爆和冲击地压演化过程的混沌性受多种因素的影响，导致其混沌性程度提高的主要因素包括：① “加载应力” 水平较高 (即每时步内输入给系统的广义能量粒子数较多)；② 系统内的裂纹 (或局部宏观 “软弱区”) 较多，且在系统的破坏演化过程中，裂纹 (或局部宏观 “软弱区”) 之间存在强烈的 “耦合” 作用；③ 岩体材料初始强度分布的均匀程度较低；④岩体 (石) 微单元破坏后，系统的弹性应变能 (在物理细胞自动机中，弹性应变能与广义能量相对应) 耗散系数较小，反之亦然。

(3) 不同脆性程度的岩体 (石)，在不同的破坏演化阶段所表现出来的混沌程度是不同的。本章利用物理细胞自动机分别模拟得到了脆性和塑性岩体 (石) 破坏演化全过程的混沌性规律，为深入认识岩爆和冲击地压的动力学过程和进行其预测理论的研究奠定了一般性理论基础。

(4) 岩体 (石) 的破坏演化过程并不一定全部都是混沌过程，本章利用物理细胞自动机模型发现了岩爆和冲击地压孕育过程中的定常行为，有助于正确认识岩爆和冲击地压的动力学过程，进一步丰富和完善了岩体的非线性理论体系。

(5) 岩爆和冲击地压的混沌性还受到观测方式的影响。对于某具体的系统，存在一个最优的观测时间间隔，由这一时间间隔观测到的时间序列，既能较准确地反映系统演化的本质特征，又能摈弃大量的 “噪声” 成分，并简化系统的吸引子结构，以降低系统的混沌程度。

另外，需要说明的是：

(1) 物理细胞自动机是用简单的局域规则的综合作用来模拟整个系统的高度复杂性，它揭示的是整个系统的非线性特征，而并不追求计算的局部精确性，这一点与传统的力学数值方法 (如有限元等) 有本质区别。

(2) 与传统的细胞自动机相比，由于物理细胞自动机考虑了岩体本身的力学性质、“应力” 环境和能量耗散等问题，因此可以更客观地模拟岩体破坏的非线性特征。

(3) 目前基于细胞自动机制论对岩爆和冲击地压孕育演化特征的研究工作只是初步的，细胞自动机模型的构成机制尚不十分完善，对有些模拟结果还不能进行合理的解释，有些结论尚需得到试验验证。随着研究的进一步深入，物理细胞自动机可望发展成为一种研究岩体 (石) 动力行为非线性特征的数值方法。

参 考 文 献

[1] Von N J. Theory of Self-Reproducing Automata (A. W. Burks, ed.). University of Illinois Press, 1996.

[2] Hiizu N. Cellular-automata of earthquakes with deterministic dynamics. Physical Review A, 1990, 41(12): 7086-7089.
[3] Bak P, Chao T. Earthquakes as a self-organized critical phenomenon. J. Geophys. Res., 1989, 94(1311): 15635-15637.
[4] Chen K, Bak P. Self-organized criticality in a crack-propagation model of earthquakes. Phy. Rev. A, 1991, 43(2): 625-630.
[5] Ito K, Matsuzaki M. Earthquakes as self-organized critical phenomenon. J. Geophys. Res., 1990, 95(135): 6853-6860.
[6] Sornette A, Sornette D. Self-organized criticality and earthquakes. Europhys. Lett., 1989, 9(3): 197-202.
[7] 郑捷. 研究地震和岩石破裂现象的非线性科学方法. 非线性科学在地震中的应用. 北京: 地震出版社, 1992: 45-538.
[8] 伊东敬佑. 地震与临界状态. 国际地震杂志, 1990, 10: 23-26.
[9] 刘长海, 陈军, 凌学书. 三维大型 CA 的"地震"能量-频度、时空分布. 地震学报, 1997, 19(3): 299-302.
[10] 刘杰, 刘桂萍, 李丽, 等. 基于大陆地震活动特点建立的简化动力学模型-细胞自动机模型. 地震. 1999, 19(3): 230-238.
[11] Xie H, Pariseau W G. Fractal character and mechanism of rock bursts. Int. J. Rock Mech. Min. Sci., 1993, 30(4): 343-350.
[12] 唐春安. 岩石声发射规律数值模拟初探. 岩石力学与工程学报, 1997, 16(4): 368-374.
[13] 李世平. 岩石力学简明教程. 北京: 中国矿业学院出版社, 1986: 54-55.
[14] 周辉. 矿震孕育过程的混沌性及非线性预测理论研究. 东北大学博士学位论文, 2000.
[15] Mogi K. Earthquakes Prediction. Academic Press, (Harcourt Brace Jovanovich Publishers), Tokyo, 1985.
[16] 唐春安. 岩石破裂过程中的灾变. 北京: 煤炭工业出版社, 1993.
[17] 周辉, 谭云亮, 冯夏庭, 等. 岩石破坏过程的物理细胞自动机模型 (Ⅱ)—— 模拟例证. 岩石力学与工程学报, 2002, 21(6): 782-786.
[18] Wolf A, Swift J B, Swinney H L, et al. Determining Lyapunov exponents from time series. Physica 16D, 1985: 285-317.
[19] Packara N H. Geometry from a time series. Phys. Rev. Lett., 1980, 45: 712.
[20] Takens F. Detecting strange attractor in turbulence. Lecture Notes in Math., 1981, 898: 336.
[21] Grassberger P, Procaccia A. Dimensions and entropies of strange attractors from a fluctuating dynamics approch. Physica 13 D, 1984, 34.
[22] 谢和平. 采矿科学中的分形研究. 现代力学与科技进步. 北京: 清华大学出版社, 1997.
[23] 谭云亮, 杨永杰. 煤矿顶板失稳冒落分形预报的可能性研究. 岩石力学与工程学报. 1996, 15(1): 90-95.

[24] 谭云亮, 等. 煤矿坚硬顶板活动过程中的声发射特征研究. 岩石力学与工程学报. 1992, (3): 211-217.

[25] Feng X T, Masahiro S. Fractal structure of the time distribution of microfracturing in rocks. Geophys. J. Int. 1999, 136: 257-285.

[26] 刘适达. 地球系统模拟和混沌时间序列. 地球物理学报. 1990(2).

[27] 安镇文. 分形与混沌理论在地震学中的应用与探讨. 分形理论及应用. 合肥: 中国科学技术大学出版社, 1993.

[28] 陈子林, 周硕愚. 蕴震系统前兆场的混沌吸引子及分维. 地震学报. 1993, 15(4): 463-469.

第三章 岩爆和冲击地压的非线性动力学预测分析方法

岩爆和冲击地压属于特殊的岩体动力现象，对工程活动和实践造成巨大灾害，并且随着工程深度的不断增大，其灾害性愈发突出。专家们曾预言，岩爆和冲击地压问题的预测将成为 21 世纪岩石力学研究的焦点之一[1,2]。然而，由于岩爆和冲击地压的发生过程是一个典型的非线性现象，相当长的时间内，采用传统的研究方法在对其灾害进行预测时进展缓慢。随着非线性动力学理论的出现及研究的不断深入，众多岩土工程学者将其引入岩体动力行为的研究中，并进行了大量的基础性研究工作，取得了重大进展。尤其在岩爆和冲击地压发生机制和形成过程的研究方面，很多学者突破传统的确定论观点，运用非线性动力学的理论和方法来研究岩爆和冲击地压等动力灾害的孕育、演化和发生机制，并建立相应的预测方法，已经成为一种发展趋势。运用非线性动力学理论对岩爆和冲击地压孕育发生过程展开预测研究，一般包括岩爆和冲击地压系统状态变量的确定及其对应的非线性动力学方程的反演，以及混沌系统的预测理论等方面的研究，其中混沌系统的预测理论研究又包括可预测尺度理论和预测预报理论两方面的研究。本章将对这方面内容进行详细探讨。

3.1 系统状态变量的确定及其非线性动力学方程反演

建立表达岩爆和冲击地压系统的非线性动力学方程，是定量研究其演化规律的前提。然而，对于一个实际的复杂系统，往往并不能直接得到其精确的动力学表达式，所知道的只是系统的一组状态变量的观测值。如果这一组状态变量能够充分地描述系统演化的吸引子结构，则这些观测值就可以看作是系统动力学方程的一系列离散解。利用现代反演理论和这些观测值求解相反的问题，即可得到岩爆和冲击地压系统的非线性动力学方程 (组)。然而，实际问题却远非如此简单。若要反演岩爆和冲击地压系统的非线性动力学方程 (组)，需要解决两个方面的问题：①确定系统状态变量的个数和类型；②非线性动力学方程的反演方法。现代反演理论为反演方法提供了完备的数学理论和手段；同时，非线性动力学理论指出：建立系统动力学模型所需的最少独立状态变量个数为 $\mathrm{INT}(D_2+1)$ (D_2 为系统某状态变量时间序列的关联维)。但对于如何由诸多观测变量来确定系统动力学模型的状态变量类型这一关键问题，目前鲜有研究。状态变量选择的优劣，直接关系到动力学方程能否正确地描述系统演化规律的本质特征，因此，从这个意义来说，系统状态变量的确定比动力学方程的反演方法本身更为重要。

对于一个动力学系统，其一组理想的状态变量应遵循以下原则。

(1) 完备性：即所选择的一组状态变量能充分描述系统的动力学行为，换句话说，在由这些状态变量所组成的空间中，系统演化的相轨道不发生交叉或重叠；

(2) 独立性：同一组状态变量彼此之间应相互独立；

(3) 状态变量一般应具有实际的物理意义，应尽量选择易于观测的参量，但也可以把这些参量的某种线性组合作为状态变量。

事实上，由于岩爆和冲击地压系统的极端复杂性，我们往往并不知道观测变量中是否包含有系统的一组完备的状态变量；同时，利用离散的观测数据来讨论系统状态空间的完备性显然也是不可能的。因此，对于具体的岩爆和冲击地压系统，一般不大可能从其诸多观测变量中挑选出一组完备的状态变量。但是为了尽可能准确地描述岩爆和冲击地压系统的演化行为，可以结合关联维 D_2 的大小，从观测变量中选择一组 (INT(D_2+1) 个) 具有代表性的变量作为系统的状态变量。为此，下面将利用神经网络聚类分析方法对岩爆和冲击地压系统的观测变量进行分类，实现对状态变量的初选；之后利用初选得到的观测变量构造出一组彼此完全独立的变量 (独立主变量) 作为描述岩爆和冲击地压系统的状态变量；最后讨论岩爆和冲击地压系统非线性动力学方程的反演方法，并利用所构造的独立主变量建立其非线性动力学方程 (组)。

3.1.1 岩爆和冲击地压系统观测变量的神经网络聚类分析

1. 自组织特征映射神经网络聚类分析的基本原理

聚类分析方法有多种，其中自组织特征映射法是一种无须监督学习的聚类分析方法。与传统的模式聚类分析方法相比，该方法所形成的聚类中心能映射到一个平面或曲面上，而保持拓朴结构不变。设 $X \in R^k$ 为输入模式向量，W 为权值向量矩阵，$Y \in R^N$ 为输出节点的匹配响应，如图 3.1 所示。

在时刻 t 有

$$Y = W \oplus X \tag{3.1}$$

式中，$\oplus$ 代表一种运算，可选择该运算为 Euclidean 距离运算，即

$$Y = \|W(t) - X(t)\|_E \tag{3.2}$$

输出节点响应的大小意味着该节点对输入模式矢量的匹配程度，求最佳匹配的条件为

$$Y_{\text{opt}}(t) = \min(y_i(t) | i = 1, 2, \cdots, N) \tag{3.3}$$

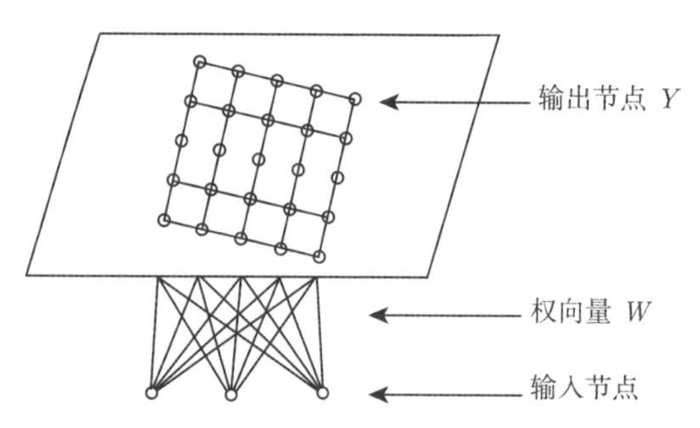

图 3.1　自组织映射结构图

然后在该节点及其拓扑领域根据下列规则作一调整:

$$W_{ij}(t+1) = a(t)(X_i(t) - W_{ij}(t)), \quad i \in N_c(t) \tag{3.4}$$

式中，$a(t)$ 为调节系数；$N_c(t)$ 为 t 时刻以 C 为中心神经单元个数，其拓扑结构如图 3.2 所示。

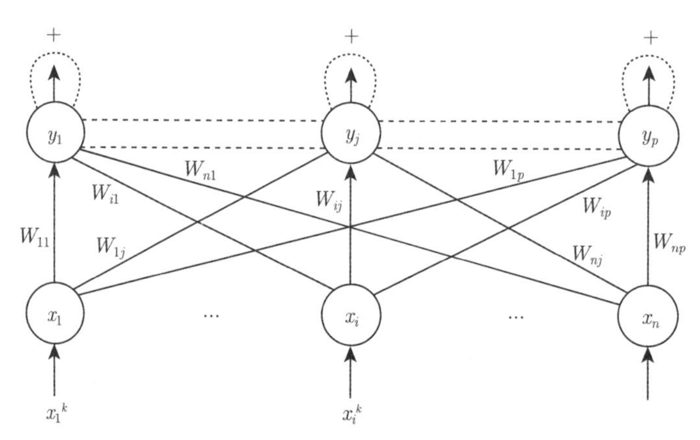

图 3.2　自组织映射神经网络聚类分析拓扑结构图

2. 自组织神经网络聚类分析的实现过程

如图 3.2 所示，实现聚类分析的算法过程为:

(1) 激活所有的输出节点 i，$i = 1, 2, \cdots, I$；

(2) 初始化权值 $W_{ij} = \varepsilon_{ij}$，此处 ε_{ij} 为随机函数 $(-1 < \varepsilon_{ij} < +1)$；

(3) 输入模式向量 $\{x_j\}$，$j = 1, 2, \cdots, N$；

(4) 计算 Euclidean 距离的平方：$ED_{ij}^2 = \sum\limits_{j=1}^{N} (W_{ij} - X_{ij})^2$ ；

(5) 确定节点 i 是否满足 $ED_{ij}^2 < E_{kj}^2$，对于所有的 $k = 1, 2, \cdots, I$, $k \neq i$；

(6) 若满足 $ED_{ij}^2 \leqslant ED_{ij}^2(\text{Threshold})$，则指定模式 $\{x_j\}$ 归属于节点 i，此处 $ED_{ij}^2(\text{Threshold})$ 是可选择的极限半径，超出该半径则认为不属于 i 类；

(7) 更新权系数 $W_{ij}(n+1) = \dfrac{1}{n+1}W_{ij}(n) + \dfrac{1}{n+1}x_j$，$n$ 的初值为 0，在输入第一模式后，$W_{ij}(1) = x_j$；

(8) 输入下一模式，确定其属于哪一节点，并相应地更新 $\{W_{ij}\}$ 权值。

3.1.2 系统独立主变量的构造

很多学者研究表明[3]，若把由神经网络聚类分析方法得到的一组初选变量作为系统的状态变量，则还存在如下问题：①初选变量之间仍然具有一定的相关性；②若所得到的初选变量较多，则系统的动力学模式将非常复杂，不利于我们对系统吸引子的认知和研究。为解决上述两个问题，本节根据主成分构造法[4] 的基本思想，提出一种由初选变量构造系统的一组独立状态变量 (独立主变量) 的方法。本方法的基本思想为：

设某系统由两个状态变量 (x, y) 来描述，且有 n 个观测结果，并假设这 n 个观测结果分布在一个椭圆内。显然，在坐标系 xoy 中，这些点的两个坐标间呈现某种相关性 (线性)。若将 xoy 旋转某个角度 θ 而变成新的坐标系 $x'oy'$，使椭圆的长轴方向取为 x'，短轴方向取为 y' (图 3.3)，则可以看到，在新的坐标系下，坐标 (x_i', y_i') 的相关性明显降低，其相关性几乎为 0。当椭圆越扁平时，这 n 个点的方差大部分都反映在 x' 轴上，y' 轴方向上的方差较小。因而，还可将二维空间的点用 x' 轴上的一维综合指标来代替，这样损失的信息量最少。将这一思想推广到高维的情况，即可实现对多变量观测数据的独立化和简化处理。

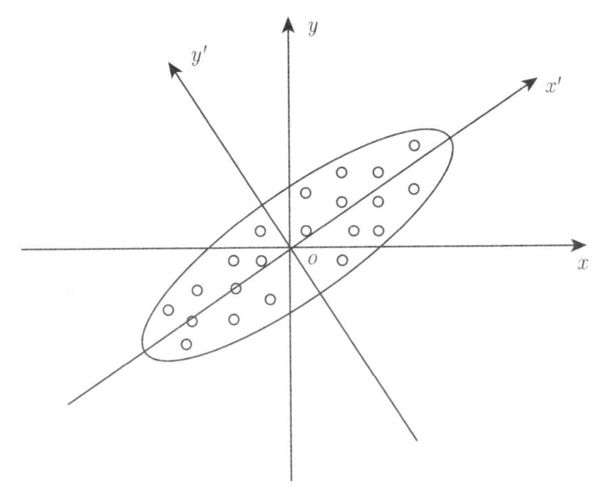

图 3.3 坐标变换与坐标相关性

1. 独立主变量的数学表达及求解原则

一般地，设 $X=(x_1, x_2, \cdots, x_n)$ 为系统的 n 个观测变量所组成的 n 维向量，并设 X 观测矩阵的均值向量为 μ，协方差矩阵为 Σ，则 X 可以看作是来自于均值向量为 μ、协方差矩阵为 Σ 的随机向量。这里我们并没有假设 X 的各分量之间相互独立。设 n 维随机向量 X 经过某种线性变换而生成 n 维向量 $Y=(y_1, y_2, \cdots, y_n)$，即

$$\left\{\begin{array}{l} y_1=a_{11}x_1+a_{12}x_2+\cdots+a_{1n}x_n \\ y_2=a_{21}x_1+a_{22}x_2+\cdots+a_{2n}x_n \\ \cdots\cdots \\ y_n=a_{n1}x_1+a_{n2}x_2+\cdots+a_{nn}x_n \end{array}\right. \tag{3.5}$$

简记为：$Y=AX$，其中

$$A=\begin{bmatrix} a_{11} & a_{12} & \cdots & a_{1n} \\ a_{21} & a_{22} & \cdots & a_{2n} \\ \vdots & \vdots & \ddots & \vdots \\ a_{n1} & a_{n2} & \cdots & a_{nn} \end{bmatrix}=\begin{bmatrix} \overline{a}_1' \\ \overline{a}_2' \\ \vdots \\ \overline{a}_n' \end{bmatrix} \tag{3.6}$$

$$\overline{a}_i=\begin{bmatrix} a_{i1} \\ a_{i2} \\ \vdots \\ a_{in} \end{bmatrix} \tag{3.7}$$

系数矩阵元素 a_{ij} $(i,j=1,2,\cdots,n)$ 的选择应满足如下条件：

(1) 应使 y_i 和 y_j $(i\neq j$，且 $i,j=1,2,\cdots,n)$ 互不相关；

(2) y_1 是 $x_1,x_2,\cdots,x_n$ 的一切线性组合中方差最大者，即使得 $\overline{a}_1'X$ 具有最大的方差；y_2 是与 y_1 不相关的在 $x_1,x_2,\cdots,x_n$ 的一切线性组合中方差最大者；$\cdots$；y_n 是与 $y_1,y_2,\cdots,y_{n-1}$ 均不相关的在 $x_1,x_2,\cdots,x_n$ 的一切线性组合中方差最大者。分别称 $y_1,y_2,\cdots,y_n$ 为原始观测变量 $x_1,x_2,\cdots,x_n$ 的第 1 独立主变量、第 2 独立主变量、$\cdots$、第 n 独立主变量。

因为有

$$\begin{aligned} \mathrm{Var}(y_1)&=\mathrm{Var}(\overline{a}_1'X)=E[(\overline{a}_1'X-E\overline{a}_1'X)(\overline{a}_1'X-E\overline{a}_1'X)'] \\ &=\overline{a}_1'E[(X-EX)(X-EX)']\overline{a}_1 \\ &=\overline{a}_1'\Sigma\overline{a}_1 \end{aligned} \tag{3.8}$$

式中，$\mathrm{Var}(\cdot)$ 为方差符号。

所以，求第 1 独立主变量 y_1，在数学上就是寻求向量 $\overline{a}_1$，使其在 $\overline{a}_1'\overline{a}_1=1$ 的条件成立时满足

$$\mathrm{Var}(y_1)=\mathrm{Var}(\overline{a}_1'X)=\overline{a}_1'\Sigma\overline{a}_1 \tag{3.9}$$

达到最大。类似地，可以依次求出其他独立主变量。

2. 独立主变量的求解

设 n 维向量 X 的协方差矩阵 Σ 的 n 个特征值为 λ_1、λ_2、$\cdots$、λ_n。因为 Σ 非负定，故可以设 $\lambda_1\geqslant\lambda_2\geqslant\cdots\geqslant\lambda_n\geqslant 0$，相应的 n 个标准正交特征向量为 $\overline{u}_1$、$\overline{u}_2$、$\cdots$、$\overline{u}_n$。因为 Σ 为对称矩阵，则由谱分解定理可知，必存在正交矩阵 $U=(\overline{u}_1,\overline{u}_2,\cdots,\overline{u}_n)$，其中 $\overline{u}_i=(u_{1i},u_{2i},\cdots,u_{ni})'$，使得

$$U'\Sigma U=\begin{bmatrix}\lambda_1 & & & 0\\ & \lambda_2 & & \\ & & \ddots & \\ 0 & & & \lambda_n\end{bmatrix} \tag{3.10}$$

因为对于正交矩阵 U，有 $U'U=E$ 成立，故式 (3.10) 可化为

$$\Sigma=U\begin{bmatrix}\lambda_1 & & & 0\\ & \lambda_2 & & \\ & & \ddots & \\ 0 & & & \lambda_n\end{bmatrix}U'=\sum_{i=1}^{n}\lambda_i\overline{u}_i\overline{u}_i' \tag{3.11}$$

对于 n 维单位向量 $\overline{a}=\overline{a}_1=(a_{11},a_{12},\cdots,a_{1n})'$，有

$$\overline{a}'\Sigma\overline{a}=\sum_{i=1}^{n}\lambda_i\overline{a}'\overline{u}_i\overline{u}_i'\overline{a}=\sum_{i=1}^{n}\lambda_i(\overline{a}'\overline{u}_i)^2 \tag{3.12}$$

因为 λ_1 为 Σ 的最大特征值，故有

$$\overline{a}'\Sigma\overline{a}\leqslant\lambda_1\sum_{i=1}^{n}(\overline{a}'\overline{u}_i)^2=\lambda_1\overline{a}'UU'\overline{a}=\lambda_1\overline{a}'\overline{a}=\lambda_1 \tag{3.13}$$

即有

$$\mathrm{Var}(\overline{a}'X)=\overline{a}'\Sigma\overline{a}\leqslant\lambda_1 \tag{3.14}$$

并且当取向量 $\overline{a}=\overline{u}_1$ 时，有

$$\overline{u}_1'\Sigma\overline{u}_1=\overline{u}_1'\left(\sum_{i=1}^{n}\lambda_i\overline{u}_i\overline{u}_i'\right)\overline{u}_1=\lambda_1(\overline{u}_1'\overline{u}_1)^2=\lambda_1 \tag{3.15}$$

因此，只要选取向量 $\overline{a}$ 为 Σ 的最大特征值 λ_1 相应的标准正交特征向量 $\overline{u}_1$，就可使得 $\overline{a}'X=\overline{u}_1'X$ 的方差达到最大，且最大值为 λ_1。于是取

$$y_1=\overline{u}_1'X=(u_{11},u_{21},\cdots,u_{n1})\begin{bmatrix}x_1\\x_2\\\vdots\\x_n\end{bmatrix} \tag{3.16}$$

即为观测变量的第 1 独立主变量。

对于 $i=2,3,\cdots,n$，同样有

$$\mathrm{Var}(\overline{u}_i'X)=\overline{u}_i'\Sigma\overline{u}_i=\sum_{j=1}^{n}\overline{u}_i'\lambda_j\overline{u}_j\overline{u}_j'\overline{u}_i=\lambda_i(\overline{u}_i'\overline{u}_i)^2=\lambda_i \tag{3.17}$$

并且当 $i\neq j$ 时，有

$$\mathrm{Cov}(\overline{u}_i'X,\overline{u}_j'X)=\overline{u}_i'\Sigma\overline{u}_j=\overline{u}_i'\left(\sum_{k=1}^{n}\lambda_k\overline{u}_k\overline{u}_k'\right)\overline{u}_j=\sum_{k=1}^{n}\lambda_k(\overline{u}_i'\overline{u}_k)(\overline{u}_k'\overline{u}_j)=0 \tag{3.18}$$

又因为假设前提为 $\lambda_1\geqslant\lambda_2\geqslant\cdots\geqslant\lambda_n$，则说明 $\overline{u}_2'X$ 是与 $\overline{u}_1'X$ 不相关的 $x_1,x_2,\cdots,x_n$ 的所有线性组合中方差最大者；$\overline{u}_3'X$ 是与 $\overline{u}_1'X$、$\overline{u}_2'X$ 均不相关的 $x_1,x_2,\cdots,x_n$ 的所有线性组合中方差最大者。依次类推，$\overline{u}_n'X$ 是与 $\overline{u}_1'X$、$\overline{u}_2'X$、$\cdots$、$\overline{u}_{n-1}'X$ 均不相关的 $x_1,x_2,\cdots,x_n$ 的所有线性组合中方差最大者。取

$$y_1=\overline{u}_1'X,\quad y_2=\overline{u}_2'X,\quad\cdots,\quad y_n=\overline{u}_n'X \tag{3.19}$$

则 $y_1,y_2,\cdots,y_n$ 即为由系统观测变量构造而成的第 1 独立主变量, 第 2 独立主变量, $\cdots$, 第 n 独立主变量。

若独立主变量的个数较多，则可以在 n 个独立主变量中根据精度要求只选取前 m $(m\leqslant n)$ 个变量作为系统的状态变量，m 为使下式满足的最小整数:

$$\sum_{j=1}^{m}\lambda_j\bigg/\sum_{i=1}^{n}\lambda_i>l \tag{3.20}$$

式中，l 为根据精度要求确定的阈值，$0\leqslant l\leqslant 1$。这样由前 m 个独立主变量组成的系统状态变量包含了系统的绝大部分演化信息，同时又简化了系统动力学模型。

需要指出的是，独立主变量并没有具体的物理意义，只是用于建立系统动力学模型的中间变量，因此还需要推导出用独立主变量表示的观测变量表达式。由式 (3.19) 知，独立主变量 $Y=(y_1,y_2,\cdots,y_n)'$，可用观测变量表示为

$$Y=U'X \tag{3.21}$$

式中，$U=(\overline{u}_1,\overline{u}_2,\cdots,\overline{u}_n)$。变换上式得

$$X=(U')^{-1}Y \tag{3.22}$$

因为 U 为正交矩阵，故有

$$U'U=E$$

所以

$$U=(U')^{-1} \tag{3.23}$$

将上式代入式 (3.22) 得

$$X=UY \tag{3.24}$$

上式可展开为

$$\begin{bmatrix} x_1 \\ x_2 \\ \vdots \\ x_n \end{bmatrix}=\begin{bmatrix} u_{11} & u_{12} & \cdots & u_{1n} \\ u_{21} & u_{22} & \cdots & u_{2n} \\ \vdots & \vdots & \ddots & \vdots \\ u_{n1} & u_{n2} & \cdots & u_{nn} \end{bmatrix}\begin{bmatrix} y_1 \\ y_2 \\ \vdots \\ y_n \end{bmatrix} \tag{3.25}$$

当只取前 m 个独立主变量时，上式变为

$$\begin{bmatrix} x_1 \\ x_2 \\ \vdots \\ x_n \end{bmatrix}=\begin{bmatrix} u_{11} & u_{12} & \cdots & u_{1m} \\ u_{21} & u_{22} & \cdots & u_{2m} \\ \vdots & \vdots & \ddots & \vdots \\ u_{n1} & u_{n2} & \cdots & u_{nm} \end{bmatrix}\begin{bmatrix} y_1 \\ y_2 \\ \vdots \\ y_m \end{bmatrix} \tag{3.26}$$

3. 独立主变量求解的算法步骤

以上对独立主变量的求解进行了理论推导，在计算机上求解独立主变量的算法过程如下。

1) 数据预处理

(1) 观测数据矩阵。

设对 n 维观测变量 X 进行了 m 次观测，用 x_{ij} 表示第 j 个变量第 i 次观测的数据，记作

$$X=(x_{(1)},x_{(2)},\cdots,x_{(n)})=\begin{bmatrix} x_{11} & x_{12} & \cdots & x_{1n} \\ x_{21} & x_{22} & \cdots & x_{2n} \\ \vdots & \vdots & \ddots & \vdots \\ x_{m1} & x_{m2} & \cdots & x_{mn} \end{bmatrix}_{m\times n} \tag{3.27}$$

其中，$x_{(i)}$ 表示变量 x_i 的 m 次观测值组成的列向量。

(2) 计算观测数据矩阵 X 的均值向量和协方差矩阵。

① 均值向量 $\overline{X} = (\overline{x}_1, \overline{x}_2, \cdots, \overline{x}_n)$，其中

$$\overline{x}_i = \frac{1}{m}\sum_{j=1}^{m} x_{ji}, \quad i = 1, 2, \cdots, n \tag{3.28}$$

② 协方差矩阵 $S = (\overline{s}_{ij})_{n\times n}$，其中

$$s_{ij} = \frac{1}{m-1}\sum_{k=1}^{m}(x_{ki} - \overline{x}_i)(x_{kj} - \overline{x}_j), \quad i, j = 1, 2, \cdots, n \tag{3.29}$$

2) 原始数据标准化

设 x'_{ij} 为 x_{ij} 的标准化值，则

$$x'_{ij} = \frac{x_{ij} - \overline{x}_j}{\sqrt{s_{jj}}}, \quad j = 1, 2, \cdots, n; i = 1, 2, \cdots, m \tag{3.30}$$

令 $x_{ij} \Leftarrow x'_{ij}$，即让观测数据矩阵 X 中存放其标准化数据。

3) 计算观测数据的相关矩阵 $R_{n\times n}$

$$R_{n\times n} = (\overline{\gamma}_{ij})_{n\times n}$$

$$\overline{\gamma}_{ij} = \frac{s_{ij}}{\sqrt{s_{ii}}\sqrt{s_{jj}}} = \sum_{k=1}^{m} x_{ki}x_{kj}, \quad i, j = 1, 2, \cdots, n \tag{3.31}$$

4. 求 $R_{n\times n}$ 的特征值及相应的标准正交特征向量

计算 $R_{n\times n}$ 的特征值 λ_i $(i = 1, 2, \cdots, n)$ 和特征向量 $u_{(i)}$ $(i = 1, 2, \cdots, n)$，将 n 个特征值由大到小排序，使得 $\lambda_1 \geqslant \lambda_2 \geqslant \cdots \geqslant \lambda_n$，对应于特征值 λ_i 的特征向量为 $u_{(i)}$，$u_{(i)} = (u_{i1}, u_{i2}, \cdots, u_{in})'$，且记 $U = (u_{(1)}, u_{(2)}, \cdots, u_{(n)})$，满足条件

$$u'_{(i)}u_{(j)} = \begin{cases} 1, & i = j \\ 0, & i \neq j \end{cases} \tag{3.32}$$

5. 求 n 个独立主变量 $y(1)$, $y(2)$, $\cdots$, $y(n)$

由式 (3.19) 知

$$y_{(i)} = Xu_{(i)}$$

记

$$\begin{aligned} Y &= (y_{(1)}, y_{(2)}, \cdots, y_n) \\ &= (Xu_{(1)}, Xu_{(2)}, \cdots, Xu_{(n)}) = X(u_{(1)}, u_{(2)}, \cdots, u_{(n)}) = XU \end{aligned} \tag{3.33}$$

6. 由独立主变量的预测值 $\tilde{Y}$ 计算观测变量的预测值 $\tilde{X}$

由独立主变量作为状态变量对系统演化作出预测后，还需要将独立主变量的预测值还原到观测变量值，其算法如下：

由式 (3.33) 得

$$\tilde{X}=\tilde{Y}U^{-1}=\tilde{Y}U'=(\tilde{y}_{(1)},\tilde{y}_{(2)},\cdots,\tilde{y}_{(n)})\begin{bmatrix}u_{(1)}\\u_{(2)}\\\vdots\\u_{(n)}\end{bmatrix}\tag{3.34}$$

$\tilde{X}$ 为还原的观测变量预测值，$\tilde{X}=(\tilde{x}_{(1)},\tilde{x}_{(2)},\cdots,\tilde{x}_{(n)})$。

3.1.3 系统非线性动力学方程的反演方法

设描述系统的动力学模式可以表示为

$$\frac{\mathrm{d}x_i}{\mathrm{d}t}=\varphi_i(x_1,x_2,\cdots,x_n),\quad i=1,2,\cdots,n\tag{3.35}$$

式中，$x_i\ (i=1,2,\cdots,n)$ 为系统的状态变量；函数 φ_i 为 $x_1,x_2,\cdots,x_n$ 的一般非线性函数。

对于由 n 个状态变量描述的系统，若对系统进行 m 次观测，则可得到由状态变量的 m 组数据组成的时间序列 $x_i^{(j\Delta t)}(i=1,2,\cdots,n;j=1,2,\cdots,m)$。这时，式 (3.35) 可以写成差分格式

$$\frac{x_i((j+1)\Delta t)-x_i((j-1)\Delta t)}{2\Delta t}=\varphi_i(x_1^{(j\Delta t)},x_2^{(j\Delta t)},\cdots,x_n^{(j\Delta t)})\tag{3.36}$$

设 $\varphi_i(x_1,x_2,\cdots,x_n)$ 中有 G_K 项及相应的 P_K 个参数，$k=1,\ 2,\ \ldots,\ L$，即 $\varphi_i(x_1,x_2,\cdots,x_n)=\sum\limits_{K=1}^{L}G_KP_K$。设观测数据能构成 N 个方程 $(N=m-2)$，写成矩阵形式为

$$F=GP\tag{3.37}$$

其中

$$F=\begin{bmatrix}\dfrac{x_i(3\Delta t)-x_i(\Delta t)}{2\Delta t}\\\cdots\\\dfrac{x_i(m\Delta t)-x_i((m-2)\Delta t)}{2\Delta t}\end{bmatrix},\quad G=\begin{bmatrix}G_{11}&\cdots&G_{1L}\\&\cdots&\\G_{N1}&\cdots&G_{NL}\end{bmatrix}$$

$$P=[P_1,P_2,\cdots,P_L]^{\mathrm{T}}$$

式中，G 为 $N \times L$ 阶矩阵，由非线性多项式变量和观测资料求得；P 为 L 列未知参数矩阵。

对于方程 (3.37)，可以通过用奇异值分解法求其系数矩阵 $G_{N\times L}$ 的广义逆而得到线性最小二乘解。该方程的系数矩阵 $G_{N\times L}$，设存在一个 $N \times N$ 阶正交矩阵 U 和 $L \times L$ 阶正交矩阵 V，使得

$$G = U\begin{bmatrix} \Sigma & 0 \\ 0 & 0 \end{bmatrix}V^{\mathrm{T}} \tag{3.38}$$

成立。其中 $\Sigma = \mathrm{diag}(\sigma_1, \sigma_2, \cdots, \sigma_r)(r \leqslant \min\{N, L\})$，且 $\sigma_1 \geqslant \sigma_2 \geqslant \cdots \geqslant \sigma_r \geqslant 0$。

式 (3.38) 称为矩阵 G 的奇异值分解式，可以计算 G 的广义逆 G^+。

设 $U = (U_1, U_2)$，其中 U_1 为 U 中前 r 列正交向量构成的 $N \times r$ 阶矩阵；$V = (V_1, V_2)$，其中 V_1 为 V 中前 r 列正交向量构成的 $L \times r$ 阶矩阵，则 G 的广义逆为

$$G^+ = V_1\Sigma^{-1}U_1^{\mathrm{T}} \tag{3.39}$$

所以式 (3.37) 中的最小二乘解为

$$P = G^+F = V_1\Sigma^{-1}U_1^{\mathrm{T}}F \tag{3.40}$$

对矩阵 G 的奇异值分解可分为两大步。

第一步：用 Householder 变换将 G 约化为双对角矩阵，即

$$C = \tilde{U}^{\mathrm{T}}G\tilde{V} = \begin{bmatrix} s_1 & e_1 & & & \\ & s_2 & e_2 & & \\ & & \ddots & \ddots & \\ & & & s_{r-1} & e_{r-1} \\ & & & & s_r \end{bmatrix} \tag{3.41}$$

其中

$$\tilde{U} = U_1U_2\cdots U_K, \quad K = \min\{L, N-1\}$$

$$\tilde{V} = V_1V_2\cdots V_m, \quad m = \min\{N, L-2\}$$

$\tilde{U}$ 中的每一个变换 U_j $(j = 1, 2, \cdots, K)$ 将 G 中第 j 列主对角线以下的元素变为 0；而 $\tilde{V}$ 中的每一个向量 V_j $(j = 1, 2, \cdots, m)$ 将 G 中第 j 行中与主对角线相邻的右边对角线右边的元素变为 0。

对于每一个变换 V_j 具有如下形式

$$I - eV_jV_j^{\mathrm{T}}$$

其中，e 为一比例因子，以避免计算过程中的溢出现象与误差的积累，V_j 是一个列向量 $V_j=(v_1,v_2,\cdots,v_L)^{\mathrm{T}}$。则

$$GV_j = G - eGV_jV_j^{\mathrm{T}} = G - WV_j^{\mathrm{T}} \tag{3.42}$$

其中

$$W = eGV_j = e\left(\sum_{i=1}^{L} V_i g_{1i}, \sum_{i=1}^{L} V_i g_{2i}, \cdots, \sum_{i=1}^{L} V_i g_{Ni}\right)^{\mathrm{T}} \tag{3.43}$$

第二步：用变形的 QR 算法进行迭代，计算所有的奇异值。

由第一步得到了一个双对角阵 C。现用一系列的平面旋转变换将 C 逐步变为对角矩阵。在每一次迭代中，用变换

$$C' = U_{r-1,r}^{\mathrm{T}} \cdots U_{23}^{\mathrm{T}} U_{12}^{\mathrm{T}} C V_{12} V_{23} \cdots V_{N-1,N} \tag{3.44}$$

其中变换 $U_{j,j+1}^{\mathrm{T}}$ 将 C 中第 j 列主对角线下的一个非 0 元素变为 0，同时在第 j 行的次对角线元素的右边出现一个非 0 元素；而 $V_{j,j+1}$ 将第 $(j-1)$ 行的次对角线元素右边的一个非 0 元素变为 0，同时在第 j 列的主对角线元素的下方出现一个非 0 元素。由此可知，经过一次迭代 $(j=1,2,\cdots,r-1)$ 后，C' 仍为双对角阵。但随着迭代，最后收敛于对角阵，对角线元素即为奇异值。

最后：将奇异值按非递增顺序排序。

利用奇异值分解方法求得方程最小二乘解 (3.40)，克服了矩阵 G 为奇异矩阵或者接近奇异时方程的解对误差的敏感性问题。

反演求得 P 后，可进一步分析 φ_j 中各项 (G_kP_k) 对系统演变的相对贡献，略去那些对系统演变没有作用或作用很小的无关项，最后便得到所要反演的动力学方程组。如果要提高精度，则可以用原资料序列对略去无关项以后的方程组再重新进行一次反演。

3.1.4 算例

京西矿区是我国发生冲击地压最早和最严重的矿区之一，其中门头沟煤矿的二、五、七槽煤均为冲击地压危险煤层，就冲击次数和强度而言，二槽煤层最为严重 (占总发生次数的 57%)。因此，北京矿务局联合有关科研单位，在门头沟煤矿二槽煤的开采过程中进行了冲击地压的监测和防治研究。本节以门头沟煤矿 20 队工作面西区③刀柱西二下山的监测资料为基础，运用聚类分析方法从观测数据中初选系统的状态变量。

门头沟煤矿 20 队工作面西区③刀柱的布置方式、回采顺序和各种监测站的布置如图 3.4 所示。工作面的监测内容主要包括：声发射监测、单向应变监测和围岩

变形监测。其中，声发射监测采用 YSS 型岩体声发射监测仪，同时检测声发射的下列参数：

(1) 煤 (岩) 声发射频度 N：记录每分钟煤 (岩) 声发射次数的累计值 (次/分)；

(2) 煤 (岩) 声发射振动持续时间 T(振时)：记录每分钟煤 (岩) 声发射振动持续时间的累计值 (ms/分)；

(3) 煤 (岩) 声发射能率 E：记录每分钟煤 (岩) 声发射释放能量的相对累计值 (能量单位/分，或记为 e/分)。

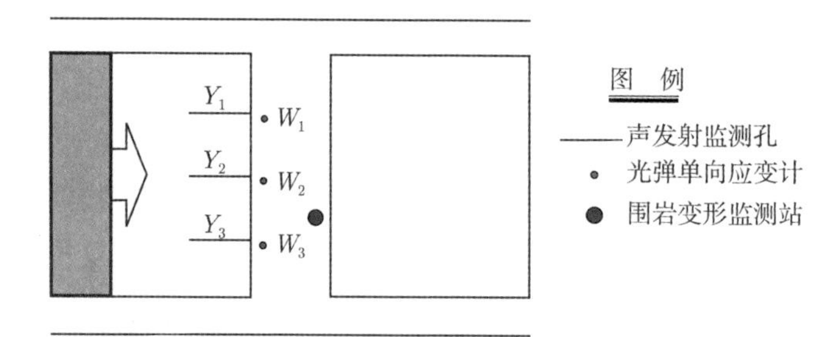

图 3.4　工作面及各监测站布置示意图

如图 3.4 所示，在每个声发射监测孔中，分别检测声发射频度 N、振时 T 和能率 E。由于 Y_1、Y_2、Y_3 三孔处于工作面的不同位置，且监测数据也呈现出不同的变化趋势，因此可将三孔中监测的变量分别视为不同变量来考虑；同时，光弹单向应变计测站 W_1、W_2、W_3 测得的三组单向应变值也可视为不同变量。表 3.1 列出了 1982 年 6 月 1 日至 6 月 15 日期间的监测结果。

对表 3.1 中的各变量进行单位化后，利用自组织映射神经网络聚类分析方法进行聚类分析，结果如下：

(1) 当门限值 Threshold=1.000 时，各观测变量各自聚为 1 类，共 13 类；

(2) 当门限值 Threshold=1.263 时，各观测变量聚为 4 类：$\{X_0\}$，$\{X_2\}$，$\{X_3\}$，$\{X_1，X_4，X_5，X_6，X_7，X_8，X_9，X_{10}，X_{11}，X_{12}\}$；

(3) 当门限值 Threshold=1.270 时，各观测变量聚为 3 类：$\{X_0\}$，$\{X_2\}$，$\{X_1，X_3，X_4，X_5，X_6，X_7，X_8，X_9，X_{10}，X_{11}，X_{12}\}$。

另外，计算得到孔 Y_1 声发射频度的关联维为 2.83，故描述本系统所需的最少独立变量数为 INT(2.83+1)=3。这样，可以选择门限值 Threshold=1.270 时的聚类结果为最终结果，并在第 3 类 $\{X_1, X_3, X_4, X_5, X_6, X_7, X_8, X_9, X_{10}, X_{11}, X_{12}\}$中选择 X_3 作为系统的一个状态变量。则描述该系统的一组状态变量可记为：

x_1-X_0：孔 $Y1$ 的声发射频度；

x_2-X_2：孔 $Y1$ 的声发射能率；

x_3-X_3：W_1 光弹应变差。

表 3.1 北京矿务局门头沟矿 20 队工作面西区③刀柱二下山监测资料

观测变量 \ 日期		1/6	2	3	4	5	6	7	8	9	10	11	12	13	14	15
声发射监测 Y_1	频度 X_0	13	119	18	10	24	30	28	3	32.2	35	391	349	3.6	21	224
	振时 X_1	280	2872	393	245	585	583	455	30	186	835	5895	1771	59	225	1545
	能率 X_2	856	6294	1283	454	2068	2220	1724	45	176	2900	4129	1265	229	404	2313
光弹单向应变监测 W_1	光弹应变差 X_3	+9	17	0	36	5	5	55	37	−19	−18	23	41	29	−19	−10
声发射监测 Y_2	频度 X_4	34	11	16	14	43	9.4	8	19	28.4	11.4	411	198	2.2	21	188
	振时 X_5	1102	339	436	447	1293	192	220	227	358	327	2161	1051	14	446	1681
	能率 X_6	4347	1127	1321	1877	6229	475	1153	293	753	1044	1342	539	17	1238	3810
光弹单向应变监测 W_2	光弹应变差 X_7	5	55	23	−14	0	18	10	129	37	37	9	9	19	−19	9
声发射监测 Y_3	频度 X_8	10	14	54	17	90	37	47	6.4	12	146	432	49	5.6	29	151
	振时 X_9	267	276	1316	320	1925	799	1069	89	167	2984	9353	816	56	516	151
	能率 X_{10}	911	1063	4743	1437	6553	2858	4042	109	292	8425	11740	3239	186	1386	4650
光弹单向应变监测 W_3	光弹应变差 X_{11}	37	0	−27	73	5	−5	37	74	−47	−43	34	9	28	−9	23
工作面围岩变形速度 X_{12}		0	0	1	1.6	7	11	19	16	0	0	0	0	0	1.6	7

然后，将初选的变量 x_1、x_2 和 x_3 的观测值按照 3.1.2 小节的求解步骤，求得系统的独立主变量 y_1、y_2 和 y_3，如表 3.2 所示。

表 3.2　系统独立主变量的构造结果

独立主变量	1	2	3	4	5	6	7	8	9	10	11	12	13	14	15
y_1	0.804	−1.966	0.692	0.731	0.154	0.217	−0.033	0.920	1.214	0.134	−2.695	−1.514	0.918	1.188	−0.763
y_2	0.017	−0.785	−0.424	1.158	−0.480	−0.424	1.638	1.282	−0.923	−1.467	0.046	1.344	0.930	−0.977	−0.936
y_3	0.002	−1.593	−0.018	−0.208	−0.499	−0.373	0.873	−0.104	0.724	−0.309	0.622	1.252	−0.067	0.577	0.833

将表 3.2 中构造的独立主变量作为冲击地压系统的状态变量，并将系统非线性动力学方程中的 φ_i 设为多元二次式，即

$$\left.\begin{aligned}\frac{\mathrm{d}y_1}{\mathrm{d}t}&=a_{11}y_1+a_{12}y_2+a_{13}y_3+a_{14}y_1^2+a_{15}y_2^2+a_{16}y_3^2+a_{17}y_1y_2+a_{18}y_1y_3+a_{19}y_2y_3\\\frac{\mathrm{d}y_2}{\mathrm{d}t}&=a_{21}y_1+a_{22}y_2+a_{23}y_3+a_{24}y_1^2+a_{25}y_2^2+a_{26}y_3^2+a_{27}y_1y_2+a_{28}y_1y_3+a_{29}y_2y_3\\\frac{\mathrm{d}y_3}{\mathrm{d}t}&=a_{31}y_1+a_{32}y_2+a_{33}y_3+a_{34}y_1^2+a_{35}y_2^2+a_{36}y_3^2+a_{37}y_1y_2+a_{38}y_1y_3+a_{39}y_2y_3\end{aligned}\right\} \tag{3.45}$$

简记为

$$P = AY \tag{3.46}$$

其中

$$P=\left[\frac{\mathrm{d}y_1}{\mathrm{d}t},\frac{\mathrm{d}y_2}{\mathrm{d}t},\frac{\mathrm{d}y_3}{\mathrm{d}t}\right]';$$

$$Y=\begin{bmatrix} y_1 & y_2 & y_3 & y_1^2 & y_2^2 & y_3^2 & y_1y_2 & y_1y_3 & y_2y_3\end{bmatrix}';$$

$$A=\begin{bmatrix} a_{11} & a_{12} & a_{13} & a_{14} & a_{15} & a_{16} & a_{17} & a_{18} & a_{19}\\ a_{21} & a_{22} & a_{23} & a_{24} & a_{25} & a_{26} & a_{27} & a_{28} & a_{29}\\ a_{31} & a_{32} & a_{33} & a_{34} & a_{35} & a_{36} & a_{37} & a_{38} & a_{39}\end{bmatrix}$$，A 为方程的系数矩阵。

反演得到系数矩阵 A 为

$$\begin{bmatrix} -0.709 & -0.096 & -0.047 & -0.504 & -1.819 & 0.695 & 6.423 & 5.123 & 0.145\\ -1.651 & 0.877 & -5.176 & -9.523 & -1.024 & 5.075 & 0.121 & 1.018 & -1.461\\ 0.244 & -0.130 & 0.570 & 0.002 & -0.001 & -0.397 & -0.008 & -0.180 & 0.111\end{bmatrix}$$

3.2 岩爆和冲击地压系统的可预测性理论研究

对岩爆和冲击地压的演化和发生作出定量的预测预报是地下工程减灾防灾的重要内容。建立完善、准确的预测理论，及时地识别和预测岩爆和冲击地压发生前的临界状态，是岩土工程研究领域最具魅力的课题之一。然而，绝大多数岩体的破坏过程都是混沌过程，导致了对岩爆和冲击地压系统所做出的数值预报的准确性随着预测时间的增长而迅速下降，这就是所谓的混沌系统的长期不可预测性 (或长期预测的不准确性)。

通过分析混沌系统的特征，一般认为导致系统长期预测不准确性的因素主要包括：

(1) 所建立的系统模式 (即描述系统的非线性动力学方程 (组)) 与实际系统之间存在差异；

(2) 数值计算方法的误差和计算过程中存在舍入误差；

(3) 对初始状态认识的不准确性，即初始状态的观测值与实际真值之间存在观测误差，这一误差在迭代计算中将被逐渐放大；

(4) 由系统状态离散化而造成的误差；

(5) 非线性系统本身的内在随机性。

随着人类认识水平的不断提高，原则上可以越来越逼真地描述岩爆和冲击地压系统及其物理过程。因此，尽管外在随机性客观地存在着，但由于人们认识的深化，一般可以从这些随机因素中分出一部分使其具有可预测性，从而由外在随机因素所决定的不可预报的比重越来越小。换言之，随着对系统模式的不断完善，将有助于逐渐提高 (长期) 预报的准确率。

随着科学技术的发展，可以通过提高计算机的容量和计算速度，并改进有关的数值求解方法，从而可以减小数值解或计算上的误差。

随着预测仪器和技术的发展，可以越来越真实地描述系统的初始场，从而可以减小因初始场不准确而造成的预报误差。

因此，从本质上讲，长期预报的可行与否将取决于系统状态量的离散化和非线性系统的内在随机性。

如图 3.5 所示，假设由于非线性相互作用，描述岩爆和冲击地压系统的物理场的空间结构分为Ⅰ、Ⅱ、Ⅲ三个区域，这三个区域的结构彼此存在着本质上的区别，如对应于不同性质的吸引子或同一个吸引子的不同特性区域。并设系统的实际初始状态为 A，观测误差为 $\pm\varepsilon$，允许预报误差为 $\pm\delta$，而且在 $\pm\varepsilon$ 内存在着 A 的几个邻近态 B、C、D、E、F；设经时间 t 后，由于非线性系统的内在随机性，它们分别演化为 A'、B'、C'、D'、E'、F'。由于客观存在的状态变量的离散化，一般无法确定彼此很接近的这些状态究竟哪个是真实的初始状态，因而也无法知道经过时间 t 后，它们所演变出的彼此不同或彼此显著不同的状态中，哪个是未来的真实状态。即模式系统对 A 所作出的预测可能是 B'、E' 或 C'，也可能是 F'、D'。如果预测的结果是 A' 或 B'，则认为预测是精确的；如果预测的结果是 E'，则预测是准确的，即系统是可预测的；如果预测的结果是 F' 和 C'，则预测在"量"方面是失败的；而如果预测的结果是 D'，则由于 D' 所在的Ⅱ区与 A' 所在的Ⅲ区存在着关于吸引子结构等物理性质上的本质差异，故预测不仅在"量"方面，而且在"质"方面也是失败的。

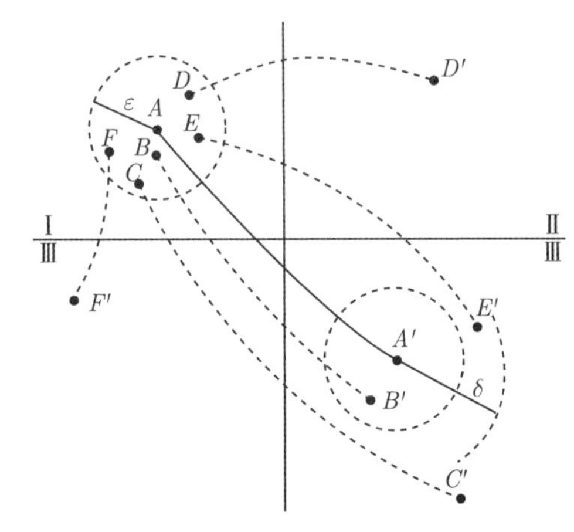

图 3.5　初始状态变量的离散化和系统内在随机性所造成的预测误差示意图

综上所述，由于状态变量的离散化及非线性系统的内在随机性，初始条件或系统参数的稍微不同，将可能导致非线性系统未来状态本质上的显著不同。这就是混沌系统长期不可预测性形成的本质机制。

因此，对于混沌系统而言，其预测理论应包括两个方面的内容：①可预测尺度理论：即研究在多长的时间范围内所作出的预测是可信的，以及相关因素对可预测尺度的影响规律；② 预测理论和方法：主要讨论在岩爆和冲击地压孕育演化过程中，对不同状态变量的数值预测以及对岩爆和冲击地压发生时间和发生可能性的预测及评价，同时，还应讨论提高预测精度的方法。

在实际的生产和研究中，总希望系统的可预测尺度尽可能长，但由于系统的混沌性，其准确的长期预测是不可能的。然而，通过研究各种因素对可预测尺度的影响规律，从而充分利用有利因素，可以达到延长系统可预测尺度和提高预测精度的目的。

另外，传统的可预测性理论通常采用最大 Lyapunov 指数 LE_1 和所有正的 Lyapunov 指数之和 LE^+ 的倒数作为量度混沌系统可预测尺度的指标。

定义 3.1　定义混沌系统的最大 Lyapunov 指数 LE_1 的倒数为其最大可预测

尺度 $T_{\max}$，记为

$$T_{\max} = \frac{1}{LE_1} \tag{3.47}$$

最大可预测尺度 $T_{\max}$ 表示状态误差增长一倍所需的最长时间。

定义 3.2 定义混沌系统所有正的 Lyapunov 指数之和 LE^+ 的倒数为其平均可预测尺度 $\overline{T}$，记为

$$\overline{T} = \frac{1}{LE^+} \tag{3.48}$$

然而，在许多情况下，要由系统的观测资料来计算其 Lyapunov 指数并不容易。例如，在第二章讨论最大 Lyapunov 指数的计算方法时曾经提到：为了得到一个较好的最大 Lyapunov 指数的估计值，要求观测资料的个数最好不要小于 10^{D_0} (D_0 为吸引子的分维)；又因为至少要在大于或等于 3 维的空间中才会产生混沌，所以 D_0 应大于 2。因此，计算最大 Lyapunov 指数所需的观测资料的个数至少应大于 10^2。当现场观测资料的个数小于 10^2 时，所得到的 Lyapunov 指数就很可能存在较大误差，这时，就无法准确计算系统的可预测尺度。因此，下面将基于胞映射理论对此方面进行研究探讨。

3.2.1 不同因素对系统可预测尺度的影响规律

在传统理论中，混沌系统的可预测尺度是由最大 Lyapunov 指数 LE_1 的倒数 (表征系统的最大可预测尺度) 和所有正的 Lyapunov 指数之和 LE^+ 的倒数 (表征系统的平均可预测尺度) 来量度的。由于最大 Lyapunov 指数 LE_1 和所有正的 Lyapunov 指数之和 LE^+ 反映了系统整体的混沌程度，因此，可以借助于关于系统混沌性的研究成果来定性分析不同因素对系统可预测尺度的影响规律。

1. 应力环境对岩爆和冲击地压可预测尺度的影响

由于系统的混沌程度随应力水平的提高而增强，因此，应力的增大会使系统的可预测尺度减小。

2. 裂纹等宏观局部“软弱区”对岩爆和冲击地压可预测尺度的影响

单裂纹 (或单“软弱区”) 的存在会降低系统的混沌性，相应地延长了系统的可预测尺度；多裂纹 (或多“软弱区”) 会提高系统的混沌程度，因此，岩爆和冲击地压的可预测尺度会相应地缩短。当系统中不含有明显的宏观“软弱区”时，在其他条件不变的情况下，其可预测尺度主要受系统材料均质程度的影响，若系统的材料较均质，则其混沌程度较低，相应系统的可预测尺度就越长；反之，系统的可预测尺度就越短。

因此，在研究某一区域内岩爆和冲击地压的演化形成时，可通过在系统中人为地制造一个“软弱区”来降低系统的混沌性，以延长系统的可预测尺度。当然，也

可以制造多个“软弱区”，但彼此之间的空间距离应足够大，否则，彼此之间会形成耦合作用，从而提高系统的混沌性，而降低了可预测性。

3. 材料的均质程度对岩爆和冲击地压可预测尺度的影响

系统的材料性质越均质，其演化过程中的混沌程度就越低，相应的可预测尺度就越长；反之，可预测尺度就越短。

4. 可预测尺度在岩爆和冲击地压演化不同阶段的变化规律

由于岩爆和冲击地压在其演化形成的不同阶段的混沌性程度不同，因此，其可预测尺度也有所变化。众多实践表明，由于在岩爆和冲击地压发生前有一个低混沌“平静期”，因此若在这一阶段进行预测，则可预测尺度较长，且预测精度也较高，即对岩爆和冲击地压进行预报在理论上是可行的。

5. 不同观测时间间隔对岩爆和冲击地压可预测尺度的影响

对于岩爆和冲击地压系统而言，存在一个最优 (或合理) 的观测时间间隔，使得所得到的时间序列的混沌性最弱，从而使系统的可预测尺度最长。因此，在实际研究中，我们应尽量寻求这一最优 (或合理) 的观测时间间隔。

前述的研究成果还表明，有些岩爆和冲击地压系统并不是混沌系统，而是一个定常演化系统，这时可用其他方法 (如概率方法、力学分析方法等) 更容易对岩爆和冲击地压的演化和发生作出预测。因此，在研究岩爆和冲击地压系统时，应首先判别其是否为混沌系统。

另外，在采取相应措施降低系统的混沌性而延长可预测尺度的同时，还要考虑所采取的措施不要造成高强度的岩爆和冲击地压发生。

3.2.2 基于胞映射理论的可预测尺度理论模型

1. 系统混沌性研究中引入胞映射理论的必要性

胞映射理论由 Hsu 提出[5]，它是非线性动力系统，特别是强混沌性系统全局分析的一种有效工具。应用这一理论，Hsu 本人在非线性系统研究方面取得了一系列成果[6−10]。在大气研究领域，为了研究气候系统的气候状态 (气候状态指当时间 $t \to \infty$ 时，所有初始信息已完全消失，系统所达到的渐进状态，它代表大气运动的全局特性)，郭秉荣等[11] 引入了胞映射理论，解决了在 $t \to \infty$(第一无穷大) 和无穷初值 (第二无穷大) 条件下，对大气系统的全局分析问题。

虽然对岩爆和冲击地压非线性特征的研究刚刚起步，但在应用传统的非线性理论对其进行分析时仍存在局限性，例如：

(1) 当观测资料的数据量过小 (小于 100) 时，由这些观测资料计算得到的最大 Lyapunov 指数就不能很好地反映系统的吸引子特征，因而应用 Lyapunov 指数计算得到的系统可预测尺度也是不准确的。

(2) 设系统某变量 x 在 i 时刻的实际值为 x_i，由于人为观测误差和仪器精度等原因，最终得到的观测值会在以 x_i 为中心的某个区间内均匀分布 (也可能服从其他分布形式)，在该区间内的所有 (无穷多个) 值都有可能被作为观测值，从而实际的观测值可能是 $(x_i + \Delta)$(Δ 为误差)。当应用这一初始值进行差分等运算时，误差 Δ 会在差分迭代中被逐步放大，从而导致预测值与实际值之间相差甚远。因此，尽管预测过程中的差分运算是确定的，但初始值的观测却是一个随机问题。因而有必要对所有可能的初始值作全面分析，以研究预测值的分布特征。但这要对无穷多个初值作迭代运算，显然这是无法实现的。

(3) 从信息论的角度来看，岩爆和冲击地压系统的混沌演化过程是一个对初始信息的逐渐遗忘过程，即在演化过程中，系统的信息与初始信息的相关成分越来越少，而 "变异" 成分越来越大。当 $t \to \infty$ 时，初始信息被系统完全 "遗忘"。然而，由于工程实际对精度的要求，往往只对初始信息被 "遗忘" 到一定程度以前的系统演化过程感兴趣，因为若初始信息被过分 "遗忘"，就认为由系统的内在随机性所造成的误差已经超出了实际的要求，对系统的分析已无意义。如何评价和研究系统对初始信息的 "遗忘" 程度? 传统的非线性动力学理论没有为此提供完备的理论和方法。

胞映射理论为解决上述问题提供了特殊的方便。胞映射理论只需将系统的非线性动力学方程的未知函数 (即状态变量) 离散化，就能将原来的点映射系统转化为胞映射系统。这样，就能以有限代替无限，并克服舍入误差和观测误差所带来的影响，从而使个别状态的不确定性转化为整体状态分布的确定。利用广义胞映射原理，可以将对动力模式的求解转化为 Markov 链上的概率转移，这就为评价系统对初始信息的 "遗忘" 程度提供了相应的指标；并且用胞映射理论可以把系统的可预测尺度描述为：当系统的状态分布到达混沌吸引子的分布之前，就认为系统的演化进程处于可预测尺度范围内，可以利用系统的动力学模型根据初值进行预测；当系统的状态分布到达混沌吸引子的分布时，初始信息已完全消失，系统的演化已经超出了其可预测尺度，不能再利用动力学模型和初值进行预测 (需要从理论上明确的是，这里并不排除其他预测方法的可行性)。若用 Markov 过程的语言来描述，这时的系统状态分布就是极限概率分布 (或稳定状态概率分布)。由此可见，在岩爆和冲击地压的研究中引入胞映射理论，不仅是必要的，而且也是可行的。

2. 胞映射理论的基本原理

1) 点映射到胞映射

一般对系统模式的离散化通常都是对自变量进行的。这时，函数和自变量的关系仍然是点到点的连续映射。但在实际计算中，由于受到计算机字长的限制，所能表示出来的数字并不是无穷个连续的数，而是有限个离散的数字并且在实际计算中舍入误差是不可避免的。即只能用一个有理数 a 代替 $[a-\varepsilon, a+\varepsilon]$ 中的无穷个数。又如，实际的物理变量本身有一个测量精度，观测误差是不可避免的，所能表示的数也是离散的和有限的。这里，$[a-\varepsilon, a+\varepsilon]$ 就是一个胞。所以在一维情况下，胞是含中心点的线段；在二维情况下，胞是含中心点的矩形；在三维情况下，胞是含中心点的立方体；……；在 n 维情况下，胞是 R^n 中含中心点的 n 维立方体。这样，就能将原来点到点的映射转化为胞到胞的映射。

设有一个三维非线性动力学系统，其动力学模型为

$$\begin{cases} \mathrm{d}x_1/\mathrm{d}t = f_1(x_1, x_2, x_3; \alpha_1) \\ \mathrm{d}x_2/\mathrm{d}t = f_2(x_1, x_2, x_3; \alpha_2) \\ \mathrm{d}x_3/\mathrm{d}t = f_3(x_1, x_2, x_3; \alpha_3) \end{cases} \tag{3.49}$$

式中，α_i 为控制参量；f_i 为非线性函数。并设所讨论问题的区域为

$$A \leqslant x_1 \leqslant B, \quad C \leqslant x_2 \leqslant D, \quad E \leqslant x_3 \leqslant F \tag{3.50}$$

将式 (3.49) 写成如下差分格式

$$\begin{cases} x_1(t_{n+1}) = x_1(t_n) + \Delta t \times f_1(x_1(t_n), x_2(t_n), x_3(t_n); \alpha_1) \\ x_2(t_{n+1}) = x_2(t_n) + \Delta t \times f_2(x_1(t_n), x_2(t_n), x_3(t_n); \alpha_2) \\ x_3(t_{n+1}) = x_3(t_n) + \Delta t \times f_3(x_1(t_n), x_2(t_n), x_3(t_n); \alpha_3) \end{cases} \tag{3.51}$$

进一步可简写成

$$X(n+1) = F(X_n(n)) \tag{3.52}$$

式中

$$X_n(n) = (x_1(n), x_2(n), x_3(n)) \tag{3.53}$$

$$F = (F_1, F_2, F_3) \tag{3.54}$$

设 $z_i(n), i = 1, 2, 3$ 为整数，则

$$Z(n) = (z_1(n), z_2(n), z_3(n)) \tag{3.55}$$

称为胞向量。$X(n)$ 与 $Z(n)$ 的关系为

$$\left(z_i(n) - \frac{1}{2}\right) h_i \leqslant x_i(n) < \left(z_i(n) + \frac{1}{2}\right) h_i \tag{3.56}$$

式中，h_i 为胞的尺寸。这样就将给定的区域 (3.50) 划分成了有限个胞。胞映射理论的出发点就是用胞到胞的映射或胞到胞的状态概率之间的映射代替点到点的映

射。正是这一变革使胞映射理论成为非线性动力系统全局特征分析的有效工具。因为对于新建立的胞映射系统，系统的状态是定义在胞上的，给定的区域只有有限个胞，也就是只有有限个状态，所以初值 (初始状态) 也只有有限个 (所有初值)。从每个初值出发的状态，只需进行有限次映射就会达到某个周期胞上或某个吸引子域中。

2) 狭义胞映射公式的建立

设 $X^{(d)}(n)$ 为胞 $Z(n)$ 的中心点，即有

$$X^{(d)}(n) = h_i z_i(n) \quad (i = 1, 2, 3) \tag{3.57}$$

由 (3.56) 有

$$X_i^{(d)}(n) \geqslant \left(z_i(n) - \frac{1}{2}\right) h_i$$

所以

$$z_i(n) \leqslant \frac{1}{h_i} X_i^{(d)}(n) + \frac{1}{2}$$

也有

$$z_i(n+1) \leqslant \frac{1}{h_i} X_i^{(d)}(n+1) + \frac{1}{2} \tag{3.58}$$

利用式 (3.52) 计算

$$X^{(d)}(n+1) = F(X^{(d)}(n)) \tag{3.59}$$

或

$$X_i^{(d)}(n+1) = F_i(X^{(d)}(n)) \quad (i = 1, 2, 3) \tag{3.60}$$

我们将包含 $X^{(d)}(n+1)$ 的胞取为 $z(n+1)$，将式 (3.60) 代入式 (3.58)，得

$$z_i(n+1) \leqslant \frac{1}{h_i} F_i(X^{(d)}(n)) + \frac{1}{2} \tag{3.61}$$

取

$$z_i(n+1) = \mathrm{Int}\left\{\frac{1}{h_i} F_i(X^{(d)}(n)) + \frac{1}{2}\right\} \tag{3.62}$$

式中，$\mathrm{Int}\{y\}$ 表示取整函数，即

$$\mathrm{Int}\{y\} \leqslant y \tag{3.63}$$

根据点和胞的转换关系式 (3.62)，与式 (3.51) 相应的狭义胞映射公式为

$$
\begin{aligned}
z_1(n+1) &= \mathrm{Int}\left\{\frac{1}{h_1}[h_1z_1(n)+\Delta t\times f_1(h_1z_1(n),h_2z_2(n),h_3z_3(n);\alpha_1)]+\frac{1}{2}\right\}\\
z_2(n+1) &= \mathrm{Int}\left\{\frac{1}{h_2}[h_2z_2(n)+\Delta t\times f_2(h_1z_1(n),h_2z_2(n),h_3z_3(n);\alpha_2)]+\frac{1}{2}\right\}\\
z_3(n+1) &= \mathrm{Int}\left\{\frac{1}{h_3}[h_3z_3(n)+\Delta t\times f_3(h_1z_1(n),h_2z_2(n),h_3z_3(n);\alpha_3)]+\frac{1}{2}\right\}
\end{aligned}
\tag{3.64}
$$

为了与后文的广义胞映射相区别，此处称 (3.64) 为狭义胞映射，其特点是任意一个胞经映射后，其像胞只有一个，也就是说，从胞到像胞的映射关系是确定性的。

3) 三维系统狭义胞映射的算法

对于我们研究的区域

$$A\leqslant x_1\leqslant B,\quad C\leqslant x_2\leqslant D,\quad E\leqslant x_3\leqslant F$$

令

$$\frac{B-A}{h_1}=N_{c_1},\quad \frac{D-C}{h_2}=N_{c_2},\quad \frac{F-E}{h_3}=N_{c_3}$$

所以有

$$z_i=1,2,3,\cdots,N_{c_i}\quad (i=1,2,3) \tag{3.65}$$

被研究胞空间区域为

$$z_i^{(\mathrm{L})}\leqslant z_i\leqslant z_i^{(\mathrm{U})}\quad (i=1,2,3) \tag{3.66}$$

式中，$z_i^{(\mathrm{L})}$ 表示下界胞；$z_i^{(\mathrm{U})}$ 表示上界胞。区域 (3.66) 以内的胞称为正态胞。根据式 (3.65) 和式 (3.66) 有

$$N_{c_i}=z_i^{(\mathrm{U})}-z_i^{(\mathrm{L})}+1\quad (i=1,2,3) \tag{3.67}$$

所以正态胞的总数为

$$N_c=N_{c_1}\cdot N_{c_2}\cdot N_{c_3} \tag{3.68}$$

区域 (3.66) 以外的胞 (所有的) 称为沉没胞，并将这些胞作为一个胞，记为 (0, 0, 0)，所以胞的总数为 (N_c+1)。

为了方便计算，可将三维的胞序列 (3.65) 化为一维的胞序列，其公式为

$$Z=N_{c_1}\cdot N_{c_2}(z_3-1)+N_{c_1}(z_2-1)+z_1 \tag{3.69}$$

4) 广义胞映射公式的建立

由式 (3.64) 知道，在狭义胞映射中，每个原胞只有一个像胞。而广义胞映射可以允许每个原胞以不同的概率映射到若干个像胞。例如，设在 $t=t_n$ 时刻，系统的状

态胞向量为 $z(n)$；当演化至 $t=t_{n+1}$ 时，系统具有 m 个可能的像胞 $z^{(i)}(n+1)(i=1,\cdots,m)$，其中处于胞 $z^{(1)}(n+1)$ 的概率为 $p^{(1)}$，处于胞 $z^{(2)}(n+1)$ 的概率为 $p^{(2)},\cdots$，处于胞 $z^{(m)}(n+1)$ 的概率为 $p^{(m)}$，并且 $\sum\limits_{i=1}^{4}p^{(i)}=1$。用概率描述系统的状态，这是广义胞映射的理论基础。它适用于处理精细和复杂系统的全局特征分析，包括出现混沌态和几个吸引域交错的强非线性系统。

狭义胞映射公式是胞到胞之间的映射，广义胞映射是胞的状态概率之间的映射，用概率论的语言来描述，就是概率的转移。胞状态概率序列是离散的随机序列，是离散的 Markov 过程，即 Markov 链。所以，有关 Markov 链的理论都是可以引用的。

用广义胞映射确定系统的演化状态，关键问题是要求出转移概率矩阵。为此，首先分析广义胞映射的映射过程。因为研究的岩爆和冲击地压系统是大于或等于三维的，映射过程中胞的状态概率分布不直观。为了讨论简便，现以一维映射为例，分析在广义胞映射过程中胞的状态概率分布情况和转移概率矩阵的形成。考虑一维点映射

$$X(n+1)=0.27X(n)\left[1-\frac{X(n)}{4}\right] \tag{3.70}$$

设讨论问题的区域为 $-0.02\leqslant X\leqslant 4.02$，取胞的尺寸 $h=0.04$。这样，将上面的区域分成 101 个胞。第 i 个胞满足条件

$$\left(i-\frac{1}{2}\right)0.04\leqslant X<\left(i+\frac{1}{2}\right)0.04 \tag{3.71}$$

于是得到胞序列

$$Z=0,1,2,\cdots,101 \tag{3.72}$$

将胞 $Z=1$ 的两个端点 $x_1=-0.02$ 和 $x_1=0.02$ 代入映射公式 (3.70)，得到的区间为 (−0.05427，0.05373)。显然，它覆盖了胞 $Z=0$ (沉没胞) 的一部分 (−0.05427，−0.02)，胞 $Z=1$ 的全部 (−0.02，0.02)，以及胞 $Z=2$ 的一部分 (0.02,0.05373)。因此，胞 $Z=1$ 的像胞有三个 $Z=0,1,2$。我们用 p_{ij} 表示胞 j 经一步映射到胞 i 的概率，于是有

$$\begin{aligned}
p_{01}&=\frac{-0.02+0.05427}{0.05373+0.05427}=0.3173\\
p_{11}&=\frac{0.02+0.02}{0.05373+0.05427}=0.3704\\
p_{21}&=\frac{0.05373-0.02}{0.05373+0.05427}=0.3123\\
p_{31}&=0
\end{aligned}$$

$$\cdots\cdots$$

$$p_{101,1} = 0$$

这样，我们就得到转移概率矩阵的第 2 列为

$$(0.3173,\ 0.3704,\ 0.3123,\ 0,\ \cdots,\ 0)^{\mathrm{T}}$$

如此继续做下去，就能求出矩阵的第 1 列、第 3 列、第 4 列、…、第 102 列，最后得到矩阵

$$P = \begin{bmatrix} p_{0,0} & 0.3173 & p_{0,2} & \cdots & p_{0,101} \\ p_{1,0} & 0.3704 & p_{1,2} & \cdots & p_{1,101} \\ p_{2,0} & 0.3123 & p_{2,2} & \cdots & p_{2,101} \\ p_{3,0} & 0 & p_{3,2} & \cdots & p_{3,101} \\ \vdots & \vdots & \vdots & \ddots & \vdots \\ p_{101,0} & 0 & p_{101,2} & \cdots & p_{101,101} \end{bmatrix} \tag{3.73}$$

称为一次转移概率矩阵 (或称映射矩阵)，其元素满足

$$p_{ij} \geqslant 0 \tag{3.74}$$

$$\sum_i p_{ij} = 1 \tag{3.75}$$

有了映射矩阵 P，则与点映射 (3.70) 相对应的广义胞映射公式为

$$p(n+1) = P\,p(n) \tag{3.76}$$

或

$$p(n+1) = P^n p(0) \tag{3.77}$$

其中称 P^n 为 n 次转移概率矩阵。

将上面建立一维广义胞映射公式的方法推广到三维或更高维系统，即可建立相应的复杂广义胞映射公式。

产生映射矩阵 P 比较简便的方法是样本法。设在每个胞中取 M 个点，它们均匀分布在胞 Z 中，这些点的坐标 (x_1, x_2, x_3) 是已知的，将其代入到动力学方程的差分公式 (3.51) 中，便得到 M 个像点，这些像点落在 $(N_{c_1} \cdot N_{c_2} \cdot N_{c_3} + 1)$ 个胞的某些胞中。设有 M_1 个像点落在胞 $Z^{(1)}$ 中，有 M_2 个像点落在胞 $Z^{(2)}$ 中，…，有 M_k 个像点落在胞 $Z^{(k)}$ 中。于是，得到了

$$I(z) = k, \quad C(z,i) = Z^{(i)}, \quad p(z,i) = \frac{M_i}{M} \tag{3.78}$$

式中，$I(z)$ 表示胞 Z 的像胞的个数；$C(z, i)$ 表示胞 Z 的第 i 个像胞；$p(z, i)$ 表示胞 Z 到第 i 个像胞的概率。若取 $Z = j$，则有 $p(z, i) = p(j, i) = p_{ij}$，故有

$$p_{ij} = \frac{M_i}{M} \tag{3.79}$$

这样，就能得到映射矩阵

$$P = P(p_{ij}) \tag{3.80}$$

矿震系统的广义胞映射公式就是运用这种方法得到的

$$p(n) = P^n p(0) \tag{3.81}$$

因为 P^n 太复杂，难以具体地表达出来，但这种方法的运算过程靠计算机完全能够实现。

完整的广义胞映射理论还包括一些与 Markov 链等相对应的概念和定义，这些概念和定义用来描述胞映射系统的全局特性，从而可以较直观地识别和分析系统的吸引子特征。由于本章侧重于应用广义胞映射理论来讨论混沌系统的可预测尺度问题，与上述概念和定义无明显的联系，故对其不作详细阐述。

3. 基于胞映射理论的系统可预测尺度模型

胞映射理论和随机过程理论已经证明[11]，由式 (3.81) 求得的状态概率的极限分布 p^* 与初始概率分布 $p(0)$(即初始信息) 无关，即当处于极限状态 p^* 时，系统已将初始信息完全“遗忘”。此时，初始信息已不再对系统的继续演化起作用。也就是说，对于达到极限状态分布 p^* 前的系统状态，可利用初始信息进行预测，超过了这一范围，就不能再利用初始信息进行预报。因此，达到极限状态分布 p^* 前的时段就是系统的可预测尺度。

极限状态概率分布 p^* 不依赖于初始状态的信息 $p(0)$，因此，系统的状态概率分布将随演化进程而逐渐趋近于这一状态。这时，可以用以下两种不同指标来判别系统接近于极限状态概率分布的程度。

(1) Shannon 信息量判别：对任一事件，若每个可能的结果发生的概率为 q_i，Shannon 定义与该结果相对应的信息量为

$$I_1 = -\sum_{i=1}^{n} q_i \log q_i \quad (n \text{ 为事件所有可能结果的个数}) \tag{3.82}$$

在胞映射中，对于系统的状态而言，当迭代到第 t 步时，概率不为 0 的胞的集合对应于系统状态所有的可能结果，根据式 (3.82) 可以计算出系统在不同迭代时步的信息量；由于系统的概率分布随时间而逐渐趋近于极限状态概率分布 p^*，因

此，由系统的概率分布所计算出来的 Shannon 信息量将随迭代步数的增加而逐渐趋近于某一稳定值。据此就可以识别系统接近于极限分布状态的程度。

(2) 均方误差判别：即根据 t 时刻的状态概率分布 $p(t)$ 与 $(t-1)$ 时刻的状态概率分布 $p(t-1)$ 之间的均方误差 $\varDelta$, 即

$$\varDelta=\sqrt{\sum_{i=1}^{n}(p_i(t)-p_i(t-1))^2}\quad (\text{其中 } i \text{ 为状态胞编号}) \tag{3.83}$$

来判断系统是否已充分接近于极限分布状态。若在时刻 T 时，$\varDelta\leqslant\varDelta^*$(其中 $\varDelta^*$ 为给定的判别阈值)，就可以近似判定系统在 T 时刻已处于极限分布状态，从而系统的可预测尺度即为 T。

采用上述两种判别指标，可以尽可能地消除由数值相对量的大小而引起的主观判别偏差。基于此，就可以计算式 (3.45) 所示的冲击地压系统的可预测尺度。

1) 反演系统的动力学方程

为了削弱观测数据的混沌性和提高反演动力学方程对原始系统的描述精度，需要对系统的动力学方程进行重新反演，并对反演方法作如下改进处理。

(1) 大量的实际计算发现，观测数据的混沌性越强，由其得到的动力学方程对系统的描述精度越低。为削弱数据的复杂性，此处对观测数据进行滤波和相应的累加生成处理 (即作 AGO 运算)。

滤波运算可以 “滤” 去观测数据中的 “噪音” 成分，采用五点三次平滑滤波，公式如下：

$$\begin{cases}Y_i(k-2)=\dfrac{1}{70}[69y_i(k-2)+4y_i(k-1)-6y_i(k)+4y_i(k+1)-y_i(k+2)]\\Y_i(k-1)=\dfrac{1}{35}[2y_i(k-2)+27y_i(k-1)+12y_i(k)-8y_i(k+1)+2y_i(k+2)]\\Y_i(k)=\dfrac{1}{35}[-3y_i(k-2)+12y_i(k-1)+17y_i(k)+12y_i(k+1)-3y_i(k+2)]\\Y_i(k+1)=\dfrac{1}{35}[2y_i(k-2)-8y_i(k-1)+12y_i(k)+27y_i(k+1)+2y_i(k+2)]\\Y_i(k+2)=\dfrac{1}{70}[-y_i(k-2)+4y_i(k-1)-6y_i(k)+4y_i(k+1)+69y_i(k+2)]\end{cases} \tag{3.84}$$

式中，$i=1,2,3$；$y_i(\cdot)$ 为原始观测值；$Y_i(\cdot)$ 为平滑滤波值。对于数据序列的开始两点和最后两点分别由上述第 1、2 与 4、5 式进行平滑滤波。

利用上述滤波值序列生成独立主变量后，再进行 AGO 生成，可以加强滤波序列中的确定性信息，削弱其随机成分，从而降低系统的复杂性[12]。累加生成按如下

公式进行

$$y_i^{(1)}(k)=\sum_{j=1}^{k}\overline{Y_i}(j)\quad(i=1,2,3) \tag{3.85}$$

式中，$\overline{Y_i}(\cdot)$ 为由滤波序列生成的独立主变量。利用新的生成序列 $y_i^{(1)}(i=1,2,3)$ 作为系统的状态变量来反演其动力学方程。

(2) 提高式 (3.45) 等号右边多项式的次数至 4 次，即令

$$\begin{aligned}\frac{\mathrm{d}y_i^{(1)}}{\mathrm{d}t}=&a_{i1}y_1^{(1)}+a_{i2}y_2^{(1)}+a_{i3}y_3^{(1)}+a_{i4}(y_1^{(1)})^2+a_{i5}(y_2^{(1)})^2+a_{i6}(y_3^{(1)})^2\\&+a_{i7}y_1^{(1)}y_2^{(1)}+a_{i8}y_1^{(1)}y_3^{(1)}+a_{i9}y_2^{(1)}y_3^{(1)}+a_{i10}(y_1^{(1)})^3+a_{i11}(y_2^{(1)})^3\\&+a_{i12}(y_3^{(1)})^3+a_{i13}y_1^{(1)}y_2^{(1)}y_3^{(1)}+a_{i14}(y_1^{(1)})^2y_2^{(1)}+a_{i15}(y_1^{(1)})^2y_3^{(1)}\\&+a_{i16}(y_2^{(1)})^2y_1^{(1)}+a_{i17}(y_2^{(1)})^2y_3^{(1)}+a_{i18}(y_3^{(1)})^2y_1^{(1)}\\&+a_{i19}(y_3^{(1)})^2y_2^{(1)}+a_{i20}(y_1^{(1)})^4+a_{i21}(y_2^{(1)})^4+a_{i22}(y_3^{(1)})^4\\&+a_{i23}(y_1^{(1)})^2y_2^{(1)}y_3^{(1)}+a_{i24}y_1^{(1)}(y_2^{(1)})^2y_3^{(1)}+a_{i25}y_1^{(1)}y_2^{(1)}(y_3^{(1)})^2\\&+a_{i26}(y_1^{(1)})^3y_2^{(1)}+a_{i27}(y_1^{(1)})^3y_3^{(1)}+a_{i28}y_1^{(1)}(y_2^{(1)})^3+a_{i29}(y_2^{(1)})^3y_3^{(1)}\\&+a_{i30}y_1^{(1)}(y_3^{(1)})^3+a_{i31}y_2^{(1)}(y_3^{(1)})^3\quad(i=1,2,3)\end{aligned} \tag{3.86}$$

对表 3.1中 6 月 3 日 ~9 日的观测数据进行上述处理，可以得到系统在 6 月 3 日 ~9 日的反演动力学方程 (此过程一般由计算机完成)。经过上述改进，可以显著提高反演动力学方程对系统的描述精度 (详细论述见 3.3 节)。

2) 生成胞向量空间和初始胞向量

首先确定可能的状态区间。将原始观测数据进行 3 次滤波，进而生成独立主变量序列，再经累加处理后，得到可能的状态区间为

$$-1.842\leqslant y_1^{(1)}\leqslant 0.313\times10^{-7},\ -2.203\leqslant y_1^{(1)}\leqslant 3.58\times10^{-7},\ -1.402\leqslant y_1^{(1)}\leqslant 1.656 \tag{3.87}$$

将上述区间均匀地划分成 $10\times10\times10=1000$ 个胞 (胞向量编号为 1~1000)，连同沉没胞 (编号为 0) 共 1001 个胞；将累加生成序列中第 “3 日” 的数据所对应的胞向量 $\left(\underbrace{0,\cdots,0}_{813\text{个}0},1,\underbrace{0,\cdots,0}_{187\text{个}0}\right)$ 作为初始胞向量。

3) 确定系统的可预测尺度

利用动力学模式 (3.86) 和上面所划分的胞向量建立一次转移概率矩阵 (用样本法计算一次转移概率矩阵时，在每个胞内各取 1000 个样本点进行计算)；将初始

状态概率向量与一次转移概率矩阵进行迭代，分别得到系统演化的 Shannon 信息量和第 i 步与第 $i+1$ 步的系统状态概率分布向量间的均方误差随迭代步数的变化曲线如图 3.6 所示。

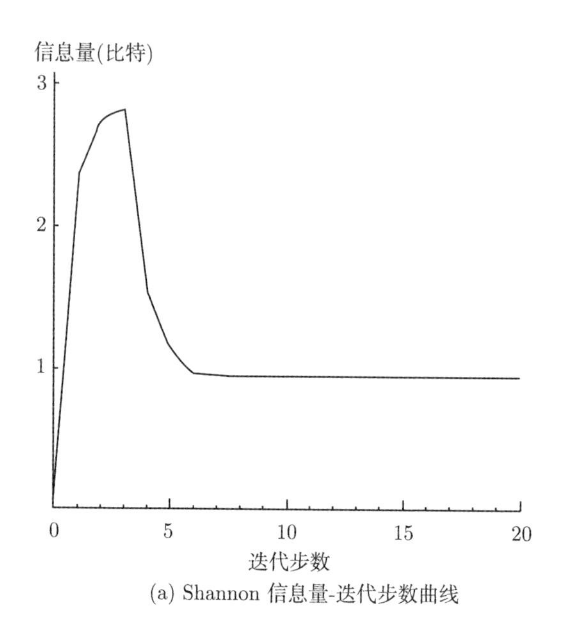

(a) Shannon 信息量-迭代步数曲线

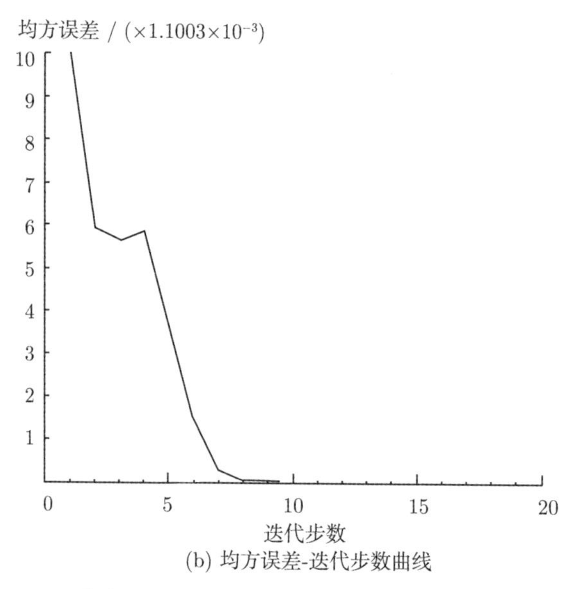

(b) 均方误差-迭代步数曲线

图 3.6　Shannon 信息量和状态概率向量间的均方误差随迭代步数的变化曲线

由图 3.6(a) 可见，当迭代至第 6 步时，Shannon 信息量基本趋于稳定 (第 6 步与第 7 步信息量的差值为 0.003)，表明在第 6 步以后，系统的信息量已不再随迭代步数发生有意义的变化；同时，由图 3.6(b) 可见，第 6 步与第 7 步的状态概率分布的均方误差为 8.873×10^{-5}，表明第 6 步的系统状态概率分布已充分接近于系统的极限状态概率分布。综合上述两种不同指标的识别结果可以判定：由 6 月 3 日~9日的观测数据所确定的动力系统在演化到第 6 步时已经进入混沌态，初始信息不再对系统的继续演化起作用，因此在该时段内，系统的可预测尺度为 6 天。

为了比较不同初始概率分布 (初始信息) 对可预测尺度的影响，下面分别用另外两种不同的初始条件：

$$\text{条件 I：初始条件 - }\left(\underbrace{0,\cdots,0}_{500\text{个}0},1,\underbrace{0,\cdots,0}_{500\text{个}0}\right);$$

$$\text{条件 II：初始条件 - }\left(\underbrace{\frac{1}{1001},\frac{1}{1001},\cdots,\frac{1}{1001}}_{1001\text{个}}\right)$$

与上述动力系统的一次状态转移概率矩阵进行迭代，相应得到两种初始条件下的 Shannon 信息量和均方误差随迭代步数的变化曲线分别如图 3.7 和图 3.8 所示。可见，在条件 I 和条件 II 两种不同的初始条件下，系统的可预测尺度均为 6 天，与图 3.6 相同。因此可以得到如下结论：

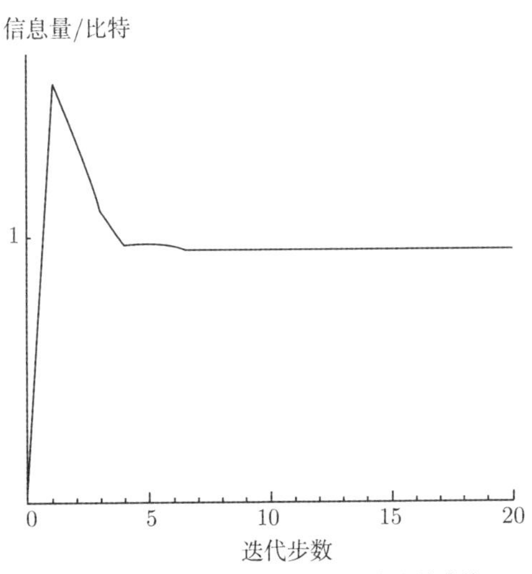

(a) Shannon 信息量-迭代步数曲线

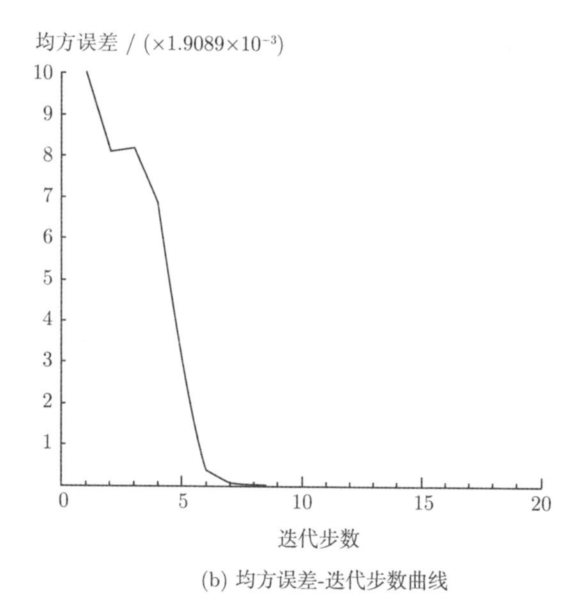

(b) 均方误差-迭代步数曲线

图 3.7　条件 I Shannon 信息量和状态概率向量的均方误差随迭代步数的变化曲线

(1) 用胞映射理论的语言可将动力系统的演化描述为：相对于初始信息而言，动力系统的演化过程就是状态概率矩阵的渐进稳定过程；

(2) 动力系统的极限状态概率分布仅由其动力学模式 (动力学方程) 完全确定，而与初始信息无关。

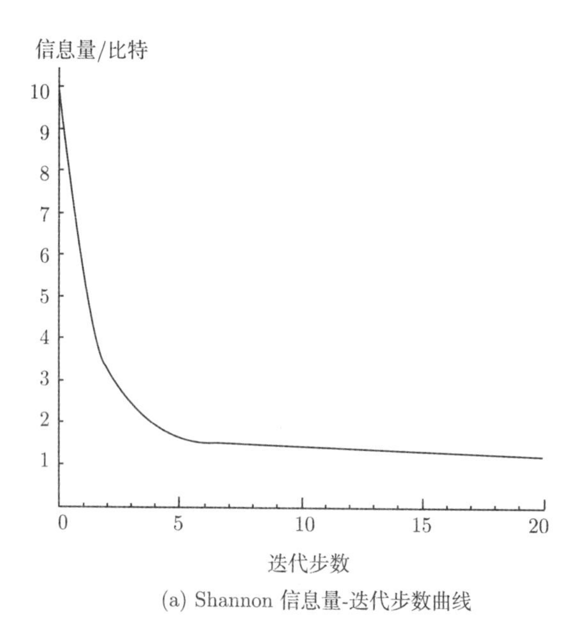

(a) Shannon 信息量-迭代步数曲线

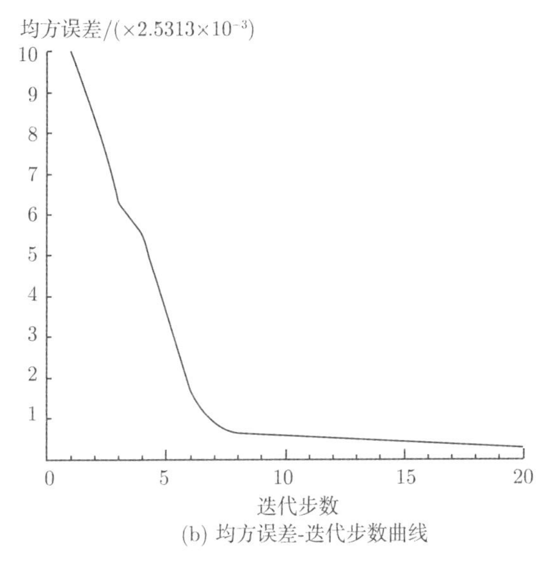

(b) 均方误差-迭代步数曲线

图 3.8 条件II Shannon 信息量和状态概率向量的均方误差随迭代步数的变化曲线

利用胞映射方法计算该冲击地压系统不同时段的可预测尺度 (表 3.3)，可得到该冲击地压系统的可预测尺度随时间的变化关系，如图 3.9 所示。

表 3.3 冲击地压系统不同时段的可预测尺度和混沌性

时段	3 日 ~9 日	4 日 ~10 日	6 日 ~12 日	7 日 ~13 日	8 日 ~14 日	9 日 ~15 日
可预测尺度	6 天	8 天	4 天	10 天	11 天	8 天
混沌性 (定性)	0.167	0.125	0.25	0.1	0.091	0.125

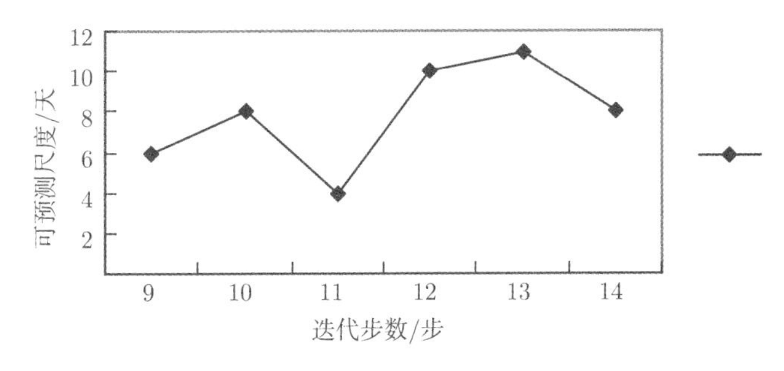

图 3.9 冲击地压系统不同时段的可预测尺度变化曲线

需要进一步说明的是：①由胞映射理论得到的动力系统的可预测尺度不是对个别变量的反映，而是构成系统动力学模式的所有变量综合作用的结果，因此，基于胞映射理论的可预测尺度是动力系统的平均可预测尺度；②由于可预测尺度是由系统的混沌性所导致的，且与混沌性成反比关系，而由胞映射理论得到的可预测尺度是动力系统整体混沌性的体现，因此可用表 3.3中的可预测尺度值的倒数来定性表征系统的混沌性 (表 3.3 和图 3.10)。可见，图 3.10所示的冲击地压系统的混沌性规律与第二章中物理细胞自动机的模拟结果非常相似，从而进一步证明了物理细胞自动机对岩爆和冲击地压等岩体动力系统模拟的有效性。

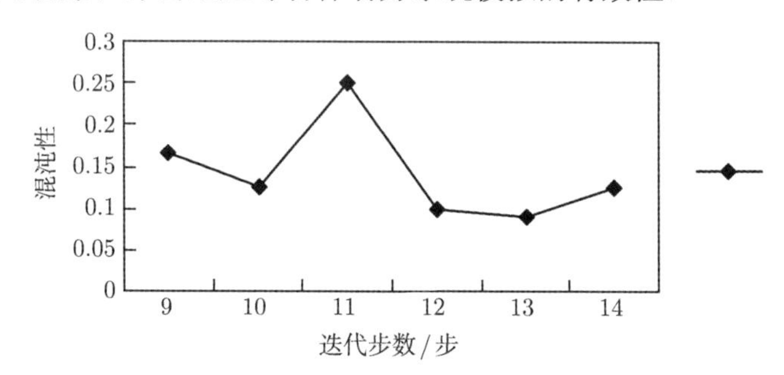

图 3.10　冲击地压系统不同时段的混沌性变化曲线

3.3　岩爆和冲击地压系统的非线性预测理论研究

在研究岩爆和冲击地压的过程中，广大学者和工程技术人员从不同的研究角度提出了一系列的预测预报理论 [13−17]。但是，传统理论大都是基于定性的、表象的或静态的观点，没有反映出岩爆和冲击地压演化的动态过程，尤其没有体现出其孕育过程中的非线性动力学本质。因此，到目前为止，在应用传统理论进行的岩爆和冲击地压预测预报研究中很少有成功的范例[18]。随着非线性动力学理论在岩石力学领域的应用不断深入，一些学者尝试着应用非线性动力学方法对岩石动力现象的状态和突变行为进行预测预报，其中不乏有成功的案例。目前，岩爆和冲击地压的非线性预测预报理论体系一般包括如下内容。

(1) 岩爆和冲击地压演化状态的数值预测方法：主要研究基于已知信息来预测系统未来演化状态的理论和方法，包括动力学方程差分迭代法、神经网络法等。状态数值预测的目的是掌握系统的演化趋势，并为后续的突变预测评价作理论上的准备。

(2) 岩爆和冲击地压的突变预测理论：主要预测系统在未来演化过程中发生突变行为 (这种突变行为往往是灾害性的) 的时间，并定量评价在该时刻发生突变的可能性大小。

3.3.1　系统演化状态的数值预测方法

1. 动力学方程差分迭代预测法及其改进

在对一个具体的岩爆和冲击地压系统建立了非线性动力学模型后，基于已知的信息采用动力学方程差分迭代法可对其演化状态展开数值预测。相应的差分迭代方法可参考相关文献[19]，本节不再赘述。在 3.1.4 小节中，针对京西矿区的冲击地压动力灾害系统建立了描述该系统的非线性动力学模型 (见式 (3.45))。按照传统方法，给式 (3.45) 赋以初值，可以利用差分迭代方法对系统的演化进行数值预测；然后按照 3.1.3 小节的相关公式对预测值进行还原，即得到原始系统演化的预测值 (图 3.11 为按照上述方法对原始系统的预测结果)。由图 3.11 可见，对于给定的冲击地

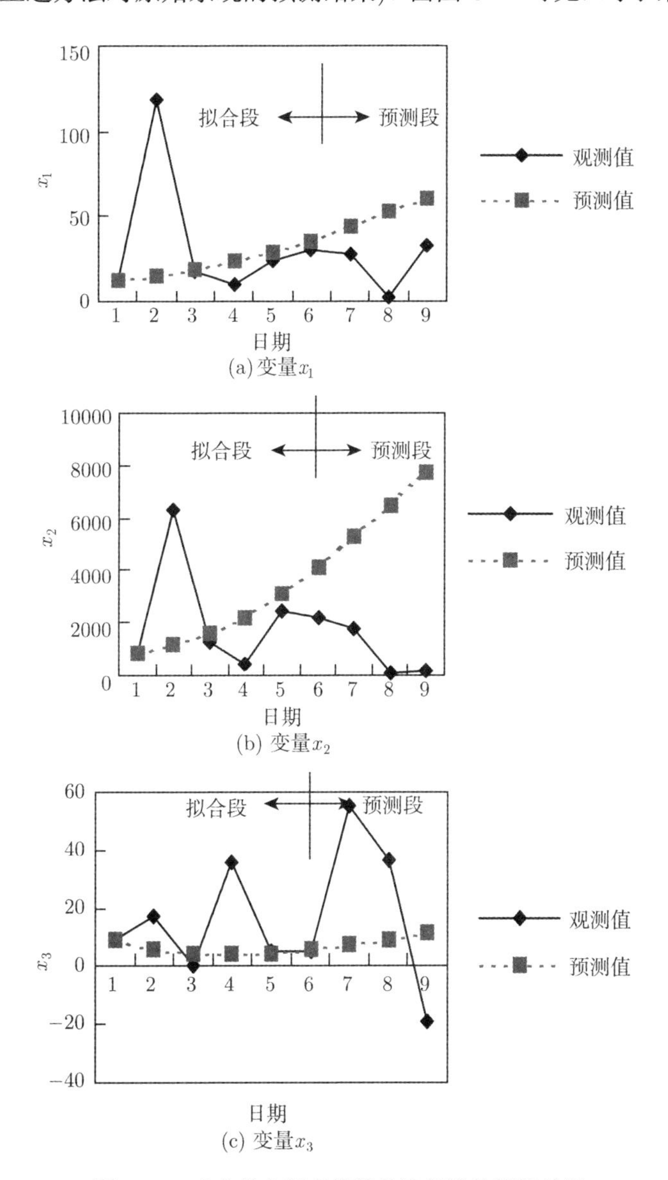

图 3.11 动力学方程直接差分迭代法的预测结果

压系统，由于观测数据过于复杂，仅用形如式 (3.45) 的动力学方程直接进行差分迭代并不能得到满意的预测结果。也就是说，传统的动力学方程差分迭代法不适于对强混沌系统状态的预测。

导致上述预测不准确的主要原因一般包括：①观测数据中包含有过多的“噪声”，造成表观动力系统 (即由观测数据构成的动力系统) 的混沌性过强；②动力学方程的次数过低，而低次多项式动力学方程不适于描述强混沌性动力系统。

为了提高反演动力学方程对系统的描述精度，可采用如下措施：①数据滤波；②数据累加；③提高动力学方程的次数。下面采用上述措施对京西矿区的冲击地压系统的非线性动力学模型重新进行了预测：以表 3.1 中初选变量 3~9 日的观测数据为基础，按照上述改进方法对系统进行预测检验 (如图 3.12 所示，图中显示的是

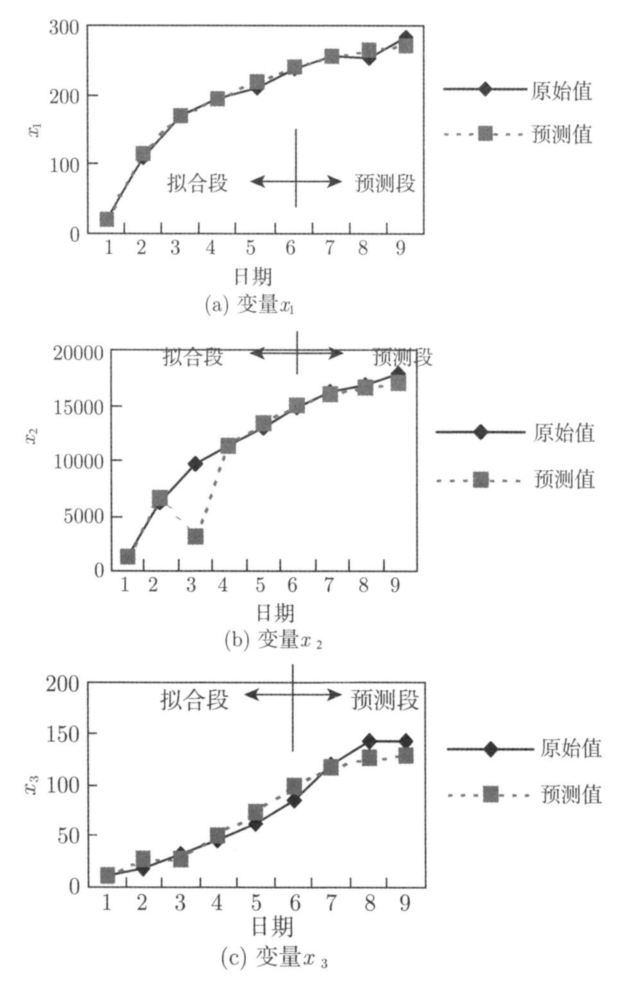

图 3.12 改进后的动力学方程差分迭代法预测结果

各变量的 AGO 序列比较值)。可见，上述的改进方法可以显著地提高反演动力学方程对系统的描述精度，可以有效地解决强混沌性系统的动力学方程反演和预测问题。

2. 小波神经网络预测

除了动力学方程差分迭代法以外，神经网络也是用来预测非线性时间序列的一种有效方法。下面将利用小波神经网络对冲击地压时间序列进行预测。作为描述非线性系统的一种手段，神经网络已经得到了广泛应用。但传统的神经网络方法往往因难以科学地确定其网络结构且学习训练参数易陷入局部极小域，而影响神经网络对系统的描述精度[20]。近来发展起来的小波神经网络预测模型把小波理论和神经网络理论结合起来，从而避免了人为给定网络结构参数的弊端，并使网络达到最佳逼近效果，以保证对非线性时间序列预测的可靠性。

1) 小波神经网络传递函数的构造原理

小波神经网络是通过小波变换和神经网络的有机结合，即采用非线性小波基函数代替非线性 Sigmoid 等传递函数来构造神经网络的拓扑结构。小波神经网络通过对小波的平移和伸缩变换，即采用平移因子和伸缩因子而得到新的级数，它比一般的小波具有更多的自由度，可进一步优选适当的各个参数，用较少的级数项组成小波神经网络，达到对给定时间序列的最佳逼近。

2) 小波神经网络传递函数的构造

满足条件

$$\int_{-\infty}^{+\infty} |\hat{\varphi}(\xi)|^2 |\xi|^{-1} \mathrm{d}\xi < +\infty \tag{3.88}$$

的平方可积函数 $\varphi(t) \in L^2(R)$ 为母小波，其中，$\hat{\varphi}(\xi)$ 为 $\varphi(t)$ 的 Fourier 变换。

令

$$\varphi_{ab}(t) = \frac{1}{\sqrt{|a|}}\varphi\left(\frac{t-b}{a}\right) \tag{3.89}$$

其中，a、b 为实数，且 $a \neq 0$，称 $\varphi_{ab}(t)$ 为由母小波生成的依赖于 a、b 的连续小波，也称为小波基。

对于以时间为自变量的非线性函数 $f(t) \in L^2(R)$，其小波变换可以表示为

$$k_f(a,b) = \frac{1}{\sqrt{|a|}}\int_{-\infty}^{+\infty} f(t)\varphi\left(\frac{t-b}{a}\right)\mathrm{d}t \tag{3.90}$$

从式 (3.90) 可以看出，b 起到平移作用，而 a 决定着 $\varphi_{ab}(t)$ 的频谱结构、窗口大小和形状。因此，a、b 可称为 $\varphi_{ab}(t)$ 的伸缩因子和平移因子，函数 $f(t)$ 局部结构的分辨率可以通过调节 a、b 来实现。与 Fourier 分析相似，小波分析同样是将信

号函数分解为小波标准正交基，并依此来逼近信号函数。但由于小波基具有良好的局部化特性，所以能够实现对信号函数的最佳逼近。

取由不同的伸缩因子 a_i 和平移因子 b_i 决定的小波基 $\varphi_i(t)$ $(i=1,2,\cdots,N)$ 作为神经网络的传递函数，即由

$$\varphi_i(t)=\frac{1}{\sqrt{|a_i|}}\varphi\left(\frac{t-b_i}{a_i}\right) \tag{3.91}$$

代替 Sigmoid 等传递函数，来达到对任意函数的逼近。

3) 小波神经网络预测模型

选用小波基级数有限项的线性组合来逼近非线性时间序列函数，即

$$\hat{u}(t)=\sum_{i=1}^{N}w_i\varphi_i\left(\frac{t-b_i}{a_i}\right) \tag{3.92}$$

式中，$\hat{u}(t)$ 为时间序列 $u(t)$ 的预测函数；w_i 为权重；N 为小波基的个数。

对于如图 3.13 所示的仅有一个输入 t、一个输出 $u(t)$ 的单层小波神经网络，可以通过式 (3.93) 所示的最小均方误差能量函数对网络的结构参数 w_i、a_i、b_i 和 N 进行优化，即

$$E_N=\frac{1}{2}\sum_{t=1}^{N}[u(t)-\hat{u}(t)]^2 \tag{3.93}$$

其中，N 值可以根据逐步检验的方法来确定：给定允许的拟合误差 ε，先从 $N=1$ 开始计算，逐步计算 E_i，若 $E_i<\varepsilon$, 则取 $N=i$；否则继续计算，直到 $N=N^*$ 时使得 $E_{E*}<\varepsilon$ 为止，此时，取 $N=N^*$。

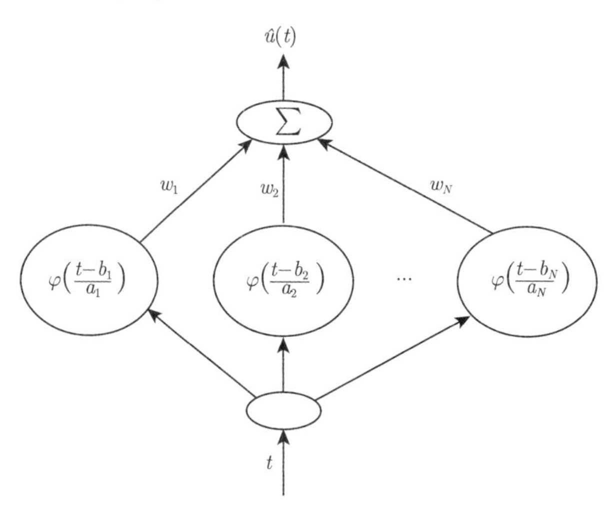

图 3.13 小波神经网络拓扑结构

对于每个给定的 N，通过式 (3.93) 进一步计算参数 w_i、a_i、b_i，步骤如下：

(1) 选用 Morlet 母小波

$$\varphi(t)=\cos(1.75t)\mathrm{e}^{-\frac{t^2}{2}} \tag{3.94}$$

(2) 令 $\eta=(t-b_i)/a_i$，$\tilde{u}=-\sum[u(t)-\hat{u}(t)]$，则求得 w_i、a_i、b_i 的梯度为

$$g(w_i)=\frac{\partial E_N}{\partial w_i}=\tilde{u}\cos(1.75\eta)\mathrm{e}^{-\frac{\eta^2}{2}} \tag{3.95}$$

$$g(b_i)=\frac{\partial E_N}{\partial b_i}=\frac{\tilde{u}w_i}{a_i}\left[1.75\sin(1.75\eta)+\eta\cos(1.75\eta)\right]\mathrm{e}^{-\frac{\eta^2}{2}} \tag{3.96}$$

$$g(a_i)=\frac{\partial E_N}{\partial a_i}=\frac{\tilde{u}\eta w_i}{a_i}\left[1.75\sin(1.75\eta)+\cos(1.75\eta)\right]\mathrm{e}^{-\frac{\eta^2}{2}} \tag{3.97}$$

(3) 采用共轭梯度法优化参数 w_i，令权向量 $w=w(w_1,w_2,\cdots,w_N)$，若 w 的第 k 次搜索方向记为 $s(w)^k$，则有

$$s(w)^k=\begin{cases}-g(w)^k, & k=1\\ -g(w)^k+\dfrac{g(w)^{kN}\cdot g(w)^k}{g(w)^{(k-1)N}\cdot g(w)^{k-1}}\cdot s(w)^{k-1}, & k\neq 1\end{cases} \tag{3.98}$$

(4) 权重向量按下式调节

$$w^{k+1}=w^k+\alpha_w s(w)^k \tag{3.99}$$

其中，α_w 为搜索步长，直到 w 收敛于某一确定值为止。

(5) 同理，按照上述方法对参数 a_i、b_i 进行优化。

4) 系统演化的小波神经网络预测

采用上述小波神经网络预测方法对表 3.1 中变量 X_0、X_2、X_3 的观测数据进行“信息递近”预测检验 (图 3.14)。对比图 3.14 和图 3.11、图 3.12 发现，小波神经网络对冲击地压状态变量的预测精度明显高于传统的动力学方程直接差分迭代法，但低于改进的动力学方程差分迭代法。然而，小波神经网络可以非常方便地直接对单变量时间序列进行预测，且对数据波动的敏感程度较动力学方程差分迭代法更低，所以，小波神经网络对于预测强混沌系统的单变量时间序列具有特殊的优势。

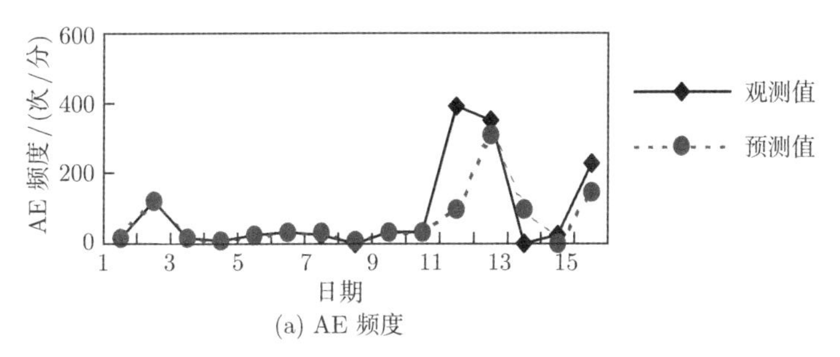

(a) AE 频度

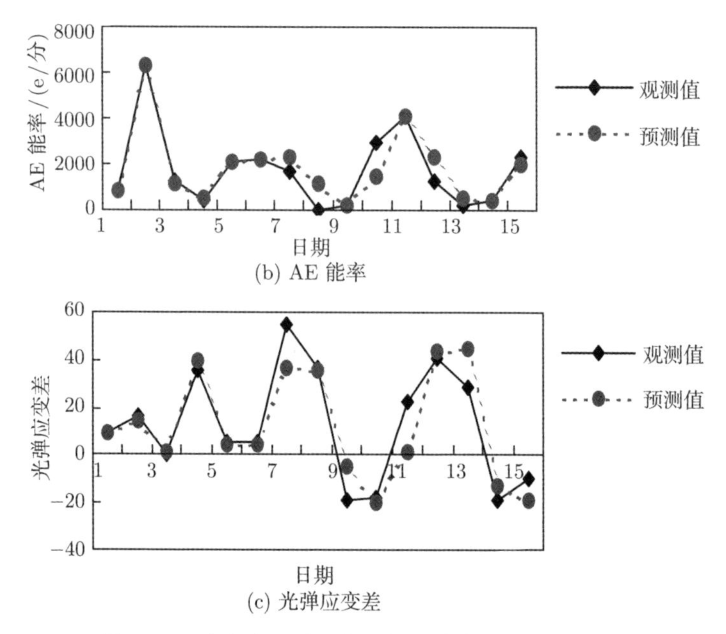

(b) AE 能率

(c) 光弹应变差

图 3.14　冲击地压时间序列的小波神经网络预测结果

3.3.2　岩爆和冲击地压系统的突变预测及评价

岩爆和冲击地压的发生是一种非连续的突变现象，因此应当应用突变理论来描述这一非线性过程。即在观测资料的基础上，利用突变理论对岩爆和冲击地压的突变行为进行预测。同时，由于观测资料中误差的随机性以及系统本身所具有的混沌特性，仅用突变理论对岩爆和冲击地压的发生作出预测是不够的，还应当对突变预测的结果作出可能性 (或可信程度) 评价。因此，本节将在胞映射理论的基础上提出岩爆和冲击地压突变预测的评价模型，该模型考虑数据观测的随机性、混沌系统的内在随机性等因素，可以使突变预测结果更为客观和深刻。

1. 岩爆和冲击地压的灰色-尖点突变预测

1) 时间序列的灰色-尖点突变预测模型

考察表 3.1 中的观测数据可以发现，该冲击地压系统变量的观测值呈现出明显的“随机”振荡。研究表明[21]：对于“随机”振荡型的时间序列，直接应用尖点突变理论进行预测会产生较大误差。为了弱化观测信息的随机性，强化其中有用的成分，可采用灰色建模理论的思想，对原始观测数据进行累加，以生成新的时间序列。令 $x^{(0)}$ 为原始观测序列，$x^{(1)}$ 为其一次累加生成 (AGO) 序列，即

$$x^{(0)} = \left\{x^{(0)}(1), x^{(0)}(2), \cdots, x^{(0)}(m)\right\} \tag{3.100}$$

$$x^{(1)} = \left\{ x^{(1)}(1), x^{(1)}(2), \cdots, x^{(1)}(m) \right\} \tag{3.101}$$

$x^{(0)}(k)(k \leqslant m)$ 与 $x^{(1)}(k)(k \leqslant m)$ 之间的关系可用下式来表达

$$x^{(1)}(k) = \sum_{j=1}^{k} x^{(0)}(j) \quad (j, k \leqslant m) \tag{3.102}$$

因为任何单变量的连续函数都可以经 Taylor 展开表示成级数形式，若视时间序列 $x^{(1)}$ 为来自于时间的连续函数 $\hat{x}^{(1)}(t)$ 的一组离散解，则 $\hat{x}^{(1)}(t)$ 可以表示成

$$\hat{x}^{(1)}(t) = A_0 + A_1 t + A_2 t^2 + \cdots + A_n t^n \tag{3.103}$$

上式即为时间序列 $x^{(1)}$ 的拓展模型，其中 $A_0, A_1, \cdots, A_n$ 为待定系数。

当上式的右端取 5 次时，则 $\hat{x}^{(1)}(t)$ 可近似表示为

$$\hat{x}^{(1)}(t) = A_0 + A_1 t + A_2 t^2 + A_3 t^3 + A_4 t^4 + A_5 t^5 \tag{3.104}$$

对上式求导，即可得到还原后的模型表达式，即

$$\hat{x}^{(0)}(t) = \frac{\mathrm{d}\hat{x}^{(1)}(t)}{\mathrm{d}t} = A_1 + 2A_2 t + 3A_3 t^2 + 4A_4 t^3 + 5A_5 t^4 \tag{3.105}$$

令

$$y = \hat{x}^{(0)}(t), \quad a_0 = A_1, \quad a_1 = 2A_2, \quad a_2 = 3A_3, \quad a_3 = 4A_4, \quad a_4 = 5A_5 \tag{3.106}$$

则式 (3.105) 可简化为

$$y = a_0 + a_1 t + a_2 t^2 + a_3 t^3 + a_4 t^4 \tag{3.107}$$

对上式进行 Tschirnhaus 变换[22]，即令

$$x = t - A, \quad A = \frac{a_3}{4a_4} \tag{3.108}$$

则式 (3.107) 可化为

$$y = b_0 + b_1 x + b_2 x^2 + b_4 x^4 \tag{3.109}$$

其中，a_i 和 b_i 具有如下对应关系

$$\begin{Bmatrix} b_0 \\ b_1 \\ b_2 \\ b_4 \end{Bmatrix} = \begin{bmatrix} A^4 & -A^3 & A^2 & -A & 1 \\ -4A^3 & 3A^2 & -2A & 1 & 0 \\ 6A^2 & -3A & 1 & 0 & 0 \\ 1 & 0 & 0 & 0 & 0 \end{bmatrix} \begin{Bmatrix} a_4 \\ a_3 \\ a_2 \\ a_1 \\ a_0 \end{Bmatrix} \tag{3.110}$$

作进一步代换，令

$$x = \sqrt[4]{\frac{1}{4b_4}}z \quad (b_4 > 0) \tag{3.111}$$

或

$$x = \sqrt[4]{-\frac{1}{4b_4}}z \quad (b_4 < 0) \tag{3.112}$$

这里仅以 $b_4 > 0$ 的情况进行讨论 (对于 $b_4 < 0$ 的情况，可将方程的两端同乘以 -1，从而化成与 $b_4 > 0$ 相同的方程形式)。合并式 (3.111) 和式 (3.109) 得

$$y = \frac{1}{4}z^4 + \frac{1}{2}az^2 + bz + c \tag{3.113}$$

式中，$a = \dfrac{b_2}{\sqrt{b_4}}, b = \dfrac{b_1}{\sqrt[4]{4b_4}}$；$c$ 与突变无关，可以略去。式 (3.113) 即为尖点突变的标准形式。

下面分析如何由上式预测岩爆和冲击地压的突变时间。首先讨论式 (3.113) 所描述的势函数的突变失稳机制。由突变理论[23] 可知，式 (3.113) 的平衡曲面方程为

$$z^3 + az + b = 0 \tag{3.114}$$

相应的分叉集方程为

$$4a^3 + 27b^2 = 0 \tag{3.115}$$

分叉集方程是稳定平衡状态区与非稳定平衡状态区的分界线 (图 3.15)，系统的演化只有越过这个分界线才有可能从一个平衡状态突变到另一个平衡状态。

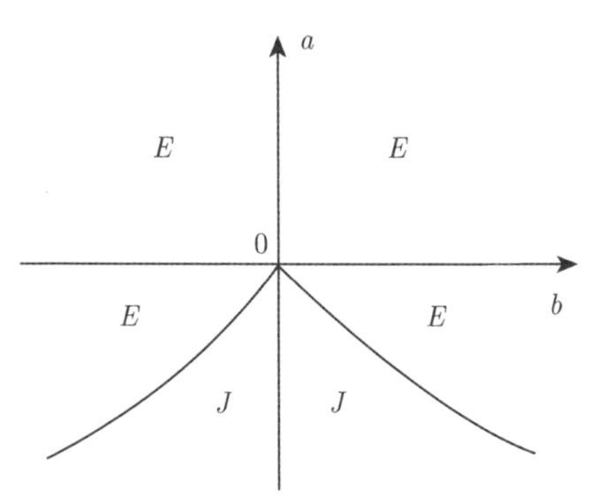

图 3.15　分叉集与平衡状态空间的划分

如图 3.15 所示，分叉集将控制变量空间划分成两部分：区域 E 和区域 J。在区域 E，$4a^3 + 27b^2 > 0$，表明系统是稳定的；在区域 J，$4a^3 + 27b^2 < 0$，这时系统有三个平衡点，其中位于平衡状态曲面的上、下叶的平衡点是稳定的，而位于中叶

的平衡点是不稳定的，且不稳定平衡点满足

$$\frac{\mathrm{d}^2y}{\mathrm{d}z^2}=3z^2+a<0 \tag{3.116}$$

现在考察发生突变时状态变量和控制变量的演化轨迹。在式 (3.115) 成立的前提下，由平衡曲面方程 (3.114) 求解变量 z：① $a=0$ 时，$z_1=z_2=z_3=0$；②$a<0$ 时，方程有三个实根

$$z_1=2\left(-\frac{a}{3}\right)^{\frac{1}{2}},\quad z_2=z_3=-\left(-\frac{a}{3}\right)^{\frac{1}{2}} \tag{3.117}$$

其中，解 z_1 位于上叶 (或下叶)，解 z_2 和 z_3 合并于中叶与下叶 (或上叶) 的交线 (分叉集的一枝) 上，解 z_2 和 z_3 所处的点即为系统状态在分叉集上发生突变的位置 (图 3.16)。由图 3.16 和式 (3.117) 可求得 Δz 为

$$\Delta z=z_1-z_2=3\left(-\frac{a}{3}\right)^{\frac{1}{2}} \tag{3.118}$$

还原状态变量 z 和控制变量 a，可得到由临界点到发生突变的时间差为

$$\Delta t=\Delta z\sqrt[4]{\frac{1}{4b_4}}=\sqrt{3}(-a)^{\frac{1}{2}}(4b_4)^{-\frac{1}{4}} \tag{3.119}$$

利用式 (3.119)，即可对系统的突变时间进行确定性预测。

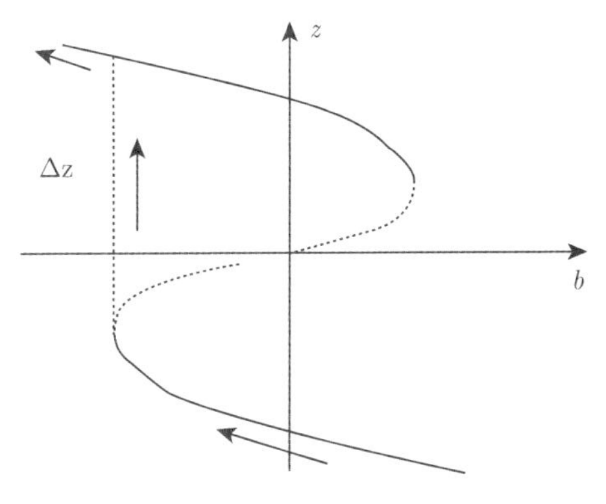

图 3.16　状态变量突变示意图

2) 灰色-尖点突变预测结果

利用上述建立的时间序列灰色-尖点突变模型，以表 3.1 中变量 X_0、X_2、X_3 的观测数据为基础，对该冲击地压系统进行突变预测 (表 3.4)。

表 3.4　冲击地压突变临界点及突变发生时间的预测结果

变量	预测项目	预测结果/日					
X_0	临界点	6	7	9	10	14	15
	突变发生时间	10.79	11.96	15.36	21.77	23.82	24.65
X_2	临界点	6	7	8	12	13	14
	突变发生时间	10.57	11.97	15.43	26.27	23.39	30.6
X_3	临界点	7	8	9	10	14	15
	突变发生时间	12.56	12.86	14.18	21.0	21.4	22.37

分析表 3.4 中的预测结果可以发现，最有可能发生突变的日期是 10~12 日、14~15 日、21~23 日。而现场的实际情况是：在上述预测突变日期虽然未发生大规模的冲击地压灾害，但大都出现了不同程度的矿压显现。因此，时间序列的灰色-尖点突变模型虽然归根结底是从“表象”的角度来描述系统的动力学本质，但还是比较客观地反映了系统演化过程的临界行为和突变现象。

2. *岩爆和冲击地压灰色-尖点突变预测的评价模型*

灰色-尖点突变模型对系统所作的突变预测是确定性的，即在某时刻 t 系统一定处于临界状态 (或非临界状态)；相应地，在未来某时刻 t_1 系统将一定会发生突变 (或一定不发生突变)。考察灰色-尖点突变模型的理论基础和混沌系统的动力学特点可以看出，灰色-尖点突变预测方法本身存在如下不足：①由于观测数据中存在随机误差以及混沌系统本身具有内在随机性，对系统所作的突变预测结果必然不可能是确定性的，而是一个概率问题，而灰色-尖点突变模型并没有考虑上述两种随机性因素；②从本质上看，灰色-尖点突变模型还只是静态地描述临界点和突变点，这是造成对系统的突变预测采取确定性描述的另外一个原因；③灰色-尖点突变模型只能分别对单个变量进行突变预测，这显然不能从整体上来反映系统演化直至突变的动力学本质。

针对灰色-尖点突变预测模型的上述缺点，下面给出岩爆和冲击地压突变预测评价方法的思路和步骤如下：

(1) 利用灰色-尖点突变模型对时间序列进行突变预测，初步判定系统在时刻 t 是否处于临界状态以及相应的系统突变时间。

(2) 利用观测数据反演系统的动力学方程；应用反演的动力学方程和临界时刻 t 的状态向量进行若干次差分迭代 (迭代次数视变量的演化速率而定)，从而确定在临界点以后一定时间内系统可能的状态空间；划分状态空间为胞空间，并应用胞映射理论计算一次转移状态概率矩阵。

(3) 以临界时刻 t 的系统状态所对应的胞向量为初始胞向量，与一次转移状态概率矩阵迭代一次，即得到 $t+1$ 时刻的系统胞向量 (预测胞向量)。

(4) 分析 $t+1$ 时刻的预测胞向量及其与系统突变特性的关系：①$t+1$ 时刻的

胞向量反映了系统在临界点后第一时步的状态概率分布，但这种向量描述方式比直接差分迭代所给出的确定值表达方式更客观；②系统的演化是一个动态过程，因此其突变特性也是一个随时间和内、外界影响因素而变化的动态演化过程；③在临界时刻 t 后，系统突变特性的演化方向由 $t+1$ 时刻的系统状态 (胞向量) 决定，且系统 $t+1$ 时刻的预测胞向量“表象”而客观地描述了系统在 $t+1$ 时刻的状态分布，所以可以用系统 $t+1$ 时刻的预测胞向量来讨论系统在临界时刻后的突变特性和演化趋势；④同时，由于随着时间的增加，预测胞向量会逐渐“忘记”初始信息而趋于极限状态概率分布，且由 $t+1$ 时刻的状态概率分布能够足以精确地反映系统在临界时刻 t 后的短期演化趋势，因此无论是从精度方面考虑，还是从对系统短期演化描述的充分性方面考虑，用 $t+1$ 时刻的预测胞向量来讨论系统在临界时刻后的突变特性都是必要和可行的。

(5) 设由观测数据预测得到系统在 t 时刻处于临界状态，且相应地在 t_1 时刻将发生突变，则这一预测结果可能与以下四种情况相对应：

① 若在 $t+1$ 时刻，预测得到系统仍处于临界或失稳状态，且相应的预测突变发生时间较 t_1 提前，则说明在 t 时刻系统因某种因素的作用而正在加速“奔向”突变状态。在这种情况下，系统的突变将较预测时间 t_1 提前发生。

②若在 $t+1$ 时刻，预测得到系统仍处于临界或失稳状态，且相应的预测突变发生时间较 t_1 滞后，则说明在 t 时刻系统正在减速“奔向”突变状态。在这种情况下，系统的突变将较预测时间 t_1 滞后发生。

③若在 $t+1$ 时刻，预测得到系统仍处于临界或失稳状态，且相应的预测突变发生时间与 t_1 相同或差别不大，则说明在 t 时刻系统正等速“奔向”突变状态。在这种情况下，系统的突变将在预测时间 t_1 附近发生。

④若在 $t+1$ 时刻，预测得到系统不处于临界或失稳状态，则说明系统在预测突变时刻 t_1 不会发生突变。

因为 $t+1$ 时刻的系统状态决定了系统的突变行为在 t 时刻后继续演化的特性，所以可以利用 $t+1$ 时刻的预测胞向量来定量地评价 t 时刻系统处于以上四种情况的可能性，从而可以分别计算出系统的突变行为提前、滞后、准时发生和不发生的概率。方法如下：

在由观测数据预测得到系统在 t 时刻处于临界状态，且相应地在 t_1 时刻将发生突变的前提下，设事件 A 为“发生突变”，事件 B 为“提前发生突变”，事件 C 为“准时发生突变”，事件 D 为“滞后发生突变”，事件 E 为“不发生突变”，事件 $F(i)$ 表示系统状态在 $t+1$ 时刻处于胞 i，$P(\cdot)$ 为事件发生的概率，则在 $t+1$ 时刻，有

$$P(B)=\sum_{i=1}^{n}P(F(i))P(B/F(i)) \tag{3.120}$$

$$P(C)=\sum_{i=1}^{n}P(F(i))P(C/F(i)) \tag{3.121}$$

$$P(D)=\sum_{i=1}^{n}P(F(i))P(D/F(i)) \tag{3.122}$$

$$\begin{aligned}P(A)&=\sum_{i=1}^{n}P(F(i))P(A/F(i))\\&=P(B)+P(C)+P(D)\end{aligned} \tag{3.123}$$

$$P(E)=1-P(A) \tag{3.124}$$

其中，n 为胞的总个数；$P(F(i))$ 由 $t+1$ 时刻的预测胞向量计算得到。

$P(B/F(i))$、$P(C/F(i))$ 和 $P(D/F(i))$ 可由样本法求得，即在胞 i 中均匀地取 m 个状态样本点，利用灰色-尖点突变模型分别判别在 $t+1$ 时刻系统处于样本点 j $(j=1\sim m)$ 的突变特性。若胞 i 中有 m' 个样本点使事件 B 发生，则

$$P(B/F(i))=\frac{m'}{m} \tag{3.125}$$

同理也可计算出 $P(C/F(i))$ 和 $P(D/F(i))$。

上述计算过程包含了系统的非线性动力学方程反演、胞映射分析、灰色-尖点突变分析等理论和算法，可编制相应计算程序在计算机上完成上述复杂的计算过程。

3.3.3　冲击地压灰色-尖点突变预测的评价实例

采用上述的灰色-尖点突变预测的评价模型对表 3.4 中 X_0 的突变预测结果进行评价，如表 3.5 所示 (虽然仅对单个变量 X_0 进行了评价，但由可知，评价结果可以体现系统整体的动力学特性)。

表 3.5　冲击地压突变预测及评价结果

评价项目	预测及评价结果					
临界点	6	7	9	10	14	15
预测突变日期	10.79	11.96	15.36	21.77	23.82	24.65
提前发生的概率	100%	100%	12.32%	0	1.18%	0
准时发生的概率	0	0	0	0	0	0
滞后发生的概率	0	0	0	0	0	0
发生突变的总概率	100%	100%	12.32%	0	1.18%	0
不发生突变的概率	0	0	87.68%	100%	98.82%	100%

将表 3.5 中的评价结果与现场的实际记录作对比可以发现：

(1) 在第 10 日，监测到数次大的顶板振动，并记录到“一次巨响”；“Y_3 孔前方待采煤体的应力集中程度较大，并波及 Y_1、Y_2 监测孔附近的煤体”；自 10 日起，“Y_1、Y_2 及 Y_3 各孔的监测值同时或交替出现跃变，预示工作面可能出现某些变动”。而预测和评价结果显示，在第 10.79 日和第 11.96 日，系统将分别以 100% 的概率发生突变，且提前发生的概率为 100%。可见，预测和评价结果与现场的实际记录基本吻合。

(2) 在第 9 日，预测到系统将以 12.32%的概率在第 15.36 日发生突变，且提前发生的概率为 12.32%。可见，虽然突变预测表明在 15 日前后将有可能发生突变，但这种可能性却较小。而实际情况是，“Y_3 孔从 6 月 15 日至 17 日连续出现监测值急剧跃升，Y_1、Y_2 孔亦于 6 月 16 日出现较大峰值”。但总的来看，在 6 月 15 日前后并没有发生明显的突发性矿压显现和冲击地压。因此，认为预测评价结果与实际情况是一致的。

(3) 在 6 月 10、14 和 15 日，预测得到系统将分别以 0、1.18%和 0 的概率于第 21.77、23.82 和 24.65 日发生突变。仅由预测评价结果就可以判定工作面在上述预测突变日期发生突变的可能性很小。而实际上，尽管工作面自 6 月 18 日开始出现了较明显的矿压显现，但这些显现都是渐进发生的，未发生显著的突发性和灾害性动力现象，与预测评价结果基本一致。

通过应用上述突变预测评价模型对具体工程实例进行突变预测评价表明：尽管工作面实际上并没有发生明显的灾害性破坏，但由以上的评价结果可以看出，该模型可以更精确地识别冲击地压孕育过程中的突变信息，所作出的预测评价是客观、准确和符合实际情况的。另外，该模型也适用于对其他岩体动力行为 (如山体滑坡、边坡失稳等) 的预测评价。

3.4 小结与讨论

针对岩爆和冲击地压发生过程中典型的非线性特征，运用非线性动力学的理论和方法对岩爆和冲击地压孕育发生过程展开了预测研究，得到了如下主要结论。

(1) 介绍了利用神经网络聚类分析方法对岩爆和冲击地压系统观测变量进行初选；在此基础上，为实现初选观测变量的完全独立化，提出了岩爆和冲击地压系统独立主变量的构造方法；并基于得到的独立主变量，利用现代反演理论，给出了系统非线性动力学方程的反演方法。

(2) 基于物理细胞自动机得到的岩体破坏演化的混沌性规律和混沌性与可预测尺度的关系，定性讨论了不同因素对岩爆和冲击地压可预测尺度影响的一般性规律；应用胞映射理论建立了一种计算岩爆和冲击地压系统可预测尺度的新方法，对于观测资料不足的混沌系统，在计算其可预测尺度时，该方法具有独特的优势，并能更好地体现矿震混沌系统的全局特征。

(3) 介绍了两种系统演化状态的数值预测方法，动力学方程差分迭代预测法和小波神经网络预测法，并针对动力学方程差分迭代预测法的不足提出了改进措施；探讨了岩爆和冲击地压的灰色-尖点突变预测模型与突变预测评价模型。

对于突变预测评价模型，通过对实际冲击地压演化过程中突变行为的预测评价发现，该模型可以更精确地识别冲击地压的突变信息，对冲击地压形成过程中突变发生可能性的评价是客观的和较准确的。该模型综合了突变理论和胞映射理论的优点，进一步完善了突变理论，是从动力学的观点提出的对岩体动力性灾害进行预测和评价的一种新方法。但由于仅对突变行为进行了评价，还不能对突变的程度给予合理描述，因此该模型尚需进一步完善。

参考文献

[1] 黄克智, 徐秉业. 固体力学发展趋势. 北京: 北京理工大学出版社, 1995.

[2] 谢和平, 刘夕才, 王金安. 关于 21 世纪岩石力学发展战略的思考. 岩土工程学报, 1996, 18(4): 98-102.

[3] 李大辉, 王永红. 基于神经网络模型的聚类分析技术研究. 高师理科学刊, 2007, 27(2): 32-34.

[4] 肖茹云. 概率统计计算方法. 天津: 南开大学出版社, 1994.

[5] Hsu C S. A theory of cell-to-cell mapping dynamics systems. ASME J. Appl. Mech., 1980, (47): 931-939.

[6] Hsu C S, Guttalu R S. An untravelling algorithm for global analysis of dynamical systems: an application of cell-to-cell mappings. ASME Jour. Appl. Mech., 1980, (47): 940-948.

[7] Hsu C S. Generalized theory of cell-to-cell mapping for nonlinear dynamical systems. Jour. Appl. Mech., 1981, (49): 634-642.

[8] Hsu C S, Guttalu R S, Zhu W H. A method of analyzing generalized cell mappings. ASME Jour. Appl. Mech., 1982, (49): 885-894.

[9] Hsu C S. A probabilistic theory of nonlinear dynamical systems based on cell state space concept. ASME Jour. Appl. Mech., 1982, (49): 895-902.

[10] Hsu C S. Global analysis of dynamic systems using posets and digraphs. Int. J. of Bifur. and Chaos, 1995, 5(4): 1085-1118.

[11] 郭秉荣, 江剑民, 范新刚, 等. 气候系统的非线性特征及其预测理论. 北京: 气象出版社, 1996.

[12] 李造鼎, 宋纳新, 贾立宏. 岩土动态开挖的灰色尖点突变建模. 岩石力学与工程学报, 1997, (3): 252-257.

[13] 赵本钧. 冲击地压及其防治. 北京: 煤炭工业出版社, 1995.

[14] 张万斌, 王淑坤, 滕学军. 我国冲击地压研究与防治进展. 煤炭学报, 1992, (3): 27-35.
[15] 李信. 冲击地压原理. 煤矿冲击地压防治技术座谈会资料汇编. 煤炭工业部矿山压力科技情报中心站, 1981.
[16] 佩图霍夫. 冲击地压和突变的力学计算方法. 北京: 煤炭工业出版社, 1994.
[17] 章梦涛. 冲击地压失稳理论及数值计算. 岩石力学与工程学报, 1987, 6(3): 51-61.
[18] 谢和平, 周宏伟, 陈忠辉. 矿山非线性岩石力学的研究与展望. 煤炭学报. 1997, 22(增刊): 180-186.
[19] 刘长安. 数值分析教程. 西安: 西北工业大学出版社, 2005.
[20] 谭云亮, 孙中辉, 杜学东. 冲击地压 AE 时间序列小波神经网络预测模型. 岩石力学与工程学报, 2000, 19(增刊): 1034-1036.
[21] 秦四清, 张倬元, 王士天. 非线性工程地质学导引. 成都: 西南交通大学出版社, 1993.
[22] 周辉, 翟德元, 王泳嘉. 薄隔水层井筒底板突水的突变模型. 中国安全科学学报, 1999, 9(3): 44-48.
[23] 凌复华. 突变理论及其应用. 上海: 上海交通大学出版社, 1987.

第四章　高应力硬岩力学模型

硬岩广泛存在于深埋隧道 (洞)、边坡和采矿等工程中，其在开挖过程中的变形和破坏特征关系到工程的安全性。随着我国工程建设深度的增大，高应力条件下岩石脆性破坏导致的诸多特殊的工程灾害 (如岩爆等) 更为突出，严重威胁到工程的安全建设。同时，大量地下工程实践表明硬岩岩体的强度均具有较强的时间效应，且对工程安全方面有着重大影响。一方面，硬岩在工程中表现出强度的时间效应为工程的安全带来巨大的隐患；另一方面，硬岩的长期稳定性也是工程后期需要关注和研究的重点问题。因此，为了合理评价地下工程建设的稳定性，为设计和施工提供科学依据，对深埋脆性岩石的力学响应和其强度的时间效应展开深入研究并提出相应的力学模型，已成为工程中亟待解决的关键问题 [1]。本章将结合作者课题组最新的研究成果，对高应力硬岩的力学响应和其强度的时间效应展开深入研究。

4.1　考虑围压效应的硬岩弹塑性耦合力学模型

由于岩爆和冲击地压等动力灾害具有极大的破坏性，而其发生环境主要位于深埋硬岩，因此，深埋硬岩的力学行为研究就具有了重要的工程意义。

与金属类材料相比，岩石材料的力学性能具有如下典型特征 [1−6]：① 存在弹塑性耦合特性；② 具有应变硬化软化特征；③ 存在剪胀特征，使得基于 Drucker 公设的正交流动法则不再适用。

众多学者针对上述特征进行了研究。在弹塑性耦合方面，Dafalias[7,8] 以 Il′iushin 公设为基础，从理论上得出考虑弹塑性耦合时岩土材料弹性参数随塑性内变量变化的结论。尤明庆 [9] 基于室内试验研究发现，内部具有大量微裂隙岩样的弹性模量随围压升高而增大，由此可见，岩石材料的弹性参数与围压 (或静水压力) 和塑性变形均有关系。

在应变硬化软化方面，Hajiabdolmajid[10] 提出了 CWFS (cohesion weakening-friction strengthening) 模型。卢允德等 [11] 基于雅安大理岩的试验结果，提出双线性弹性-线性软化-残余理想塑性四线性模型等。为了简便，这些模型一般将应变硬化软化演化规律考虑为线性形式，实际计算误差较大。

在剪胀方面，由于目前对岩石材料的剪胀机制研究不是很透彻，剪胀角的处理常采用下述三种方法：① 采用关联流动法则，即假定剪胀角 ψ 等于其内摩擦角 ϕ；② 采用 $\psi=0^\circ$ 的非关联流动法则 [12]；③ 拟合试验结果得到剪胀角与应力和塑性

应变的关系 [12,13]。另外，殷有泉等 [14] 从 Il′iushin 公设出发，建立了弹塑性耦合情况下的广义正交法则，从理论上给出了剪胀和弹塑性耦合的关系。

本节将主要介绍作者课题组基于锦屏大理岩 T_{2b} 和 T_{2y}^6 试验结果，以及基于该试验结果而开展的硬岩弹塑性耦合力学模型研究成果。

4.1.1 不同围压下两种大理岩的试验结果

锦屏二级水电站引水隧洞的 T_{2y}^6 和 T_{2b} 两种大理岩均是在中国科学院武汉岩土力学研究所的 MTS815.03 型压力试验机上进行的循环加卸载试验，下面先简要介绍这两种大理岩的循环加卸载试验结果。

1. T_{2y}^6 大理岩常规及循环加卸载试验

首先进行了 T_{2y}^6 大理岩的常规三轴压缩试验，试验结果如图 4.1 所示。

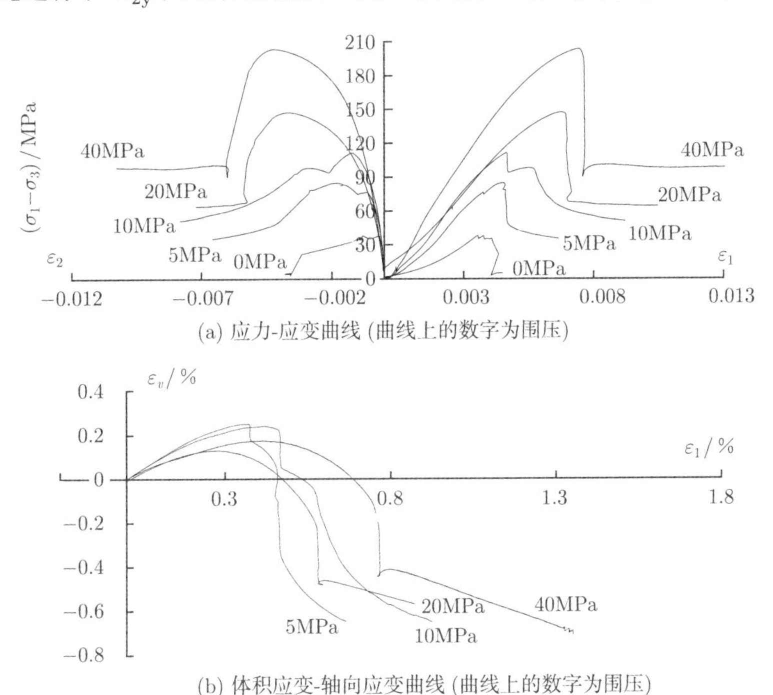

(a) 应力-应变曲线 (曲线上的数字为围压)

(b) 体积应变-轴向应变曲线 (曲线上的数字为围压)

图 4.1 不同围压下 T_{2y}^6 大理岩常规三轴试验曲线

T_{2y}^6 大理岩的常规试验的应力-应变曲线如图 4.1 所示。由图可以看出，T_{2y}^6 大理岩在不同围压下 (试验围压范围) 均表现为明显的脆性性质，如在 40MPa 围压下仍然表现为脆性破坏。同时，随着围压的升高，岩石的弹性模量逐渐增加，岩样体积收缩量逐渐减小。

T_{2y}^6 大理岩不同围压下的峰前和峰后循环加卸载试验曲线如图 4.2 所示：

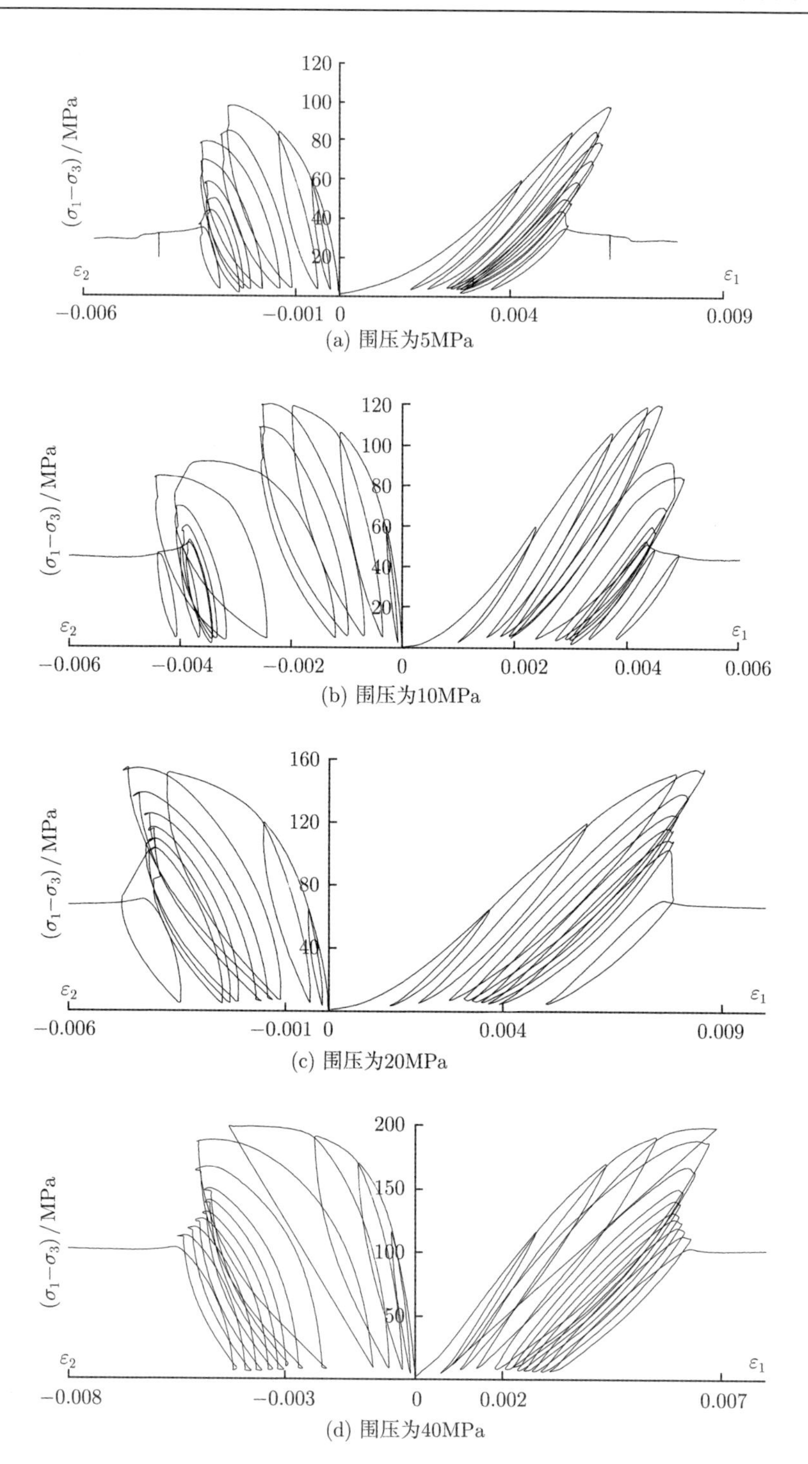

图 4.2　不同围压下 T_{2y}^{6} 大理岩的加卸载应力-应变曲线图

由图 4.2 可以看出，不同围压下 (试验围压范围)T_{2y}^6 大理岩的峰前和峰后循环加卸载试验曲线在第一个循环时均存在明显的初始压密段，而在后续的循环中，初始压密现象不显著，分析认为此现象可能由两部分原因造成：① 由于试件端部的加工存在误差，在第一个循环加压时引起了压头的调整，故可能形成压密现象；② 岩样本身可能存在细微裂缝 (因地质作用或采样加工过程导致)，初次加载时岩样内部的细微裂缝出现闭合形成压密现象。循环加卸载作用下，岩石仍表现为脆性破坏，加卸载曲线的包络线 (图 4.2) 与图 4.1 中的常规试验比较接近，可以认为两种加载方式下岩样的变形破坏机制是基本一致的。另外，随着围压的升高，岩样的峰值强度与残余强度均明显增加，如围压为5MPa时，岩样峰值强度为103.3MPa左右，残余强度为 34.2MPa 左右；而围压升为 40MPa 时，岩样峰值强度增加为 239MPa 左右，残余强度亦升为 142.5MPa 左右。

2. T_{2b} 大理岩常规及循环加卸载试验

采用与 T_{2y}^6 相同的方法，首先对 T_{2b} 大理岩进行了常规的三轴压缩试验，然后再进行不同围压下的峰前和峰后循环加卸载试验。

T_{2b} 大理岩的常规试验的应力-应变曲线如图 4.3 所示。由图可见，T_{2b} 大理岩在不同围压下 (试验围压范围) 的力学性质并不完全一样，其破坏形态受围压的影响较为显著，低围压条件下岩样明显为脆性破坏；随着围压的升高，岩样逐渐表现为延性破坏的性质。同时，随着围压的升高，岩石的弹性模量也呈现逐渐增大趋

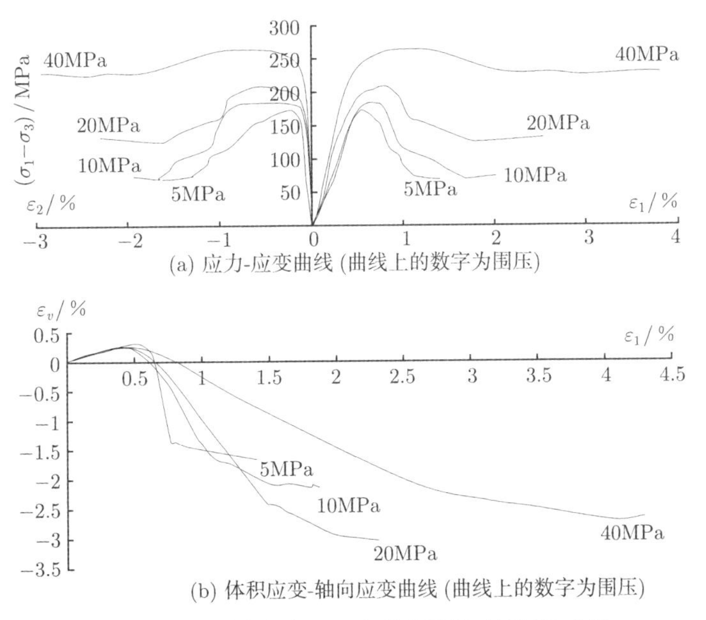

图 4.3　不同围压下 T_{2b} 大理岩常规三轴试验曲线

势，岩样体积收缩量也逐渐减小。另外，围压越小，岩样的体积应变-轴向应变曲线变化越陡峭；围压越大，体积应变-轴向应变曲线变化越平缓。

T_{2b} 大理岩不同围压下的峰前和峰后循环加卸载试验曲线如图 4.4 所示。由图 4.4 可以看出，不同围压下(试验围压范围)T_{2b}大理岩的峰前和峰后循环加卸载

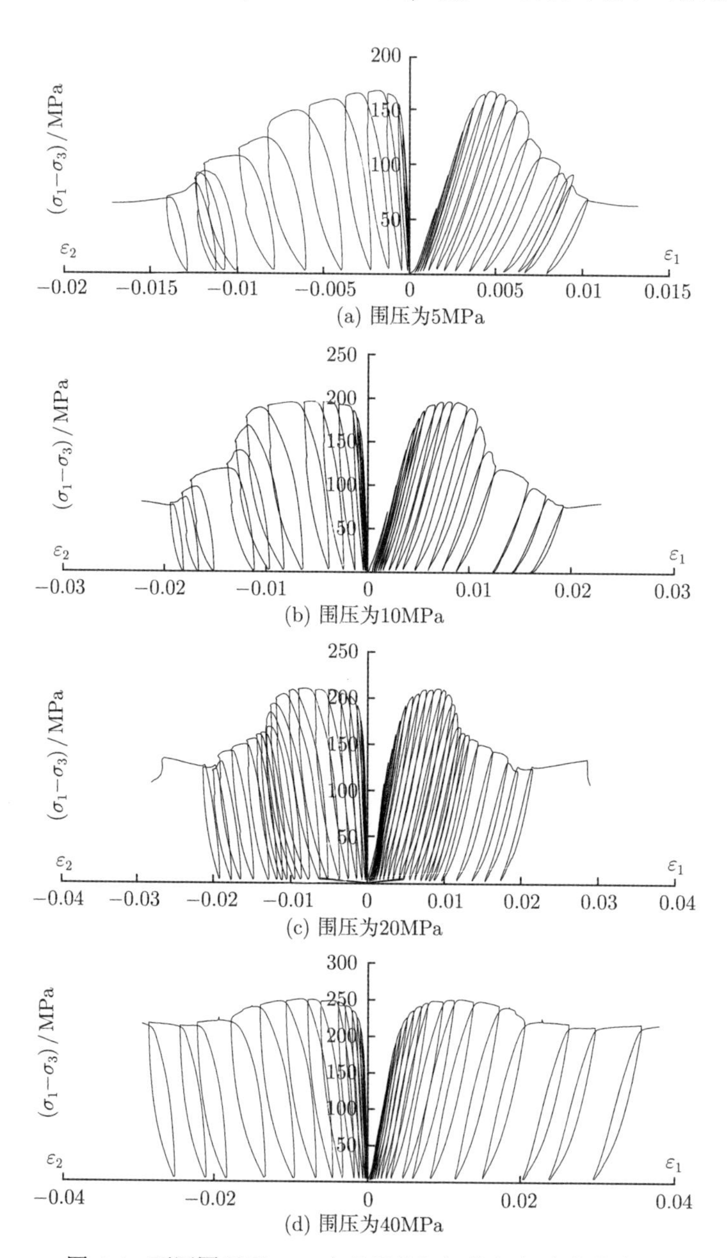

图 4.4　不同围压下 T_{2b} 大理岩的加卸载应力-应变曲线图

试验曲线在第一个循环时与上述类似，也出现了压密现象。循环加卸载作用下，岩石的力学性质受围压的影响较为显著，低围压条件下岩样以脆性破坏为主；随着围压的升高，岩样破坏形态逐渐转换为延性破坏。另外，随着围压的升高，岩样的峰值强度与残余强度均明显增大，如围压为 5MPa 时，岩样峰值强度为 174MPa 左右，残余强度为 70.6MPa 左右；而围压升为 40MPa 时，岩样峰值强度增加为 264.7MPa 左右，残余强度亦升为 230.5MPa 左右。另外，对比可知，加卸载曲线的包络线 (图 4.4) 与常规三轴压缩试验曲线 (图 4.3) 比较接近，即可以认为两种加载方式下，无论是应力-应变曲线还是变形破坏机制，都是基本一致的。

4.1.2 考虑围压效应的大理岩力学模型的建立

本节将以作者课题组已有的试验成果 —— 锦屏二级水电站引水隧洞的两种大理岩循环加卸载试验结果 [3] 为基础，从以下三个方面进行研究：大理岩弹性参数的围压效应、硬化软化性质以及剪胀特性的围压效应，从而建立能反映围压效应的大理岩弹塑性耦合力学模型。

1. 初始屈服位置的选取

初始屈服是经典弹塑性本构框架的核心概念之一，它标志着材料从弹性向塑性的过渡 [15]。郑颖人等 [16] 认为岩土介质与金属材料一样也存在初始屈服。但相对于金属材料，岩土介质初始屈服点的选取就复杂得多。过镇海和时旭东 [17] 认为对于混凝土和岩土类材料，初始屈服点至今尚无统一认可的定值方法，目前确定初始屈服点主要为两种方法：一是能量等值法，即用面积相等的二折线代替原来的本构曲线；二是几何作图法。但这两种方法与塑性变形之间的关系缺乏明确的物理意义。严格而言，只有在加载过程中点点卸载，分离出每一点处的塑性应变，才能据此判断该点是否为初始屈服点，然而这在实践上几乎是不可能的。事实上，在许多岩土材料塑性阶段的试验分析中，其初始屈服点是根据经验判定的，目前有学者假定强度峰值点近似为初始屈服位置，这种取法虽然简单，便于工程应用，但也略显粗糙，致使计算精度不高。鉴于此，白冰等 [18] 将弹塑性理论中塑性应变路径相关硬化参量的计算和材料初始屈服的概念结合起来，提出了一个确定应力-应变曲线初始屈服点的新方法，但应用较为复杂。黄书岭 [19] 建议初始屈服点一般取环向变形的明显转弯点，如果环向变形的转弯点不明显，则可人为设定某个塑性应变对应的位置为初始屈服点。张凯等 [3] 则以体积应变出现转弯时的应力为初始屈服应力。结合 Martin 等的研究成果 [20]，此处也采取体积应变出现转弯时的应力为初始屈服应力的取法。考虑到文献 [3] 的取法在实际操作时带有较大的主观性和随意性，为此，规定取偏应力-体积应变曲线加载段体积应变达到最大值处为初始屈服位置。在循环加卸载试验中，后续屈服点的选取方法与初始屈服类似 (图 4.5)。

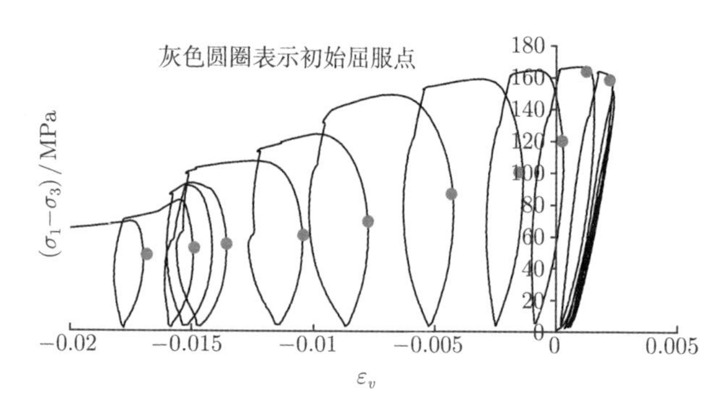

图 4.5　循环加卸载试验中屈服位置选取示意图

另外，对初始屈服点分别取在体积拐点处与强度峰值处的两种情况进行了对比分析 (图 4.6)。由图 4.6 可知，当初始屈服点取在体积应变拐点处时，由此位置之前的岩样加卸载曲线可以看出，岩石的力学性质变化不大，故可近似为弹性；而当初始屈服点取在峰值点附近时，可以看出岩石的力学性质显著变化，已呈现明显的非线性，此时若再将此点之前的应力-应变关系视为线弹性，显然已不恰当。黄伟等 [21] 也通过对岩石试样在高围压下的卸荷试验研究建议将初始扩容点即最大压缩体应变对应的变形模量作为弹性阶段的弹性模量。至于将初始屈服点取在该位置的具体物理意义和力学机制，还有待进一步研究。

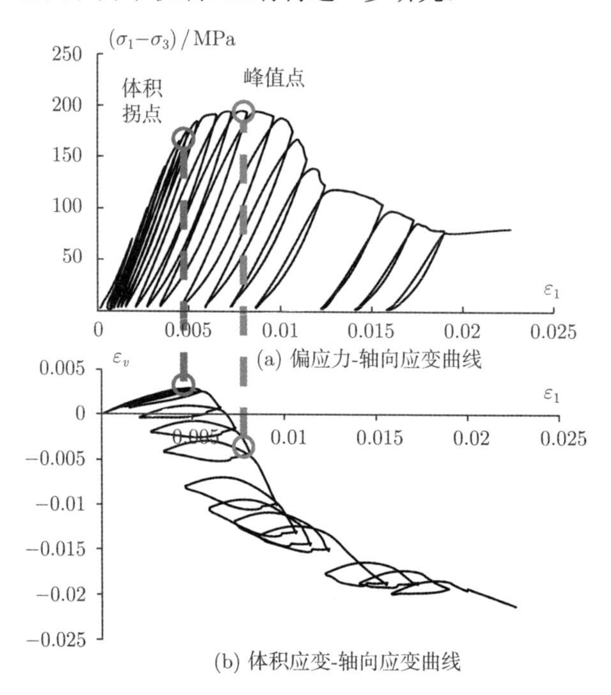

(a) 偏应力-轴向应变曲线

(b) 体积应变-轴向应变曲线

图 4.6　初始屈服点两种不同选取方法的对比示意图

2. 内变量的定义

为了研究不同围压下大理岩弹塑性耦合的演化规律，采用如下考虑围压影响的内变量 κ 定义方法，即

$$\kappa = \int \mathrm{d}\kappa, \quad \mathrm{d}\kappa = \frac{\sqrt{\dfrac{2}{3} de_{ij}^{p} : de_{ij}^{p}}}{f\left(P_c/\sigma_c\right)} \tag{4.1}$$

式中，de_{ij}^{p} 为塑性应变偏张量；$f(P_c/\sigma_c)$ 为围压 P_c 的函数，引入单轴抗压强度 σ_c 为了无量纲化，为了简化，取线性方程的形式 [3]

$$f\left(P_c/\sigma_c\right) = A_1\left(P_c/\sigma_c\right) + A_2 \tag{4.2}$$

式中，A_1 和 A_2 均为待定参数。

3. 弹性参数的演化规律研究

对于循环加卸载试验，一般在求解弹性参数时可将每个循环看作一个独立的试验，弹性模量按平均模量的选取方法来取定，即根据应力-应变加载曲线的线性段求得弹性参数 [22]。图 4.7 为两种大理岩的弹性参数在不同围压下随内变量κ的变化曲线。

由图 4.7(a) 和 (b) 可知，两种大理岩的弹性模量随围压的升高而增大，随内变量的增大而降低。以T_{2b}大理岩为例，屈服前的弹性模量E由 41.59GPa (围压为 5MPa) 随着围压的升高增大到 63.02GPa (围压为 40MPa)；在围压为 10MPa 时的弹性模量 E 由屈服前的 48.36GPa (κ=0) 随着内变量κ的增加逐渐降低为 30.44GPa (κ=1)。由此可见，围压和内变量均对弹性模量 E 有显著影响，必须同时考虑二者对弹性模量的影响。

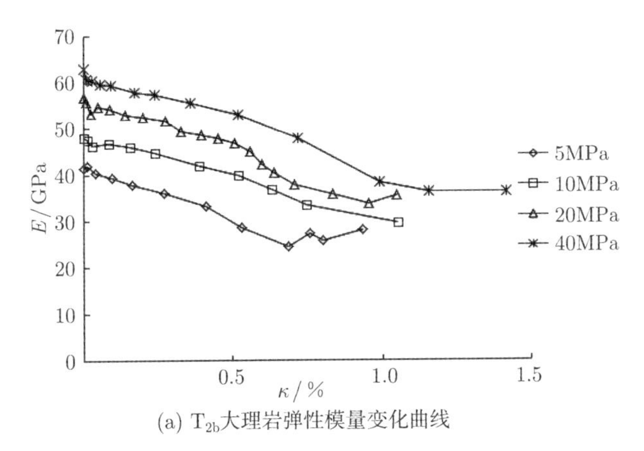

(a) T_{2b}大理岩弹性模量变化曲线

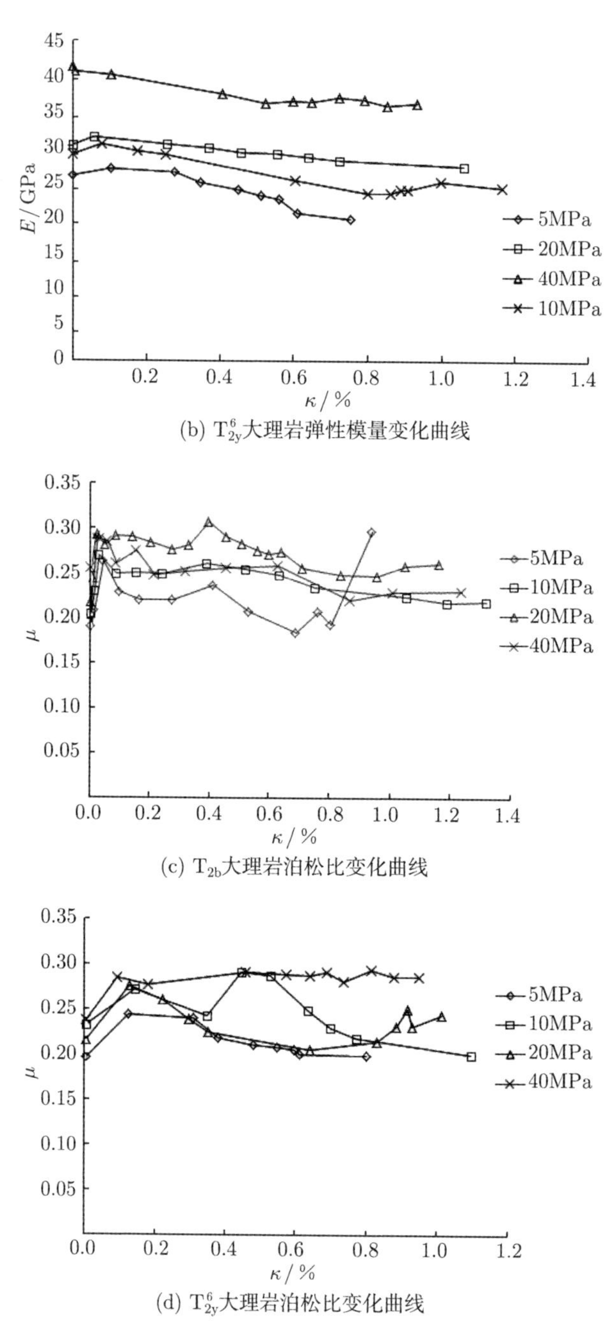

(b) T_{2y}^{6}大理岩弹性模量变化曲线

(c) T_{2b}大理岩泊松比变化曲线

(d) T_{2y}^{6}大理岩泊松比变化曲线

图 4.7　不同围压下弹性参数与内变量的关系

泊松比 μ (图 4.7(c) 和 (d)) 随围压的变化不是很明显。同样，以 T_{2b} 大理岩为例，在内变量 $\kappa=0$ 时，各围压下的泊松比分别为：0.198 (5MPa)、0.234 (10MPa)、

0.217 (20MPa)、0.239 (40MPa)，可见随着围压的变化，泊松比μ的规律性并不明显。而随内变量κ的增加，泊松比μ呈现先增加后下降的规律，其变化趋势比较平缓，两种大理岩的泊松比大致分布在 0.2~0.3 的范围内。

由上述试验结果 (图 4.7(a) 和 (b)) 可以看出，大理岩的弹性模量 E 不仅随塑性变形而变化，还与围压有关。尤明庆 [245] 在研究围压对弹性模量的影响时认为，对含有分布裂隙的岩样，平均模量随围压而增大，但增大趋势将逐步变缓，并提出了弹性模量 E 随围压 P_c 按如下规律变化

$$E(P_c) = E_0 - (E_0 - E_a)\exp\left(-\frac{P_c}{Q}\right) \tag{4.3}$$

式中，E_0 是弹性模量的极限值；E_a 相当于单轴压缩时的弹性模量；Q 是一个与岩石黏聚力、内摩擦系数有关的参数。

为了更清晰地分析弹性模量 E 的变化规律，本章在式 (4.1) 定义的内变量基础上，基于线性插值，得到了不同内变量下的弹性模量随围压的变化曲线。以 T_{2b} 为例 (图 4.8)，在固定内变量时，弹性模量随围压的变化规律基本符合式 (4.3) 的指数关系，且内变量取不同值时，弹性模量随围压的变化规律基本相似。

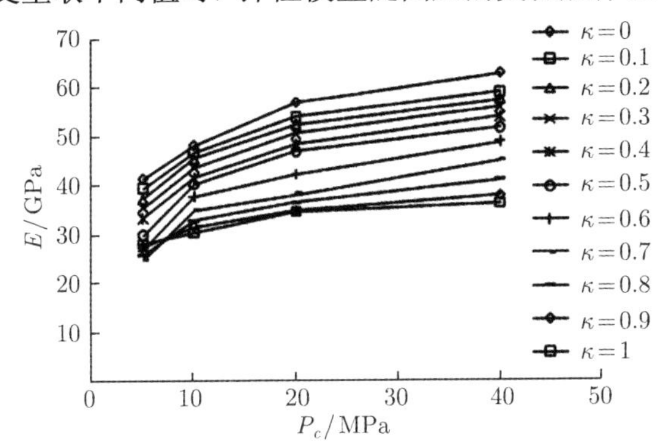

图 4.8 不同内变量下 T_{2b} 大理岩弹性模量与围压的关系

同时，分析不同围压下两种锦屏大理岩弹性模量随内变量 κ 的变化曲线 (图 4.7(a) 和 (b)) 发现：不同围压下弹性模量随内变量κ的变化规律也较为相似。由此可以看出，弹性模量的两个影响因素 (围压和内变量) 相互耦合程度并不是很高。鉴于此，本节提出弹性模量 E 随围压 P_c 和内变量κ的变化规律为

$$E(P_c, \kappa) = f(P_c)g(\kappa) \tag{4.4}$$

式中

$$f(P_c) = A_1\exp\left(-\frac{P_c}{A_2}\right) + A_3 \tag{4.5}$$

$g(\kappa)$ 在 $\kappa \leqslant 1$ 时为关于κ的多项式，为简单起见，一般取三次方以内；在$\kappa > 1$ 时，令 $g(\kappa)$ 等于 $g(1)$。

下面分别取 $g(\kappa)$ 为一次、二次和三次多项式对两种大理岩的试验结果进行了拟合比较 (表 4.1)。

表 4.1 不同多项式下弹性模量拟合结果的对比

大理岩	函数 $g(\kappa)$	相关系数 R
T_{2b}	三次多项式	0.98928
	二次多项式	0.98764
	一次多项式	0.98761
T_{2y}^6	三次多项式	0.97627
	二次多项式	0.97465
	一次多项式	0.97422

由表 4.1 可看出，两种大理岩分别在三种不同的多项式拟合下，其相关系数差别不大，为简单起见，此处 $g(\kappa)$ 采用一次多项式，即

$$E(P_c,\kappa)=\left[A_1\exp\left(-\frac{P_c}{A_2}\right)+A_3\right](B_1\kappa+B_2)\quad(\kappa\leqslant 1)\tag{4.6}$$

式中，A_1、A_2、A_3 与 B_1、B_2 均为试验拟合参数，对两种大理岩的试验拟合值见表 4.2。以 T_{2b} 为例，给出弹性模量 E 随围压和内变量的试验和拟合曲面 (图 4.9)。

表 4.2 两种大理岩弹性模量的拟合参数

大理岩	T_{2b}	T_{2y}^6
A_1	−5.55356	−18.27066
A_2	11.42993	760.90390
A_3	9.76565	19.52507
B_1	−2.70260	−3.41332
B_2	6.55646	18.86032

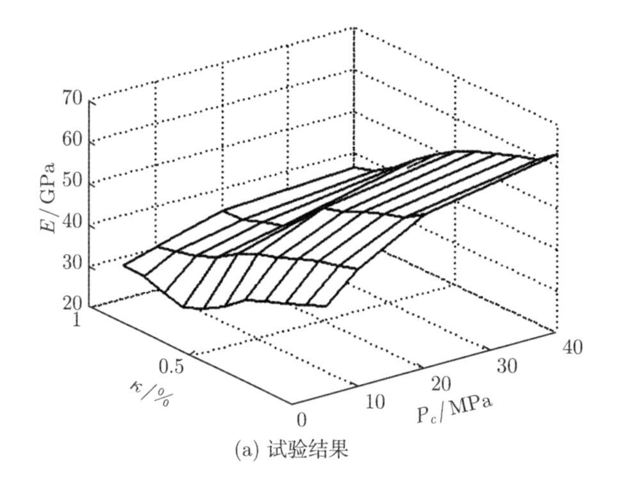

(a) 试验结果

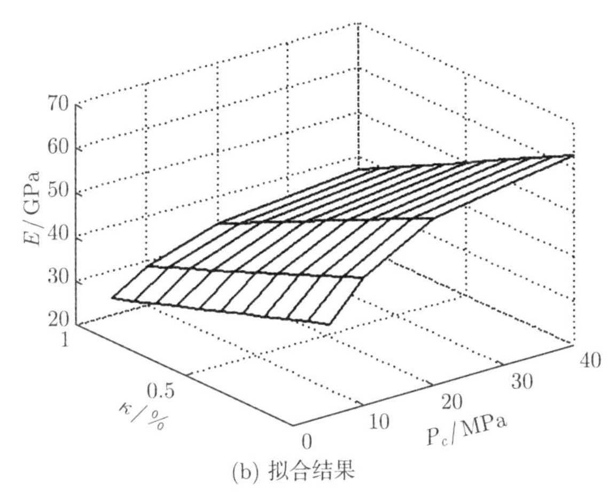

(b) 拟合结果

图 4.9 T_{2b} 大理岩弹性模量的试验与拟合结果对比

由两种大理岩泊松比μ的试验结果 (图 4.7(c) 和 (d)) 可知，泊松比μ随围压和内变量的变化规律不明显。因此，研究弹塑性耦合时，可主要考虑弹性模量 E 的影响。此处，假定泊松比μ仅随内变量而变化 (散点图见图 4.10)。

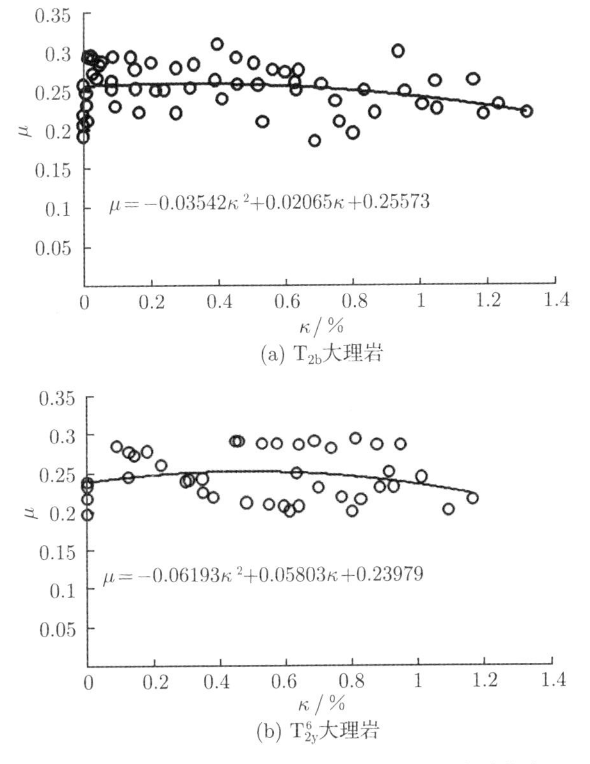

(a) T_{2b}大理岩

(b) T_{2y}^{6}大理岩

图 4.10 两种大理岩泊松比与内变量的关系曲线

4. 强度参数演化规律

对岩土材料强度的研究，国内外众多学者提出不下百种强度准则 [23−24]，其中，基于 Mohr-Coulomb 准则的工程应用最为广泛，其表达式为

$$\tau = c + \mu\sigma_n \tag{4.7}$$

式中，c 和 μ 分别为黏聚力和内摩擦系数。

式 (4.7)在主应力空间表示为

$$\sigma_1 = \frac{2c\cos\varphi}{1-\sin\varphi} + \frac{1+\sin\varphi}{1-\sin\varphi}\sigma_3 \tag{4.8}$$

式中，φ 为内摩擦角。

将两种大理岩屈服应力σ_1 与最小主应力σ_3 的关系绘于图 4.11 中，可见在试验的围压范围内，两种大理岩仍近似符合 Mohr-Coulomb 准则。

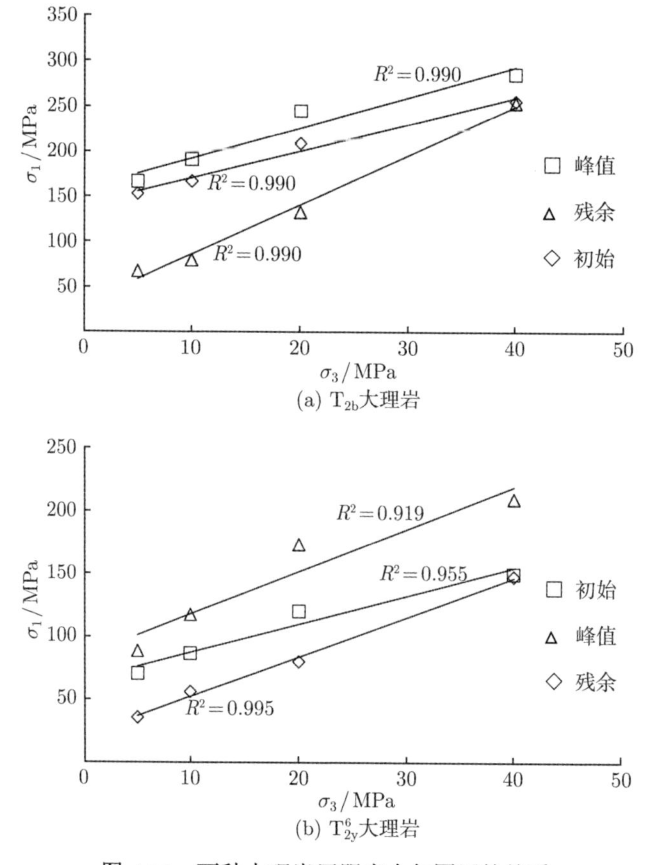

图 4.11 两种大理岩屈服应力与围压的关系

强度参数按照下面方法进行计算：首先计算循环加卸载试验中对应屈服点的内变量值，然后找出不同围压下内变量较为接近的位置，并将其选定为标准内变量值，再基于线性插值求得在该标准内变量值处不同围压下的屈服强度，从而可根据 Mohr-Coulomb 屈服准则 (式 (4.8))拟合得到两种大理岩的黏聚力和内摩擦角。由 T_{2b} 和 T_{2y}^6 大理岩的试验结果 (图 4.12) 可知：岩石的内摩擦角随着内变量的增大

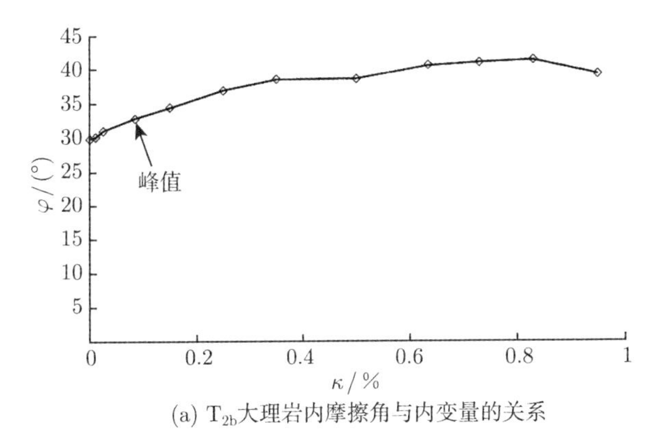

(a) T_{2b}大理岩内摩擦角与内变量的关系

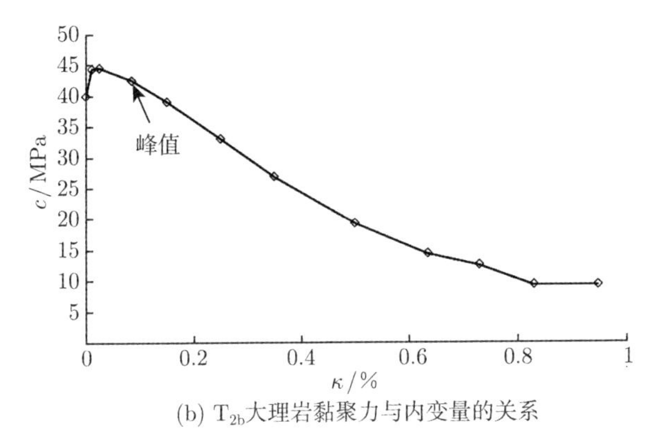

(b) T_{2b}大理岩黏聚力与内变量的关系

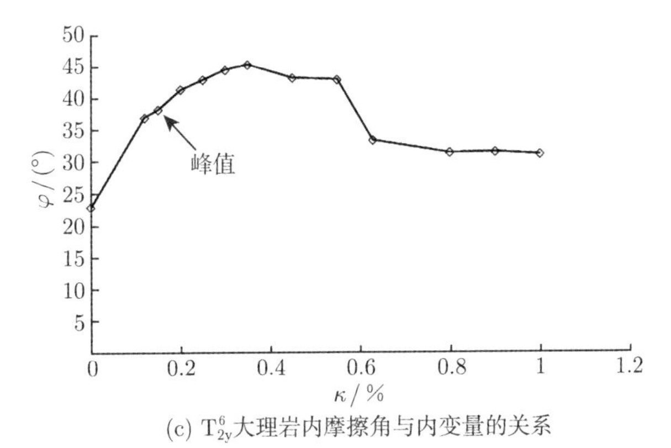

(c) T_{2y}^6大理岩内摩擦角与内变量的关系

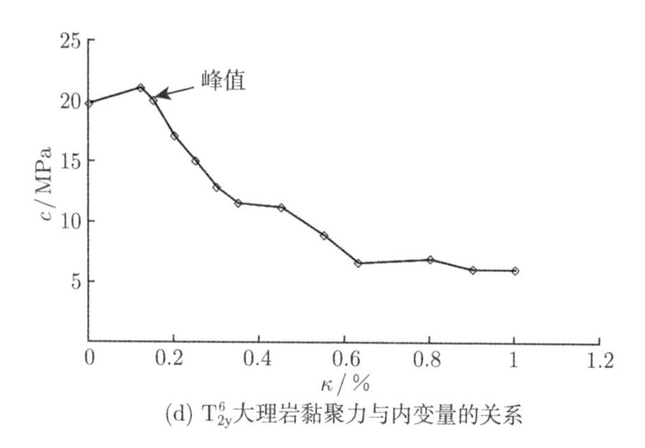

(d) T_{2y}^{6}大理岩黏聚力与内变量的关系

图 4.12　两种大理岩强度参数与内变量的关系

而增大，且开始时增加速度较快，一般在内变量 κ=0.6~0.8 附近达到最终值。对于 T_{2y}^{6} 大理岩 (图 4.12(c))，内摩擦角在应力峰值附近为最大值，随后有所下降。可能原因是在峰值强度附近形成了互锁结构 [25,26]，使岩样的强度会有所增加。从工程安全的角度，可不考虑该部分增加的强度，即当计算的内摩擦角大于残余内摩擦角时，按残余内摩擦角计算 [1]。

两种大理岩的黏聚力随内变量增大先小段增大，然后持续下降。根据试验结果 (图 4.12(b) 和 (d)) 可将黏聚力随内变量的变化规律分为四个阶段：第一阶段为小幅上升段，从初始屈服 (κ=0) 至内变量κ=0.1 左右；第二阶段为缓慢下降段，从内变量κ=0.1 左右至峰值强度 (κ=0.15 左右)，此时岩石内部裂隙处于稳定扩展期；第三阶段为快速下降段，岩石内部裂隙进入失稳扩展阶段，同时裂隙之间逐渐贯通并最终形成破裂面；第四阶段为残余段 (κ=0.8 左右)，岩石出现宏观破裂面。将强度参数随内变量κ的变化曲线与文献 [3] 得到的曲线 (图 4.13)相比 (限于篇幅仅给出了 T_{2b} 大理岩的结果)，两者基本一致，本书的分析结果仅是在曲线的开始阶段多了一个上升段，这是由于对初始屈服位置的选择不同而造成的，至于出现此现象的具体机制还有待进一步研究。

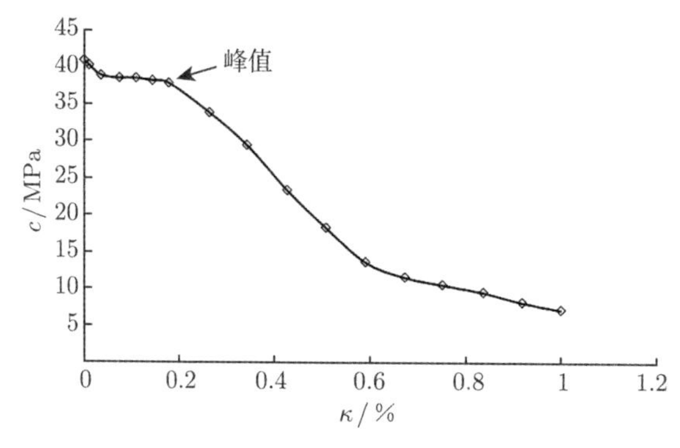

图 4.13　T_{2b} 大理岩黏聚力与内变量的关系 [3]

在应变硬化软化规律研究方面，周辉等 [1] 通过借鉴 Hajiabdolmajid 所提 CWFS 模型的基本思想，提出了强度参数与内变量有如图 4.14 所示分段线性关系。

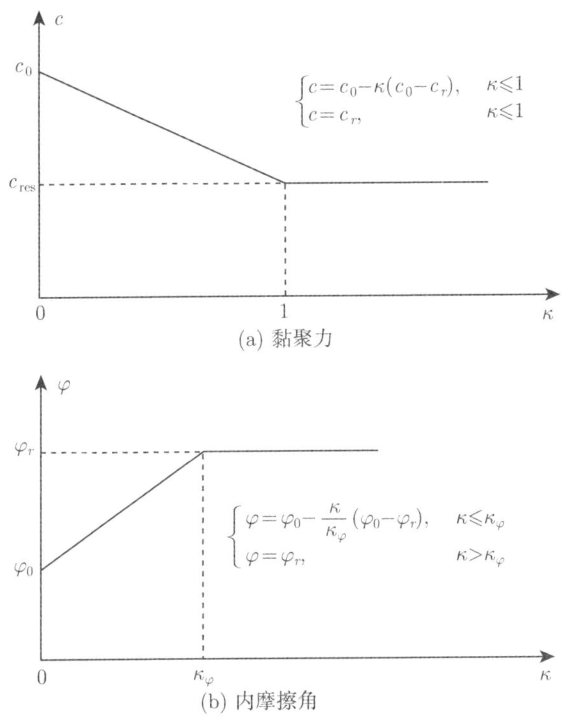

(a) 黏聚力

(b) 内摩擦角

图 4.14　黏聚力和内摩擦角与内变量的关系示意图 [1]

为使强度参数演化规律与试验结果更吻合，本章在上述研究的基础上进行了改进，即利用抛物线对上述关系进行圆滑处理。由于取体积应变最大值处为初始屈服位置，得到的黏聚力与内变量的变化曲线在刚开始出现了一个上升段，但此现象的具体机制还不清楚，且对于其他岩石是否有类似规律亦待进一步验证。鉴于此，此处研究大理岩的强度参数与内变量的关系时将该上升段略去 (图 4.15)，即将黏聚力峰值点设定为初始黏聚力 (图 4.12)，该位置对应的内摩擦角设定为初始内摩擦角。

具体公式如下：

$$\varphi(\kappa)=\begin{cases} a_1\kappa^2+b_1\kappa+c_1, & \kappa\leqslant\kappa_{r\varphi} \\ \varphi_r, & \kappa>\kappa_{r\varphi} \end{cases} \tag{4.9}$$

$$c(\kappa)=\begin{cases} a_2\kappa^2+b_2\kappa+c_2, & \kappa\leqslant\kappa_i \\ a_3\kappa^2+b_3\kappa+c_3, & \kappa_i<\kappa\leqslant\kappa_r \\ c_r, & \kappa_{rc}<\kappa \end{cases} \tag{4.10}$$

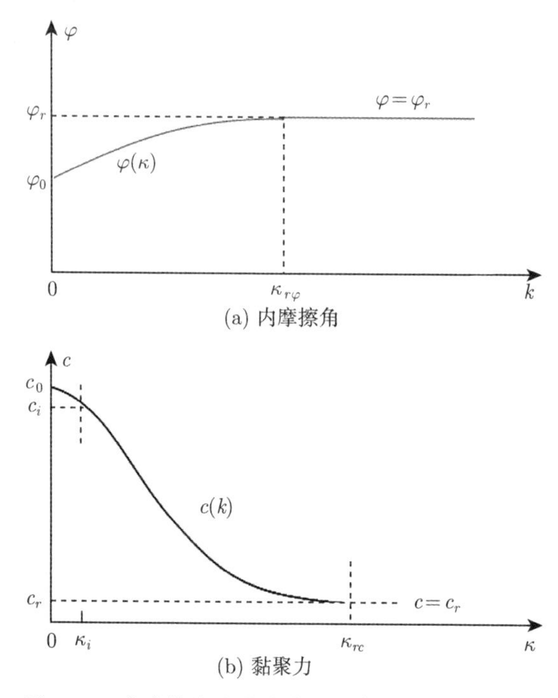

(a) 内摩擦角

(b) 黏聚力

图 4.15　内摩擦角和黏聚力与内变量的关系示意图

式中，a_i，b_i，c_i $(i = 1 \sim 3)$ 均为待定参数，其计算公式见表 4.3；φ_0、c_0 为初始内摩擦角和黏聚力；φ_r、c_r 为残余内摩擦角和黏聚力；$\kappa_{r\varphi}$、κ_{rc} 分别为相应强度参数进入残余阶段时对应的内变量值；c_i 为在岩石强度达到峰值时的黏聚力值，κ_i 为该处对应的内变量值 (图 4.15)。

表 4.3　应变硬化软化规律中各参数计算公式

i	a_i	b_i	c_i
1	$(\varphi_0-\varphi_r)/\kappa_{r\varphi}^2$	$2(\varphi_r-\varphi_0)/\kappa_{r\varphi}$	φ_0
2	$(c_i-c_0)/\kappa_i^2$	0	c_0
3	$(c_i-c_r)/(\kappa_i-\kappa_{rc})^2$	$2\kappa_{rc}(c_r-c_i)/(\kappa_i-\kappa_{rc})^2$	$\kappa_{rc}^2(c_i-c_r)/(\kappa_i-\kappa_{rc})^2+c_r$

5. 剪胀角演化规律

在岩石剪胀的研究中，Hansen[27] 首先提出剪胀角ψ的概念，表示塑性体积应变与剪切应变的比值，通过一个势函数 $g(\sigma)$ 和相应的流动法则来确定。Crouch[28] 首次使用的三轴压缩体积应变伺服测试系统为研究岩石扩容提供了有效的技术手段。Elliott 和 Brown[29] 认为岩石的塑性应变可通过循环荷载的方法获得，即利用加载-卸载环来区分试件变形过程中弹性和塑性应变组分。Vermeer 等 [30] 依据塑性理论，推出了剪胀角的计算公式。周辉等 [1] 基于 Mohr-Coulomb 屈服准则，同时考虑非关联流动法则，将屈服函数中的内摩擦角换成剪胀角，推出了考虑弹塑性耦合的不可逆应变增量对应的剪胀角计算公式。本节将参考该方法计算不可逆应变增量对应的剪胀角。

对于一个增量的屈服过程，应变增量$\mathrm{d}\varepsilon$视为由可逆部分$\mathrm{d}\varepsilon^r$ 和不可逆部分$\mathrm{d}\varepsilon^i$组成 [31]，即

$$\mathrm{d}\varepsilon = \mathrm{d}\varepsilon^r + \mathrm{d}\varepsilon^i \tag{4.11}$$

可逆部分是指在增量应力$\mathrm{d}\sigma$卸除后可以消失的那部分应变增量，可表示为

$$\mathrm{d}\varepsilon^r = C(P_c, \kappa)\mathrm{d}\sigma \tag{4.12}$$

式中，$C(P_c, \kappa)$ 为弹性柔度矩阵，在考虑围压效应和弹塑性耦合情况下，它是围压P_c 和内变量κ的函数。

不可逆应变增量可以看作是由塑性应变$\mathrm{d}\varepsilon^p$ 和耦合应变$\mathrm{d}\varepsilon^c$ 组成，即

$$\mathrm{d}\varepsilon^i = \mathrm{d}\varepsilon^p + \mathrm{d}\varepsilon^c \tag{4.13}$$

其中，塑性应变可通过卸除全部应力得到，耦合应变增量是因屈服导致弹性参数的变化而引起的，当围压为常数时，其表达式如下

$$\mathrm{d}\varepsilon^c = \sigma \frac{\partial C(P_c, \kappa)}{\partial \kappa}\mathrm{d}\kappa \tag{4.14}$$

在常规三轴试验中，第二主应力σ_2 和第三主应力σ_3 是相等的，其应力点在 Mohr-Coulomb 的 π 平面上相应位置如图 4.16 所示；而在子午平面上应力点位于 Mohr-Coulomb 屈服准则的棱线上，即两个平面的交线。在主应力空间中，这两个平面的方程为

$$\begin{cases} f_1 = \sigma_1 - \sigma_2 N_\varphi - 2c\sqrt{N_\varphi} \\ f_2 = \sigma_1 - \sigma_3 N_\varphi - 2c\sqrt{N_\varphi} \end{cases} \tag{4.15}$$

式中，N_φ 为内摩擦角φ的函数，且 $N_\varphi=(1+\sin\varphi)/(1-\sin\varphi)$。

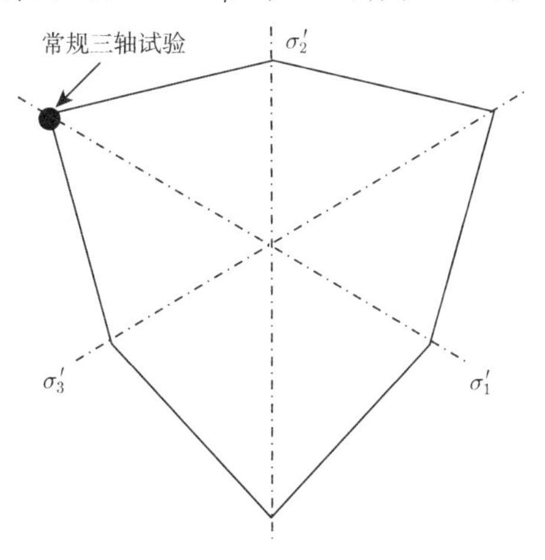

图 4.16 π 平面上常规三轴试验点对应位置

与式 (4.15) 对应的势函数可取为

$$\begin{cases} g_1 = \sigma_1 - \sigma_2 N_\psi - 2c\sqrt{N_\psi} \\ g_2 = \sigma_1 - \sigma_3 N_\psi - 2c\sqrt{N_\psi} \end{cases} \tag{4.16}$$

式中，N_ψ 为剪胀角ψ的函数，且 $N_\psi = (1+\sin\psi)/(1-\sin\psi)$。

由塑性增量理论可计算得到不可逆应变增量为

$$\mathrm{d}\varepsilon^i = \mathrm{d}\lambda_1 \frac{\partial g_1}{\partial \sigma} + \mathrm{d}\lambda_2 \frac{\partial g_2}{\partial \sigma} \tag{4.17}$$

将式 (4.16) 代入式 (4.17) 计算得到不可逆应变增量的三个主值为

$$\begin{cases} \mathrm{d}\varepsilon_1^i = \mathrm{d}\lambda_1 + \mathrm{d}\lambda_2 \\ \mathrm{d}\varepsilon_2^i = -\mathrm{d}\lambda_1 N_\psi \\ \mathrm{d}\varepsilon_3^i = -\mathrm{d}\lambda_2 N_\psi \end{cases} \tag{4.18}$$

则不可逆体积应变增量为

$$\mathrm{d}\varepsilon_v^i = (\mathrm{d}\lambda_1 + \mathrm{d}\lambda_2)(1 - N_\psi) \tag{4.19}$$

由式 (4.18) 的第一式和式 (4.19)，可得不可逆应变增量对应的剪胀角计算公式为

$$\psi = \arcsin \frac{\mathrm{d}\varepsilon_v^i}{-2\mathrm{d}\varepsilon_1^i + \mathrm{d}\varepsilon_v^i} \tag{4.20}$$

为了利用式 (4.20) 计算不同内变量下的不可逆应变对应的剪胀角，需要计算不同内变量对应的增量 $\Delta\varepsilon_v^i$ 和 $(-2\Delta\varepsilon_1^i + \Delta\varepsilon_v^i)$。根据不可逆应变增量的组成 (式 4.13)，需要先求出塑性应变增量和耦合应变增量，最后可求得不可逆应变增量。

在循环加卸载试验中，一般认为每个循环结束时不可恢复的应变就是该循环对应的塑性应变 (全量)，则由试验结果可以拟合得到ε_v^p 和 $(-2\varepsilon_1^p+\varepsilon_v^p)$ 与内变量κ的关系如图 4.17 所示 (以 T_{2b} 大理岩 (5MPa) 为例)，并对拟合得到的公式分别进行微分，然后假定内变量的增量 $\Delta\kappa = 0.01\%$ 为增量标准值，由上述微分后的公式可分别求出不同内变量 κ 对应的 ε_v^p 和 $(-2\varepsilon_1^p + \varepsilon_v^p)$ 的增量，即 $\Delta\varepsilon_v^p$ 和 $(-2\Delta\varepsilon_1^p + \Delta\varepsilon_v^p)$。

求耦合应变增量时，考虑到在一个循环加卸载试验中围压为定值，即此时可仅考虑弹性参数与内变量κ的关系。故可参照求塑性应变增量的方法根据试验结果拟合出弹性参数与内变量κ的关系。其中，弹性模量与内变量κ的关系见式 (4.6)(P_c 取为相应试验围压值)；泊松比μ与内变量κ的关系见图 4.18 (以 T_{2b} 大理岩为例)。此时，仍假定内变量的增量 $\Delta\kappa$=0.01%为增量标准值，通过对上述拟合式微分，则可

求得不同内变量对应的弹性参数增量 ΔE 和 $\Delta\mu$，然后根据卸载时的主应力值，利用下式求得耦合应变增量

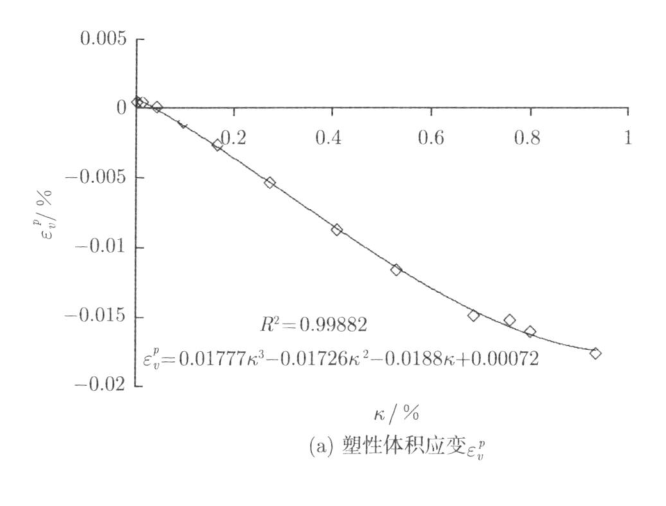

(a) 塑性体积应变ε_v^p

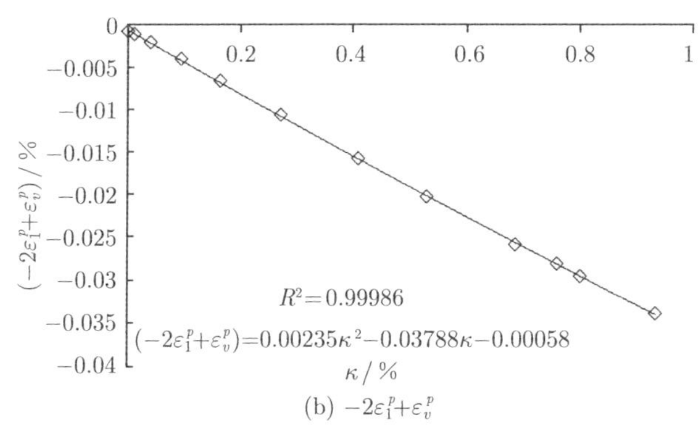

(b) $-2\varepsilon_1^p+\varepsilon_v^p$

图 4.17 应变组合与内变量的关系

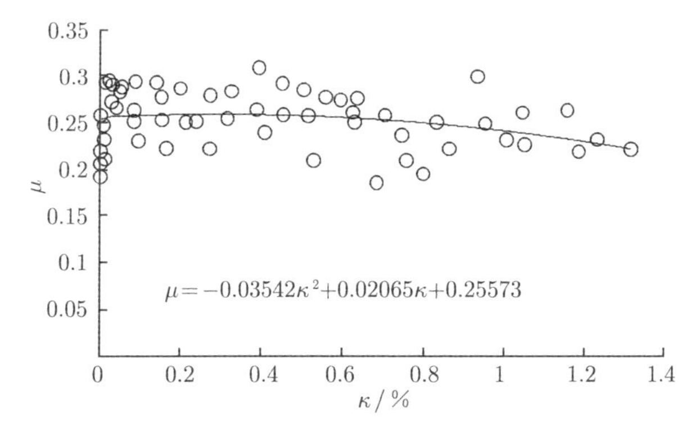

图 4.18 T_{2b} 大理岩泊松比与内变量的关系

$$\left.\begin{aligned}\Delta\varepsilon_1^c &= \frac{-\Delta E}{E^2}\sigma_1 - \frac{2(E\Delta\mu - \mu\Delta E)}{E^2}\sigma_3 \\ \Delta\varepsilon_2^c = \Delta\varepsilon_3^c &= \frac{-\Delta E}{E^2}\sigma_3 - \frac{E\Delta\mu - \mu\Delta E}{E^2}(\sigma_1 + \sigma_3)\end{aligned}\right\} \tag{4.21}$$

式 (4.21) 中忽略了高阶项，利用该式可求得 $\Delta\varepsilon_v^c$ 和 $(-2\Delta\varepsilon_1^c + \Delta\varepsilon_v^c)$，则不可逆应变增量对应的剪胀角计算式 (式 (4.20)) 可表示为

$$\psi = \arcsin\frac{\Delta\varepsilon_v^c + \Delta\varepsilon_v^p}{(-2\Delta\varepsilon_1^c + \Delta\varepsilon_v^c) + (-2\Delta\varepsilon_1^p + \Delta\varepsilon_v^p)} \tag{4.22}$$

由式 (4.22) 可以很方便地求得固定围压下不同内变量κ对应的剪胀角。

不同围压下两种大理岩的剪胀角随内变量的变化曲线如图 4.19 所示。由图 4.19(a) 可知：T_{2b} 大理岩的剪胀角随内变量的变化均呈先增大后减小的趋势，且受围压影响较大，围压越低，曲线变化越陡，即剪胀角先快速增大，到达峰值后又迅速降低；围压越高，曲线变化越缓；同时围压越高，对岩石剪胀特性的抑制作用也越明显，例如围压为 40MPa 时，计算得到的剪胀角明显小于相应的内摩擦角。另外，T_{2b} 大理岩在峰值 (κ=0.6 左右) 前的阶段，不可逆应变增量对应的剪胀角与内摩擦角较为接近，即近似符合广义正交流动法则，但在峰值之后，T_{2b} 大理岩的剪胀性质逐渐减弱，正交流动法则和广义正交流动法则都不再成立。观察到围压为 5MPa 时，计算得到的剪胀角 ψ 在峰值前大于内摩擦角φ，但根据塑性理论，在岩土材料发生塑性变形时，如果 $\psi \geqslant \varphi$，则意味着没有能量的耗散，而对于实际的加载或卸载循环，耗散的能量应为非负，否则材料将产生能量 [30]。鉴于此，此处设定 $\psi \leqslant \varphi$，即当计算得到的剪胀角 ψ 大于内摩擦角 φ 时，取 $\psi = \varphi$。因 T_{2y}^6 大理岩岩样的离散性较大，其剪胀角的规律性要差一些，但其变化趋势基本一致 (图 4.19(b))。

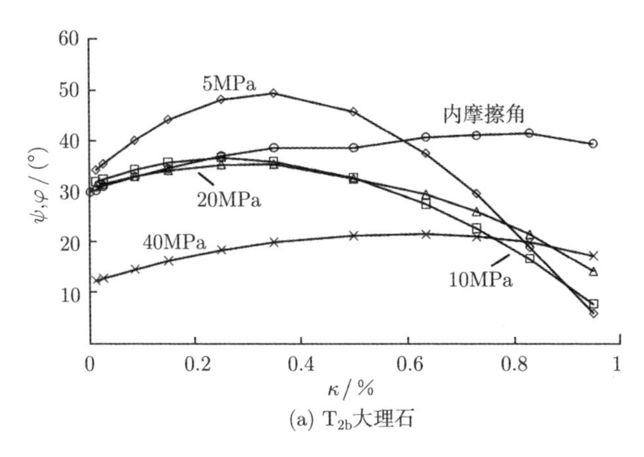

(a) T_{2b}大理石

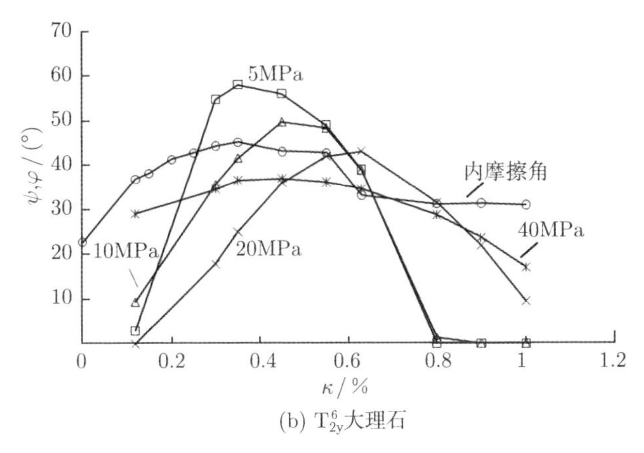

(b) T_{2y}^{6}大理石

图 4.19 不同围压下两种大理岩剪胀角与内摩擦角的对比

两种大理岩剪胀角随围压和内变量的上述变化规律可通过示意图 4.20 来解释：当岩石初始屈服后，随着裂隙的产生和扩展，剪胀角会出现逐渐增大的现象 (图 4.20(b))，在到达峰值后，随着剪切滑移的继续，裂隙面的一些凸台尖端会被部分剪断或磨平 (图 4.20(c))，导致剪胀角减小。故随着内变量的增加，剪胀角出现先增大后减小的情况。另外，围压较低时，发生剪切滑移的裂隙面的上部凸台 (图 4.20(b)) 一般会沿着下部凸台斜面爬升；而当围压较高时，裂隙面上部凸台更容易从端部将下部凸台剪断 (图 4.20(e) 和 (f))，从而导致剪胀角随围压的升高而减小。

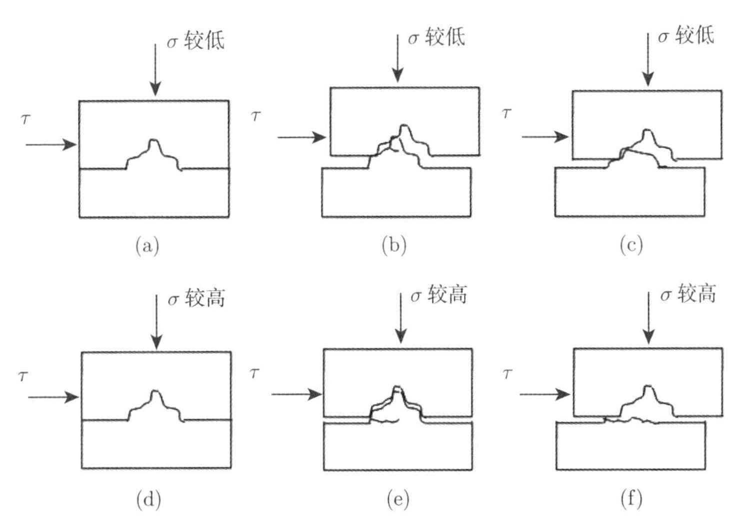

图 4.20 不同围压下的剪胀机制示意图

在上述分析基础上，利用最小二乘法对 T_{2b} 和 T_{2y}^6 大理岩剪胀角的试验结果进行拟合。考虑到围压为 5MPa 时，两种大理岩不可逆应变增量对应的剪胀角相对于内摩擦角大部分明显偏大 (这可能与 5MPa 围压时岩样的破坏形式及实验设备对环向应变的测定方式有关)，故在拟合时均未考虑此围压的情况。经拟合得到了描述剪胀角随围压和内变量变化规律的数学公式如下

$$\psi(P_c,\kappa) = A_1 + A_2 P_c^{A_3} + A_4 \kappa^{A_5} + A_6 P_c^{A_7} \kappa^{A_8} \tag{4.23}$$

式中，A_i $(i = 1 \sim 8)$ 均为试验拟合参数，两种大理岩的拟合值见表 4.4。另外，规定当计算得到 $\psi < 0$ 时，令 $\psi = 0$；$\psi > \phi$ 时，取 $\psi = \varphi$。图 4.21 为 T_{2b} 大理岩剪胀角 ψ 的试验结果与拟合结果的三维对比图。图 4.22 为 T_{2b} 大理岩不同围压下的拟合剪胀角 ψ 与内摩擦角的对比图。

表 4.4　两种大理岩剪胀角的拟合参数

大理岩	T_{2b}	T_{2y}^6
A_1	35.14194	253.92227
A_2	−0.00172	−190.45084
A_3	2.57211	0.02487
A_4	−46.21943	−4.12739
A_5	2.35681	−1.09203
A_6	2.2612	−2771.58687
A_7	0.82297	−1.39538
A_8	1.31246	4.92744
相关系数 R	0.99260	0.92808

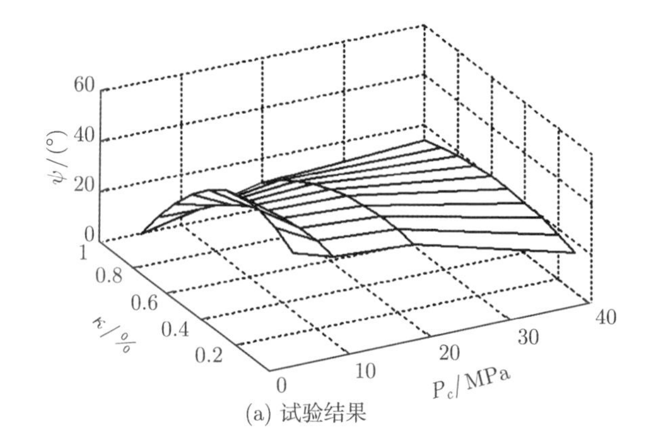

(a) 试验结果

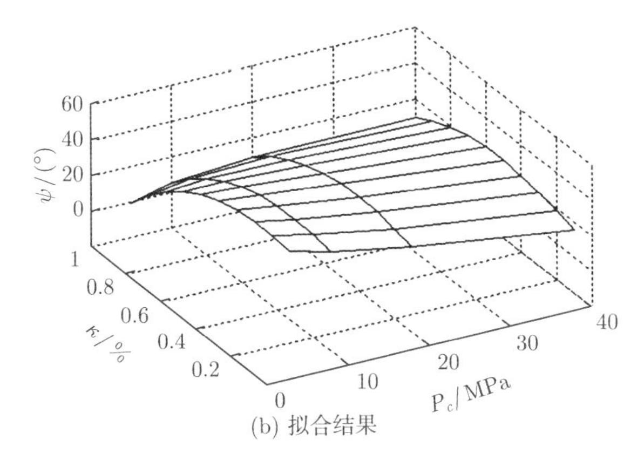

(b) 拟合结果

图 4.21 T_{2b} 大理岩剪胀角的试验与拟合结果对比

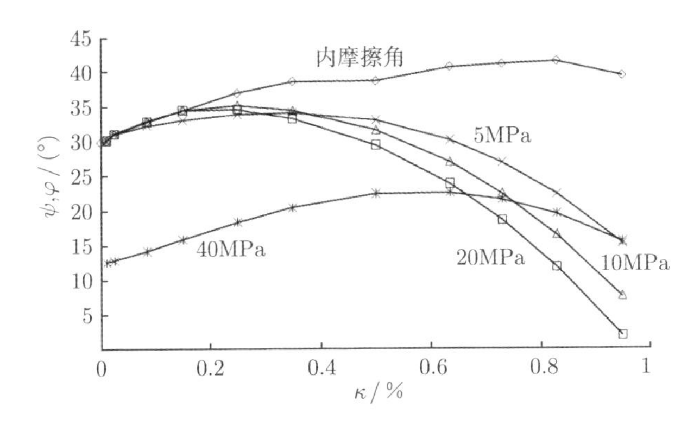

图 4.22 不同围压下 T_{2b} 大理岩拟合剪胀角与内摩擦角的对比

本节基于 T_{2b} 和 T_{2y}^6 两种大理岩的循环加卸载试验结果，建立了考虑围压效应的弹性参数演化、应变硬化软化和非关联流动的大理岩弹塑性耦合力学模型，其中涉及的各力学参数均可通过试验确定。但由于岩体中有结构面的存在，使得岩体与岩石的力学特性之间有很大的差异，若用室内岩样试验指标来直接代表天然岩体的力学性能进行工程计算，将会造成很大的误差 [32]。因此，在实际计算时，宜根据现场的实际测试数据反演模型中的参数 [1]。

4.1.3 力学模型的数值验证

1. 数值计算的实现

为验证力学模型的合理性，将上述力学模型嵌入广泛使用的岩土工程数值分析软件 FLAC^{3D} 进行数值实现。具体迭代过程见图 4.23 所示，对于每个应力增量

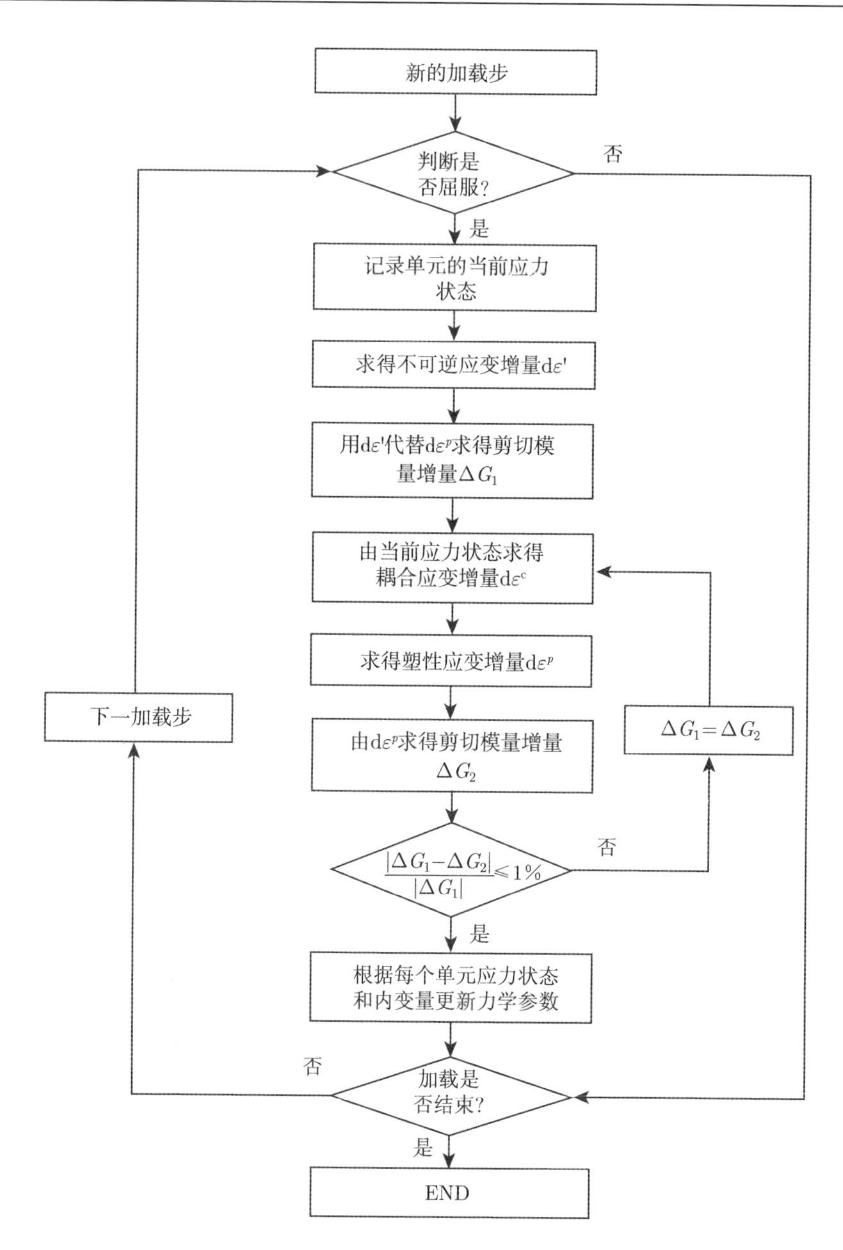

图 4.23　数值计算流程设计图

加载步，提出相应的迭代方法，以得到满足特定精度的近似解答。通过各个加载步的累加，可得到岩石单元的塑性应变、耦合应变和不可逆应变。需要说明的是，在弹塑性计算中，将载荷或位移分为若干增量进行施加，对于每个加载步，FLAC^{3D}中按照理想弹塑性模型进行计算，计算结束后通过更新弹性参数、强度参数和剪胀参数的值来考虑围压效应、弹塑性耦合和应变硬化软化，当加载步不大时，这种处理方法带来的误差很小。

2. 室内常规三轴和循环加卸载试验结果模拟算例验证

将上述模型在有限差分软件 $FLAC^{3D}$ 中进行数值实现后，对大理岩室内三轴压缩和循环加卸载试验结果进行了数值模拟分析。下面给出 T_{2b} 大理岩室内三轴压缩和循环加卸载 (围压 40MPa) 的模拟计算结果，各计算参数取值见表 4.5。

表 4.5 T_{2b} 大理岩计算参数取值

参数	参数值	参数	参数值	参数	参数值
E_0/GPa	41.59	c_r/MPa	9.87	$\kappa_{r\varphi}$/%	0.635
μ_0	0.2557	κ_i/%	0.06	ψ_0/(°)	29.20
c_0/MPa	45.22	κ_{rc}/%	0.705	函数 f	$0.038\ p_c/\sigma_c + 0.0124$
c_i/MPa	43.18	φ_0/(°)	40.67		

注：表中 E_0、μ_0 和 ψ_0 为围压 5MPa 下屈服前的弹性模量、泊松比和剪胀角；其他情况下，E 和ψ可分别由式 (4.6) 和式 (4.23) 计算得到，μ 的取值如图 4.10 所示

T_{2b} 大理岩室内三轴压缩的数值模拟和试验结果对比如图 4.24 所示。可见，数值模拟和试验曲线符合得很好，模拟结果总体上很好地反映了大理岩弹性模量随围压升高而增加的趋势，以及随着围压的升高其破坏方式由低围压下的脆性破坏向高围压下的延性破坏的转化 (图 4.24(a))；图 4.24(b) 为不同围压下数值模拟的体积应变-轴向应变曲线，与试验结果相比可知，两者吻合得亦很好，即所提出的力学模型很好地反映了岩石的扩容特性随围压的变化。图 4.25 为 T_{2b} 大理岩在围压 40MPa 下循环加卸载的数值模拟和试验结果对比图。由图可知，数值计算与试验结果符合得很好，数值计算结果较准确地反映了弹性模量随塑性变形的增加而逐渐减小的性质，即弹塑性耦合特性。因此，上述力学模型可以很好地反映大理岩的主要力学特性。

由于岩石等颗粒类材料在卸载段也存在能量耗散，从而在加卸载循环试验曲线中存在“滞回圈”，由于“滞回圈”的形成机制较为复杂，目前还未很好解决。为了简化计算，在数值模拟时均取“滞回圈”中加载段的平均模量为计算弹性模量，没有考虑卸载时的能量耗散，故数值计算时未能模拟出“滞回圈”。

另外，为了降低模型的复杂性，假定了不同围压下岩石的强度参数不变，但通过对图 4.24(b) 的分析发现，在围压较低时 (如 5MPa)，岩石应力-应变曲线的峰部较陡，即在达到应力峰值后岩石的强度下降较快；而随着围压的升高 (如 40MPa)，岩石应力-应变曲线的峰部逐渐变缓。这一现象预示着岩石强度参数的变化规律可能与围压有关。由于此处对强度参数的简化处理，使得图 4.24 中数值模拟 (考虑围压效应) 和试验结果在峰值强度处差异较大，尤其在高围压时更为明显。

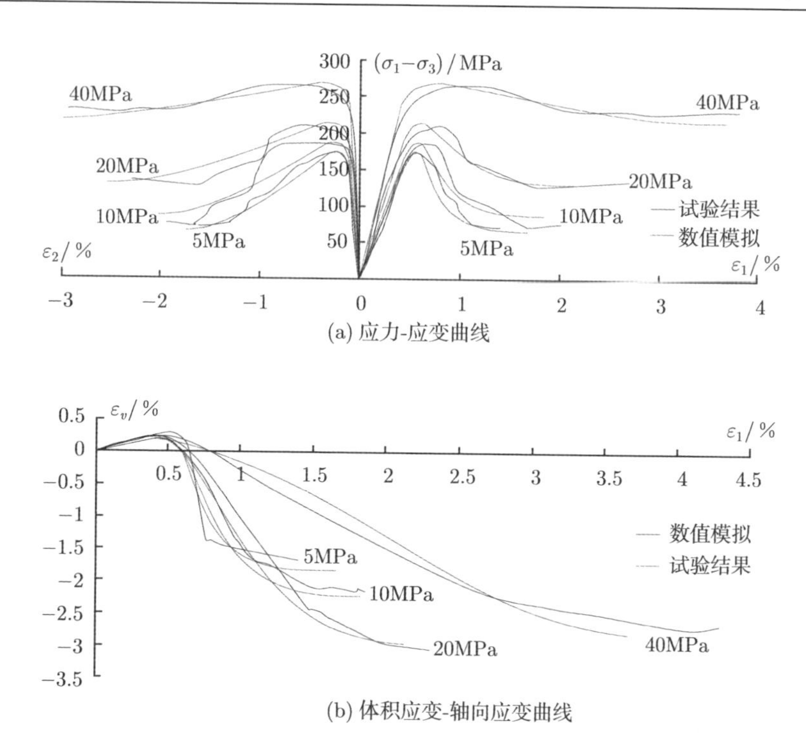

(a) 应力-应变曲线

(b) 体积应变-轴向应变曲线

图 4.24 不同围压下 T_{2b} 大理岩室内三轴压缩数值模拟和试验结果对比图

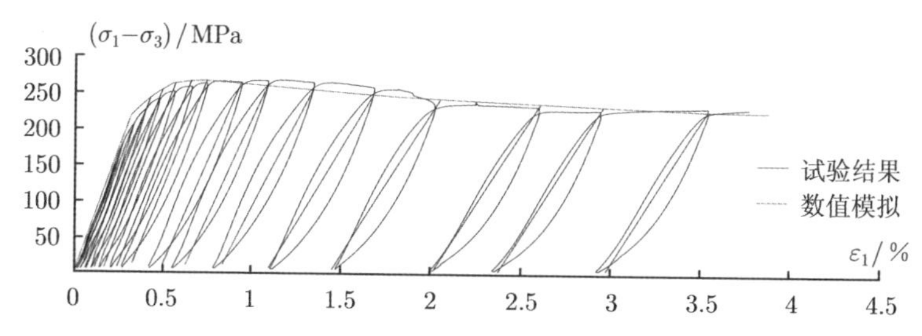

图 4.25 围压 40MPa 下 T_{2b} 大理岩循环加卸载数值模拟和试验结果对比图

4.2 硬脆性岩石强度时效性演化模型

4.2.1 硬脆性岩石时效性破裂机制的试验研究

大量的工程实践表明：在深埋地下岩石工程的开挖过程中，岩爆是一种多发的工程灾害，且大多表现出明显的时滞性，即大部分岩爆并不是随开挖而即时发生，而是会滞后开挖一段时间。可见，“时滞性”是岩爆的这种时间滞后现象的普遍规律和内在本质。另外，与传统的蠕变行为比较，时滞性岩爆的时间相对较短，因此针对时滞性岩爆现象的室内试验研究必须与传统的岩石蠕变试验相区分，关键是要体现破坏的短时时滞性。因此，为了反映这种应力状态的主要特征，本书将采用单轴压缩和三轴压缩试验来进行时滞性破坏研究。该试验不仅针对锦屏二级水电站大理岩开展三轴状态的时滞性压缩破坏试验，还进行了北山花岗岩的对照试验。

1. 大理岩单轴压缩时滞性破坏试验

1) 试验方法

针对锦屏二级水电站 T_{2y}^5 大理岩开展试验，根据弹性波速接近的原则在 50 块备选岩样中选取若干岩样用于试验。试验方法如下：

(1) 进行锦屏大理岩的常规单轴压缩试验 5 块，以了解该岩样的单轴抗压强度，指导时滞性单轴压缩试验并与之对比；

(2) 采用应力控制方式对大理岩岩样加载至如图 4.26 所示的 A 点，保持加载应力σ_r 不变 (σ_r 是选定的一个低于峰值σ_c 的应力值)，直至达到 C 点发生破坏。这里σ_r 是一个探索值，根据岩样在试验中的具体表现有所调整。

试验设备采用中国科学院武汉岩土力学研究所自主研制的 RMT-150C 电液伺服刚性试验机。

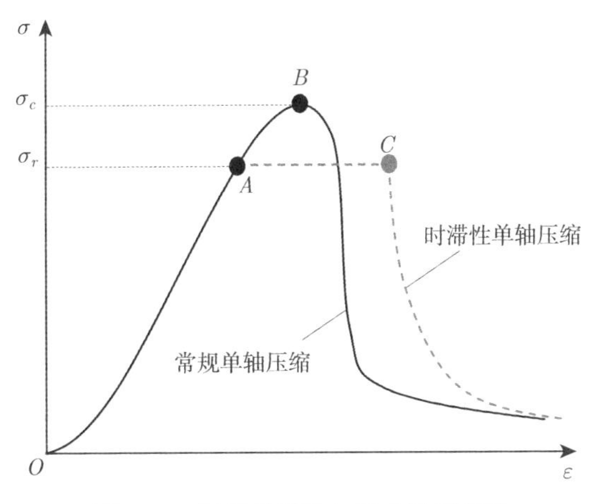

图 4.26　时滞性试验加载曲线示意图

2) 试验结果分析

A. 大理岩常规单轴压缩试验特征

在岩石常规单轴试验中，岩样的破坏形态有如下特点：①岩样的破坏有明显的剪切破裂面，如图 4.27 所示；②岩样破坏产生的碎屑较少，一般破裂成数块。

常规单轴压缩试验的应力-应变曲线如图 4.28 所示，具有如下特点：① 岩样一般呈脆性破坏，应力峰值后应力迅速跌落；② 在应力峰值点处岩样的轴向应变一般大于其环向应变。

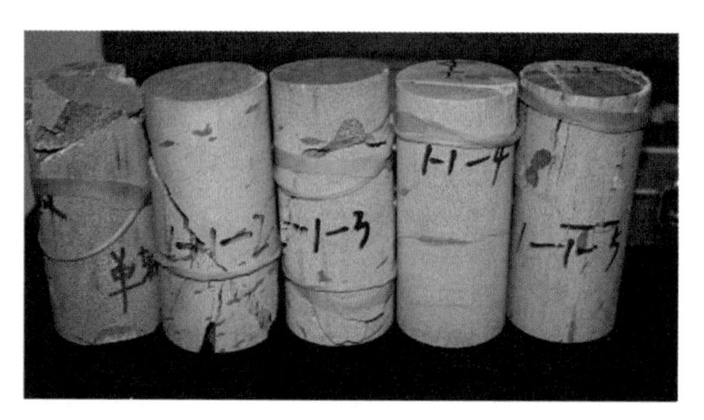

图 4.27　常规单轴压缩试验破坏形态

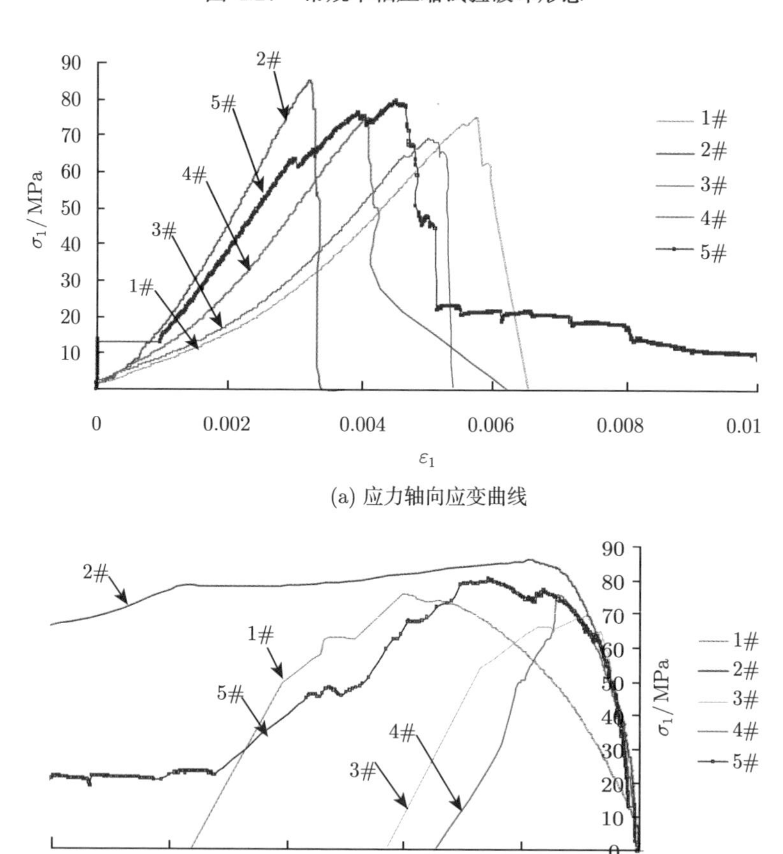

(a) 应力轴向应变曲线

(b) 应力环向应变曲线

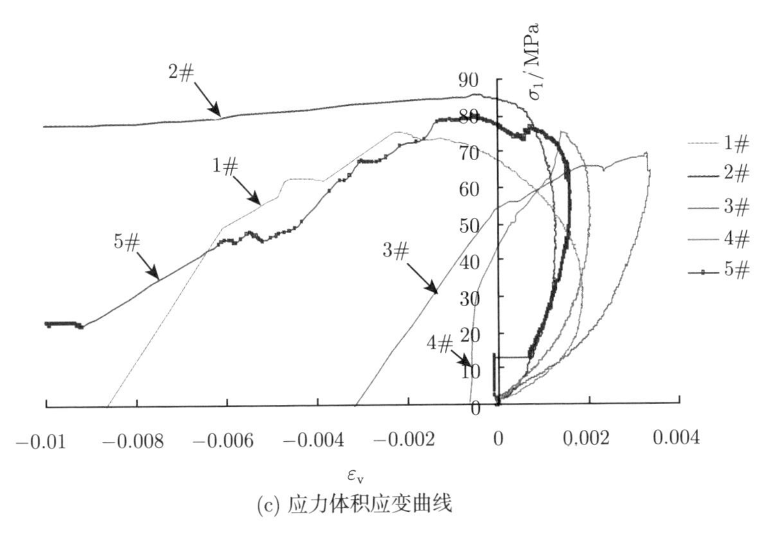

(c) 应力体积应变曲线

图 4.28 常规单轴压缩试验全应力-应变曲线

另外，在常规单轴压缩实验中，岩样在应力峰值点处裂纹迅速扩展，岩样发生宏观破坏的时间很短，一般只有数秒 (表 4.6)。这里的时间是指岩样从最大应力 (应力峰值点) 直至完全破坏所经历的时间。

表 4.6 常规单轴压缩试验破坏时间统计

试件编号	1-1-1	1-1-2	1-1-3	1-1-4	1-1-5
破坏持续时间/s	3.5	2	3.5	2.5	4.5

B. 时滞性单轴压缩试验的时间效应

如表 4.7 所示，4 块岩样中有 2 块比较完整，但均在试验中表现出较明显的时滞性。特别是较完整的岩样 1-2-1，在 91.3MPa 的轴压下保持 11.1 分钟发生破裂。可见，时滞性与岩样本身的完整程度有关，与最终加载应力接近该岩样的峰值应力值有关。

表 4.7 岩样时滞性破坏时间

岩样编号	最终加载应力/MPa	破坏孕育时间 (时滞性)/分钟	岩样描述
1-1-6	64.3578	1.7	有节理，倾角较大
1-1-7	105.181	2.1	表面无明显节理、裂隙
1-1-8	83.6	1.41	有明显的夹层
1-2-1	91.3534	11.1	无明显节理裂隙

C. 大理岩时滞性单轴压缩破坏特征

a. 时滞性单轴压缩试验的宏观破坏特征

在时滞性单轴压缩试验中，岩样的宏观破裂形态与常规单轴试验明显不同：在常规的单轴试验中，岩样的破坏一般沿着剪切面，并且剪切破坏面一般与轴向成一定的角度；而在时滞性单轴压缩试验中，岩样破坏产生的裂纹大都沿轴向扩展，并不呈现出大块的破坏，而是碎裂成许多相对较薄的片状和大量的片状碎屑，并且岩样宏观上表现出明显的侧向膨胀。岩石时滞性单轴压缩试验所表现出的上述宏观破坏特征与现场时滞性岩爆的岩石破坏特征是非常相似的。

以岩样 1-2-1 为例，试验前岩样表面无明显裂纹，在加压至 91.3MPa 并保持此加载应力 11.1 分钟后岩样发生破坏，岩样破坏的时间效应明显，岩样破坏形成大量的竖向裂纹和大量片状碎屑，岩样侧向膨胀明显，其破坏形态与常规单轴压缩破坏的形态 (图 4.29(a)) 显著不同。

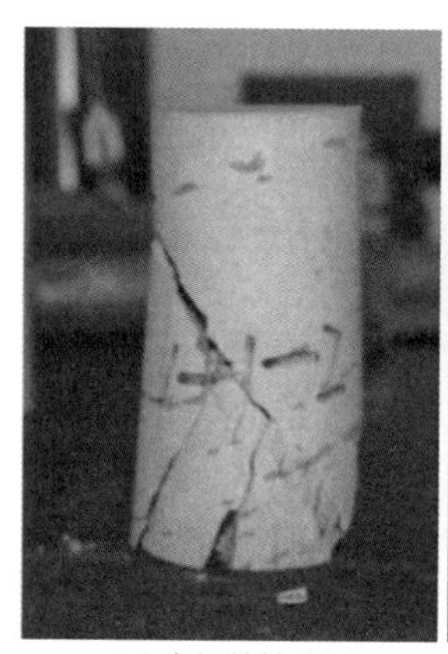

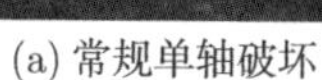

(a) 常规单轴破坏　　(b) 时滞性单轴破坏

图 4.29　常规单轴破坏与时滞性单轴破坏岩样对比图

b. 时滞性单轴试验片状碎屑的形成机制

在单轴压缩或侧向应力比较小的条件下 (与实际岩爆的应力特征类似)，岩样的破坏形态主要以形成平行于最大主应力或与最大主应力成一定角度的宏观裂纹为主。在常规单轴试验条件下，由于一个或少数几个主导性裂纹扩展速度极快，因此，在众多裂纹还未充分扩展的情况下整个岩样即破坏成数块。而在单轴时滞性压缩破坏条件下，由于大量的裂纹在相对较低的单轴应力状态下 (相对于常规单轴压缩的峰值应力) 有充分的时间缓慢扩展，因此，最终除了形成一个或少数几个主导性宏观裂纹以外，同时也会形成众多与最大主应力成一定角度的、不同尺度的次生裂纹，从而在整个岩样中分裂成大量的片状碎屑。

例如，岩样 1-1-7 在试验过程中并不是突然的破坏，首先在岩样的表层有片状的翘起，翘起的同时有清脆的咔嚓声，同时岩样表面不断生成竖向的裂纹，从翘起到裂纹扩展孕育的阶段持续了近 1 分钟，最后在沿着贯穿岩样的主要裂纹面突然破坏。岩样在加载的最高值停留时间约 2.1 分钟，时滞性和过程性均表现明显。岩石破坏的形式如图 4.30 所示，标注部分是岩样完全破坏前的翘起区域。

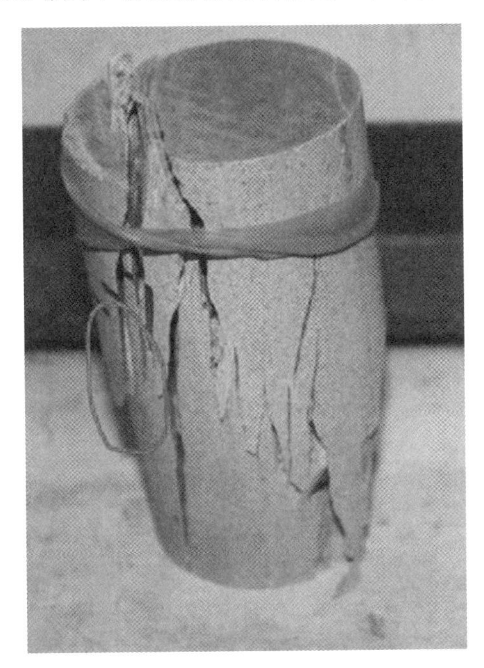

图 4.30 时滞性岩爆试验岩样 1-1-7

D. 大理岩时滞性单轴压缩试验的应力-应变特征

a. 应力-应变曲线

大理岩时滞性单轴压缩试验的应力-应变曲线形态与常规单轴压缩试验明显不同，存在一段“平稳的变形扩展段”，即在应力不变的条件下，岩样的轴向应变、侧向应变和体积应变都在不断发展演化，如图 4.31～ 图 4.34 所示。

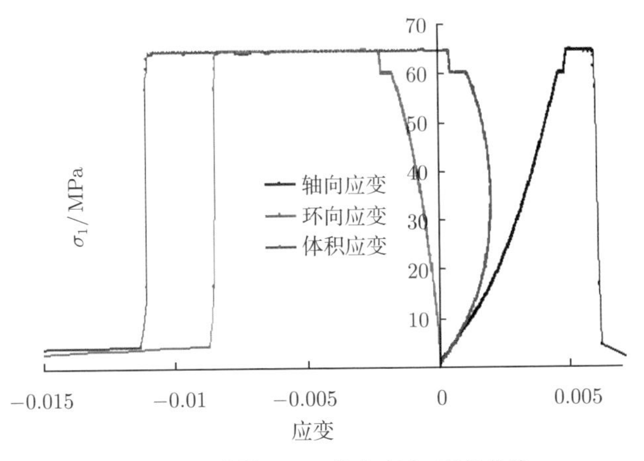

图 4.31 试样 1-1-6 的全应力-应变曲线

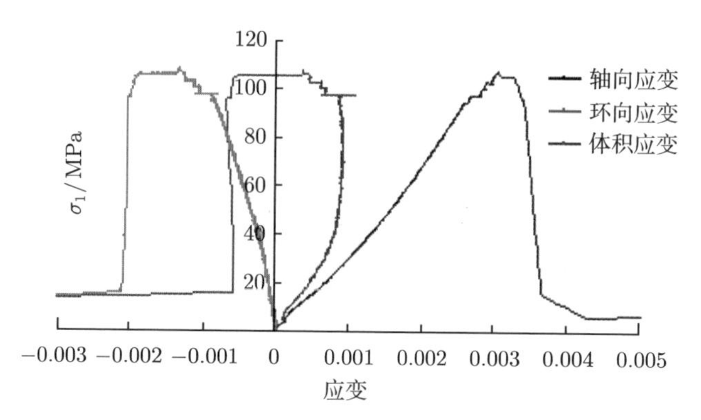

图 4.32　试样 1-1-7 的全应力-应变曲线

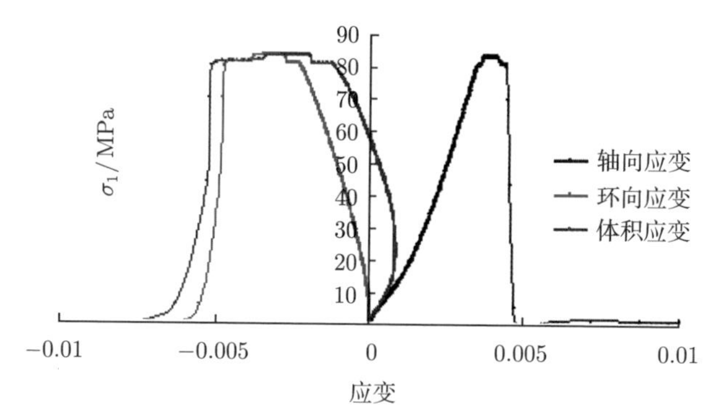

图 4.33　试样 1-1-8 的全应力-应变曲线

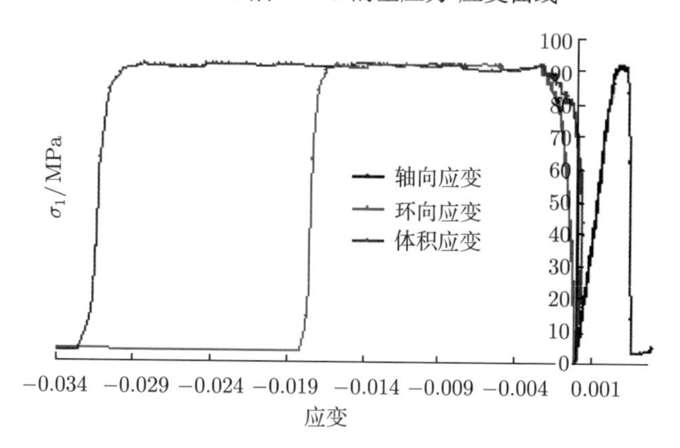

图 4.34　试样 1-2-1 的全应力-应变曲线

b. 变形特征分析

通过与常规单轴压缩试验的应力-应变曲线比较可以发现，在时滞性单轴压缩破坏时，岩样的环向应变和体积应变的发展更为充分，表 4.8 所列为不同岩样在破坏时的应变值。

表 4.8 岩石在破坏时的应变情况

试验方式	试件编号	应力峰值/MPa	轴向应变	环向应变	体积应变
常规单轴压缩	1-1-1	75.69	0.00585	−0.00401	−0.00225
	1-1-2	85.35	0.003265	−0.00211	−0.0095
	1-1-3	66.141	0.005273	−0.00169	0.001887
	1-1-4	75.286	0.004139	−0.00137	0.001406
	1-1-5	80.10613	0.004548	−0.00254	−0.00053
时滞性单轴压缩	1-1-6	64.3578	0.005893	−0.00842	−0.01094
	1-1-7	105.181	0.003262	−0.0019	−0.00054
	1-1-8	83.6	0.004343	−0.00467	−0.00499
	1-2-1	91.3534	0.00301	−0.01373	−0.02444

通过分析表 4.8 中的数据和图 4.31～ 图 4.34 中的应力-应变曲线可以发现:

(1) 与常规单轴压缩试验不同，时滞性单轴压缩试验中岩样无明显的“应力峰值点”，而是经历了一段应力不变而应变增加的阶段后才发生整体破坏。

(2) 时滞性单轴压缩破坏时，岩样的环向应变一般大于其轴向应变，而在常规单轴压缩试验中恰好相反。

(3) 在时滞性单轴压缩破坏时，岩样的环向应变一般大于常规单轴压缩破坏时的环向应变值。

c. 大理岩时滞性破坏与蠕变的区别

蠕变 (creep) 是固体材料在保持应力不变的条件下，应变随时间延长而增加的现象，它与塑性变形不同，塑性变形通常在应力超过弹性极限之后才出现，而蠕变只要应力的作用时间相当长，其在应力小于弹性极限时也能出现。图 4.35 为典型蠕变三阶段的应变-时间曲线。从曲线形态上来看，蠕变随时间的延续大致分 3 个阶段：① 初始蠕变或过渡蠕变，应变随时间延续而增加，但增加的速度逐渐减慢；② 稳态蠕变或定常蠕变，应变随时间延续而匀速增加，这个阶段较长；③ 加速蠕变，应变随时间延续而加速增加直至破裂点。

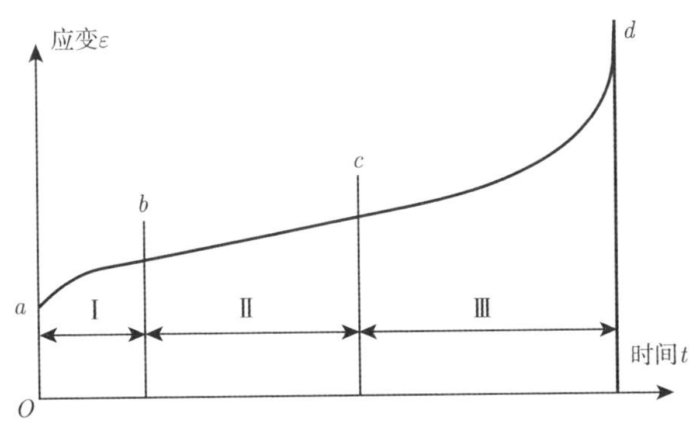

图 4.35 岩石蠕变三阶段的应变-时间曲线

图 4.36～ 图 4.39 为时滞性单轴压缩试验的应变-时间曲线，由图可见，时滞性单轴压缩试验与传统的岩石蠕变曲线类似，基本上都可以划分成“三个阶段”，但二者存在以下几个方面的显著区别：① 传统的蠕变试验中，加载应力值往往远低于岩石常规试验的峰值应力，而在岩爆时滞性中，发生时滞性破坏的应力值非常接近于岩石常规试验的峰值应力。② 蠕变试验的时间一般会持续较长的时间，而时滞性破坏的时间相对要短得多，且二者的“第三阶段”时间-应变曲线形态也有着

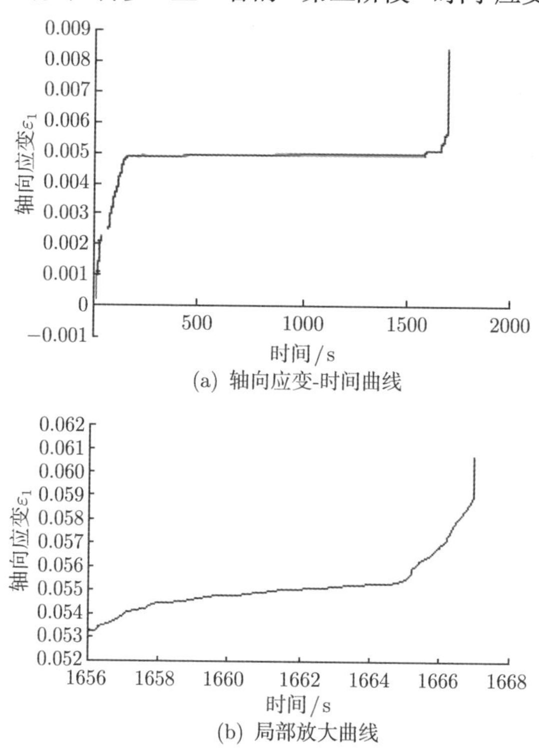

(a) 轴向应变-时间曲线

(b) 局部放大曲线

图 4.36　1-1-6 岩样的轴向应变-时间曲线

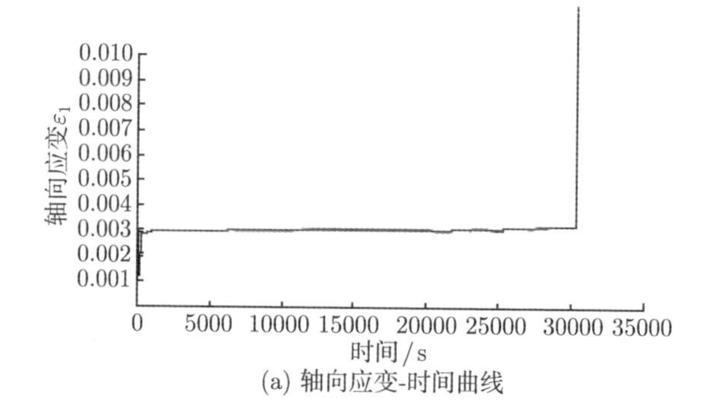

(a) 轴向应变-时间曲线

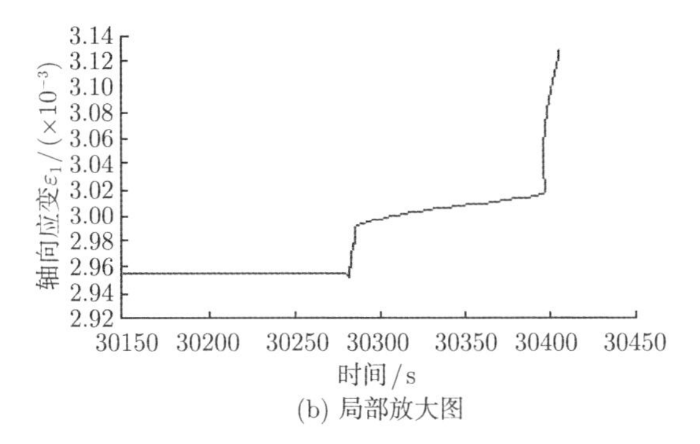

(b) 局部放大图

图 4.37 1-1-7 岩样的轴向应变-时间曲线

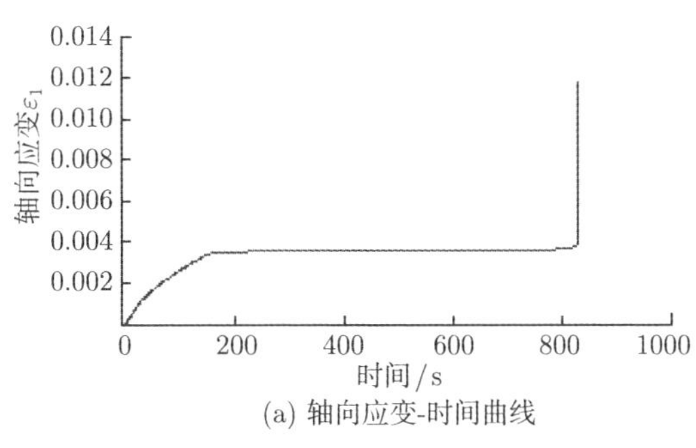

(a) 轴向应变-时间曲线

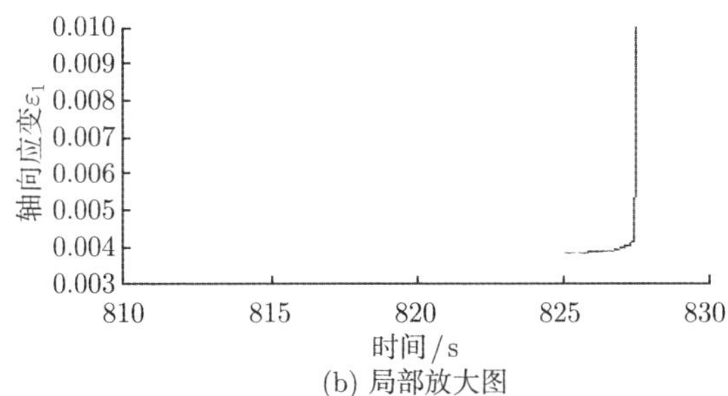

(b) 局部放大图

图 4.38 1-1-8 岩样的轴向应变-时间曲线

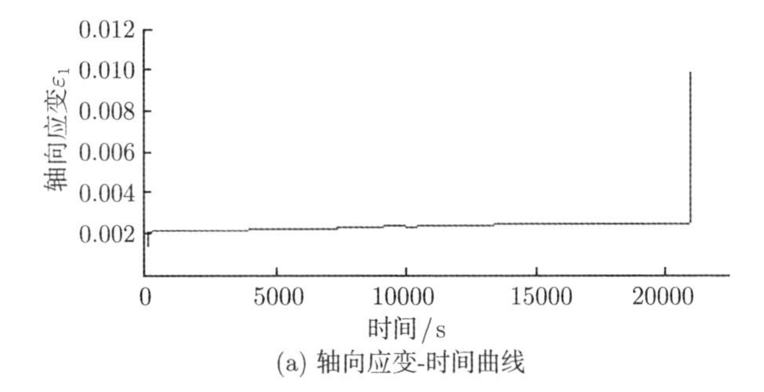

(a) 轴向应变-时间曲线

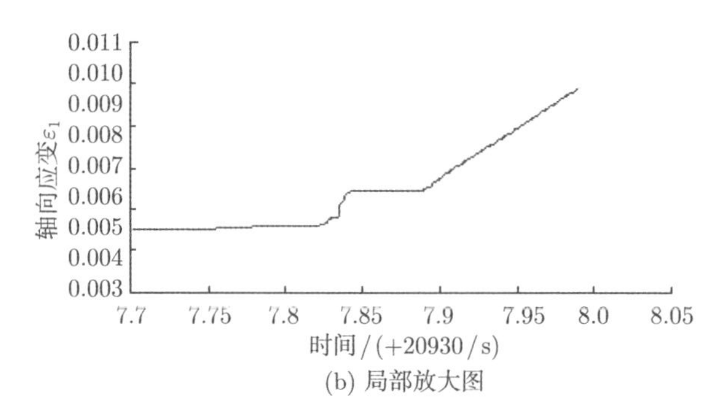

(b) 局部放大图

图 4.39　1-2-1 岩样的轴向应变-时间曲线

较大的不同。这主要是由于岩石蠕变导致破坏是由晶体的滑移错位引起的，而岩石时滞性破坏主要是竖向裂纹的劈裂张开所导致的。

E. 岩样破坏能量分析

在岩爆过程中，总是伴随着能量的释放，在不断加载的过程中，岩样本身不断累计弹性能的同时，岩样内的塑性应变、维持裂纹表面的张力以及其他因素也在不断地耗散能量。岩石的时滞性破坏必然是由于能量的耗散速度远低于累积速度才会导致的一种剧烈释放方式。

在上述试验中，时滞性单轴压缩实验的破坏表现出的破坏强度一般大于常规单轴试验中的岩样破坏。图 4.40 显示的是岩样 1-1-8 破坏后实验台上的情景，岩样爆裂成数块较大的片状碎块，在试验机上沾满了岩样碎裂后的白色粉末，岩石的碎块弹射出了试验机，并且岩样下部厚厚的铁垫块被岩样破坏释放的能量弹出其固定槽。

图 4.40　时滞性岩爆试验岩样 1-1-8 试验破坏情况

2. 有围压条件下的时滞性压缩破坏试验

1) 试验设备

岩石温度-应力-渗流耦合三轴流变仪由法国里尔科技大学研制、法国 Top Industria 公司生产，由控制系统、油源、轴压系统、围压系统、渗流系统、温度系统六个部分及各种传感器组成，传感器部分包括位移、载荷、压力、温度等专业测量元件。该设备在传统流变仪的基础上加入了三轴室温度控制系统及水压加载系统。

2) 试验方法

围压条件下的时滞性压缩破坏试验的研究对象主要针对北山花岗岩和锦屏二级水电站 T_{2y}^5 大理岩。北山花岗岩和锦屏二级水电站 T_{2y}^5 大理岩都是典型的硬脆性岩石，针对这两种岩石的时滞性破坏试验反映了这两种硬脆性岩石强度的时间效应。

北山花岗岩选用我国核废料处置库候选场甘肃北山。通过 X 衍射分析得到其主要矿物成分及质量百分含量分别为长石 (52%～59%)、石英 (24%～30%)、云母 (17%～20%)，天然密度为 2.6 g/cm^3，孔隙率为 0.63%～0.95%。首先将岩块加工成直径 37.5 mm，高度 75 mm 的圆柱形试件。岩样尺寸为 Φ37.5mm×75mm，试件的加工精度、平直度和垂直度均控制在《水利水电工程岩石试验规程》(SL264–2001) 规定的范围之内。

锦屏二级水电站 T_{2y}^5 大理岩取自锦屏二级水电站引水隧洞，T_{2y}^5 大理岩由碳酸盐矿物成分组成，变晶结构，致密块状构造，宏观均匀性好，矿物成分主要为方解石。岩样尺寸为 Φ50mm×50mm，试件的加工精度、平直度和垂直度均控制在《水利水电工程岩石试验规程》(SL264–2001) 规定的范围之内。

试验方法与时滞性单轴压缩试验类似，不同的是首先将岩石施加围压，再采用应力控制方式对大理岩岩样进行类似于时滞性单轴压缩试验的加载。

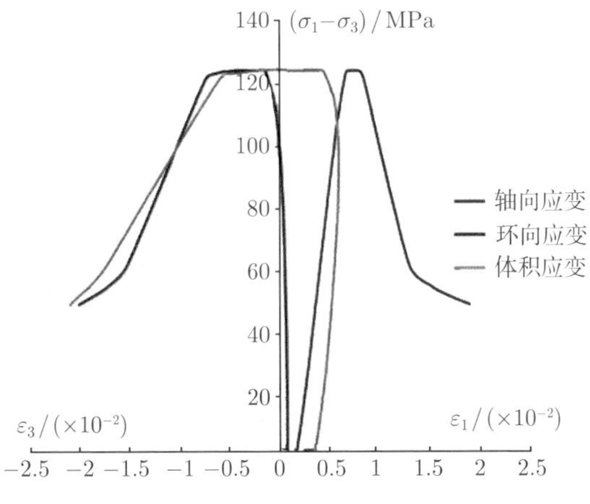

图 4.41 岩样 2-2 应力-应变曲线

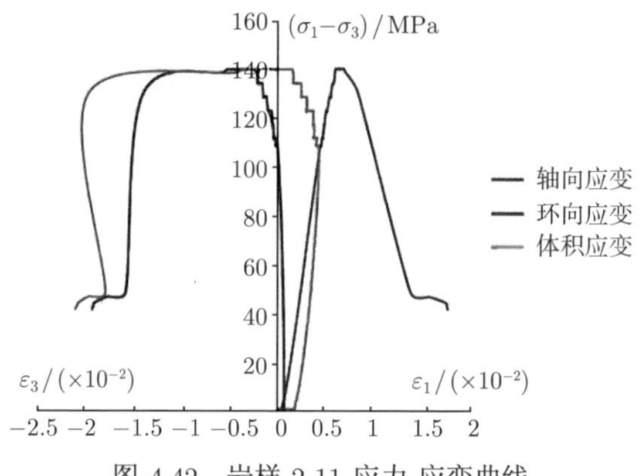

图 4.42　岩样 2-11 应力-应变曲线

3) 试验结果分析

A. 北山花岗岩

岩样 2-2 是围压在 10MPa 条件下的时滞性三轴压缩试验，试验中，岩样 2-2 的偏压稳定在 121.5MPa 左右，持续时间接近 1.5 小时，与前文时滞性单轴压缩验情况类似，岩样的应变在持续地增长，时滞性明显 (图 4.41)。

岩样 2-11 也是围压为 10MPa 的时滞性三轴压缩试验，岩样 2-11 从 17:55 到当天 22:20 左右持续作用 140MPa 左右的偏压进而发生破坏，持续时间接近 2.5 小时 (图 4.42)。

图 4.43 分别是两个北山花岗岩岩样破坏后的形态，宏观上破坏形态与常规三轴压缩试验类似，但时滞性三轴压缩试验中，岩样的破裂面摩擦痕迹明显，破裂面形成了大量的岩石粉末碎屑。在该试验中，岩样破坏时没有明显应变的波动，且伴随着脆响，对试验设备特别是位移传感器 (LVDT) 损伤较大。岩石峰值强度后的破坏过程可能是缓慢的稳定破坏，也可能产生强烈的非稳定破坏，这种破坏持续时间

图 4.43　北山花岗岩 2-2 与 2-11 破坏形态图

长短反映了岩石破坏的剧烈程度和能量变换过程，即反映了岩石的破坏形式，Kidybinskl 认为这也从一个方面反映了岩石发生岩爆的倾向性 [33]。

B. 锦屏大理岩 T_{2y}^5

根据已有的常规三轴压缩试验的试验结论，围压为 10MPa 的常规三轴压缩强度为 180MPa 左右，偏压为 170 MPa 左右，设定时滞性三轴压缩试验中岩样的应力水平大致为常规试验中的 90%，即设定试验中偏压为 150MPa。

岩样 1-7 试验的时滞性破坏过程时间超过一周，合计超过 100 小时，已经超出时滞性岩爆发生的峰值时间范围。图 4.44 是岩样破坏后的形态图，岩石虽为脆性破坏，但破坏面的裂纹发育不充分，表明围压对裂隙的抑制作用明显。

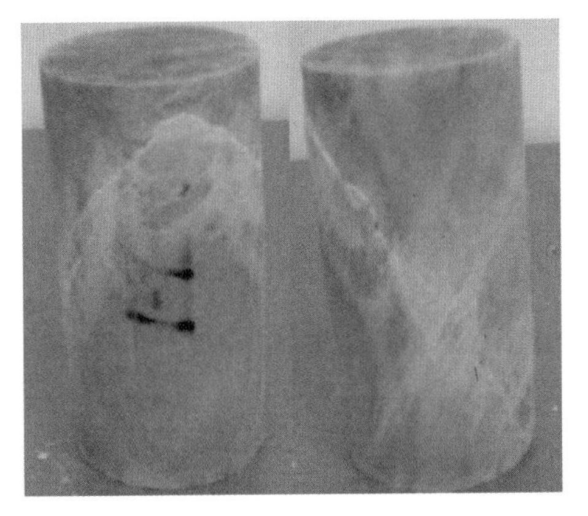

图 4.44 锦屏二级水电站大理岩 1-7 破坏形态图

在图 4.45 中是岩样 1-7 的应变随时间的变化试验曲线，在加载完成后的 100 多个小时，岩石的环向应变和轴向应变的增长速度都相当缓慢。

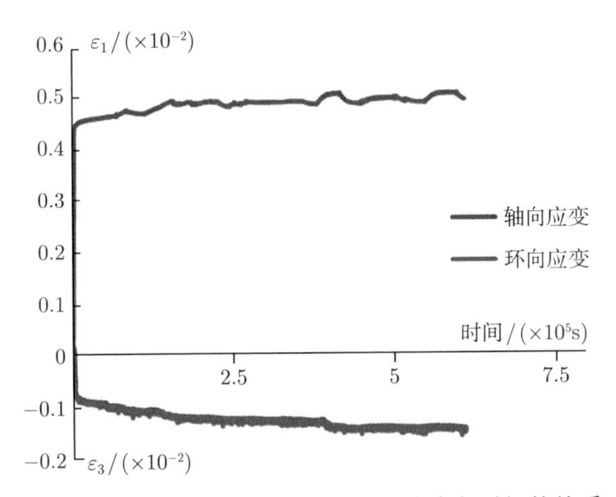

图 4.45 锦屏二级水电站大理岩 1-7 应变与时间的关系

岩样在加载至相应的应力水平后，岩石的应变一直在稳定地扩展，与常规三轴压缩试验的应力-应变曲线相比较，应变水平相差不大，轴向应变基本在 0.004~0.005 的范围内左右浮动，环向应变则在 $-0.002 \sim -0.001$ 的范围内左右浮动，如图 4.46 和图 4.47 所示。

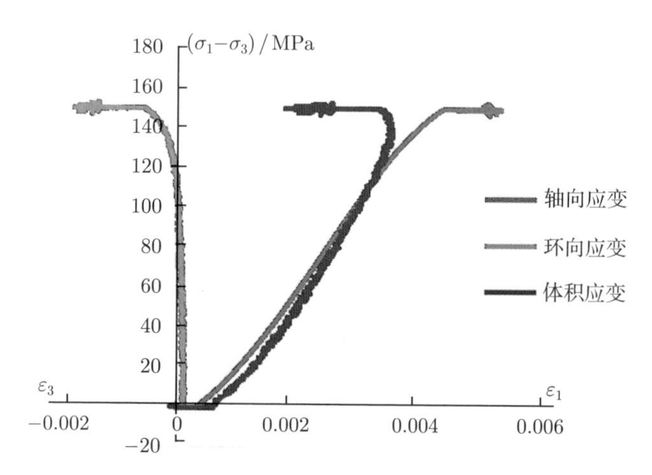

图 4.46　锦屏二级水电站大理岩 1-7 应力-应变曲线图 (围压 10MPa)

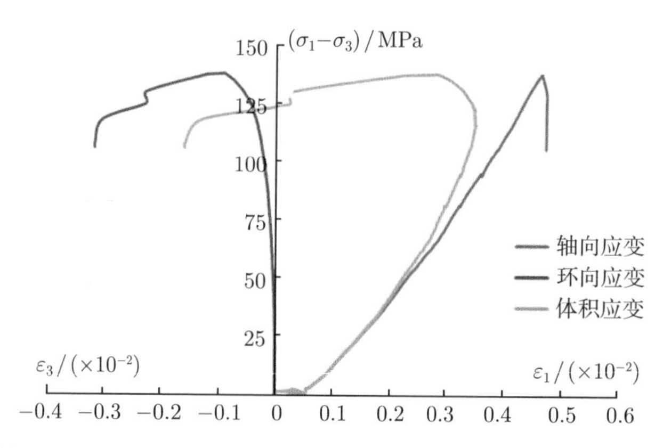

图 4.47　锦屏二级水电站大理岩常规三轴压缩试验应力-应变曲线 (围压 10MPa)

硬脆性岩石的时滞性三轴压缩试验目前开展较少。在硬脆性岩石的时滞性三轴压缩试验中，北山花岗岩试验强度的时间效应明显，时滞性破坏时间以小时计，而锦屏二级水电站大理岩时滞性所需要的加载时间更长。这与时滞性单轴压缩试验相比，硬脆性岩石在有围压条件下的时滞性破坏更加明显，所经历的滞后时间更长；试验中岩样的破坏形式都是脆性破坏，对流变仪的损伤较大。时滞性试验中岩样应变的变化范围与常规三轴压缩试验类似，表明硬脆性岩石的时间效应中，岩石的应变仍然处于小变形的阶段。

岩石的时滞性三轴压缩试验中由于岩样是硬脆性岩石，破坏方式比较突然，对试验设备要求较高，由于现有试验条件的限制，试验中必须对岩样的破坏迅速做出反应，否则就有可能损坏流变仪，因此，必须建立与硬脆性岩石时间效应相适应的试验仪器和试验方法，以研究硬脆性岩石有围压条件下的时滞性压缩试验。另外，有围压条件下的硬脆性岩石的时滞性破坏比单轴压缩的时滞性破坏更明显，即所需的破坏时间更长，但由于试验数据较少，目前还不能定量地给出围岩对时滞性破坏的影响程度。

4.2.2 硬脆性岩石强度时效性演化模型研究

上述内容中，针对硬脆性岩石的时间效应特征展开了大量的基础性试验研究。如何合理描述硬脆性岩石强度的时间效应是目前迫切需要解决的问题之一。通过比较，硬脆性岩石在与不同加载速率条件下的抗压试验及抗拉试验、时滞性单轴压缩实验及时滞性三轴压缩试验中，岩石的应变范围与规范中标准试验中的应变范围大致相似。而在软岩的蠕变试验中，应变的尺度将大得多。针对硬脆性岩石时效性破坏的小应变特征，必须建立与之相适应的理论模型，而不能照搬原有流变理论中利用应变率来描述岩石的时间效应的模型。

隧洞硬脆性岩石在开挖过程中常会发生岩爆现象，且岩爆往往滞后于开挖过程，给工程安全带来巨大的威胁，硬脆性岩石在工程中的时间滞后行为使得硬脆性岩石的时间效应研究十分重要 [34]。另外，还有在工程中面临的长期强度等时间问题，都是亟待研究的问题。

综合考虑与时间相关的室内试验成果和现有的理论经验，作者提出了硬脆性岩石强度的时效性演化模型。该强度时效性演化模型基于岩石破裂过程中的破裂机制和破坏原理，能合理地描述持续加载对岩石强度的弱化过程，以及描述岩石在不同加载速率下强度的演化规律，从理论机制上解释岩石的时间效应。

1. 基于 Mohr-Coulomb 准则的脆性岩石时效性强度演化模型

硬脆性岩石强度的时效性演化模型能够反映岩石在应力作用下强度损失的规律，该模型用屈服接近度来表征岩石的应力状态，下面首先介绍屈服接近度的概念。

1) 屈服接近度 (YAI)

屈服接近度 (yield approach index，YAI) 的概念可广义的表述为：描述一点的现时状态与相对最安全状态参量的比，YAI∈[0, 1]。相对于某一屈服准则，则可以定义为：空间应力状态下的一点沿最不利应力路径到屈服面的距离与相应的最稳定参考点在相同罗德角方向上沿最不利应力路径到屈服面的距离之比 [35,36]。

对于 Mohr–Coulomb 准则，其屈服面在主应力空间内的表达式为

$$F=\frac{1}{3}I_1\sin\varphi+\left(\cos\theta_\sigma-\frac{1}{\sqrt{3}}\sin\theta_\sigma\sin\varphi\right)\sqrt{J_2}-c\cos\varphi=0 \tag{4.24}$$

式中，c 为黏聚力；φ为内摩擦角；I_1 为应力张量的第一不变量，且 $I_1=\sigma_1+\sigma_2+\sigma_3$；$J_2$ 为偏应力张量的第二不变量，$J_2=[(\sigma_1-\sigma_2)^2+(\sigma_2-\sigma_3)^2+(\sigma_3-\sigma_1)^2]/6$；$\theta_\sigma$ 为应力罗德角，即 π 平面上应力 $Q'P'$ 与 σ_2' 轴垂线间的夹角，如图 4.48 所示，且

$$\tan\theta_\sigma=\frac{1}{\sqrt{3}}\frac{2\sigma_2-\sigma_1-\sigma_3}{\sigma_1-\sigma_3} \tag{4.25}$$

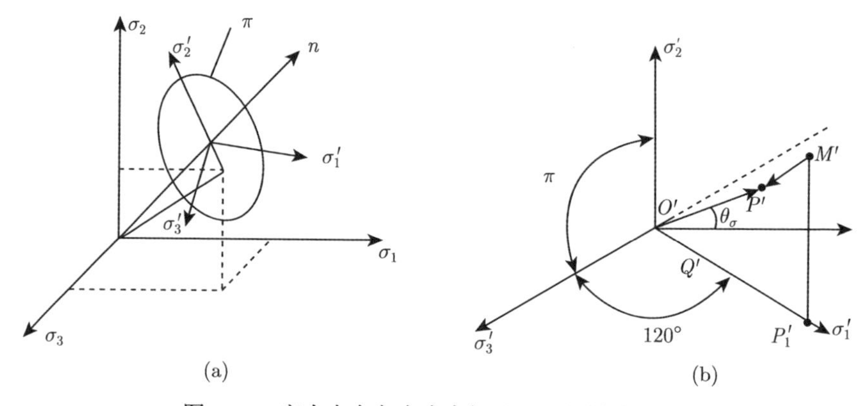

图 4.48　应力点在主应力空间及 π 平面上的位置

主应力空间中，点 P 的应力状态如图 4.48(a) 所示，P 点的坐标为 $(\sigma_1, \sigma_2, \sigma_3)$。该应力点在子午面上的位置如图 4.49 所示，其中横坐标轴为主应力空间的等倾线，坐标值 σ_π 称为 π 平面上的正应力分量，且 $\sigma_\pi=1/\sqrt{3}\,(\sigma_1+\sigma_2+\sigma_3)$。纵坐标轴为偏剪应力，$\tau_\pi=\sqrt{2J_2}$，线 CG 为屈服面上的子午线。

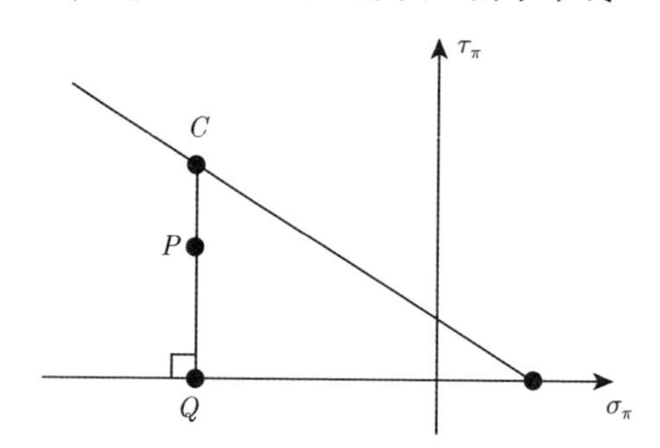

图 4.49　子午面上应力点与子午线的几何关系

点 P 与 Mohr–Coulomb 屈服面的空间关系如图 4.50 所示。点 Q 与点 P 处于同一 π 平面上，二者应力水平相同。图 4.50 中，设定线 PP'、QQ' 均为屈服面

(EFG 面) 的垂线，垂足分别为点 P'、Q'，d、D 分别为二线段的长度，连接点 Q 和 P，并延长交平面EFG于点 C。由于 EFG 面为平面，可证得线段 PP'、QQ' 和 QC 均处于同一平面内，且点 P'、Q' 和 C 共线。

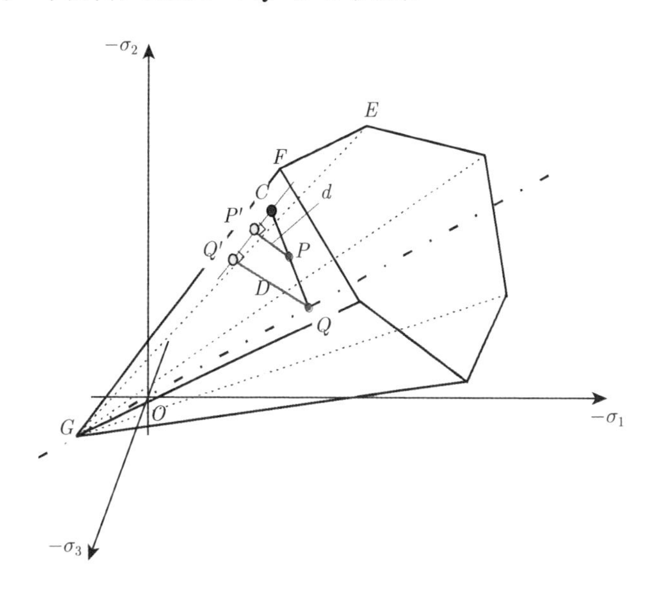

图 4.50　主应力空间中应力点与屈服面的关系

在 π 平面上，应力点 P 与屈服面的关系如图 4.51 所示，其中，Q 点坐标为 $(\sigma_\pi, 0)$，P 点坐标为 (σ_π, τ_π)，C 点坐标为 (σ_π, τ'_π)。于是，线段 QP 的长度 L_{QP} 为 τ_π，线段 QC 的长度 L_{QC} 为 τ'_π。

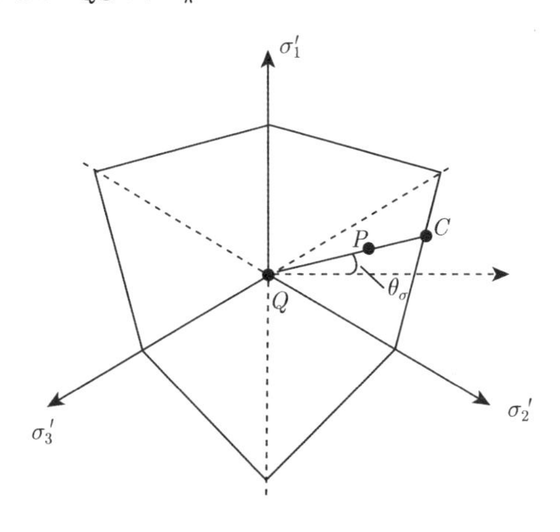

图 4.51　π 平面上应力点与屈服面的关系

由于点 C 位于屈服面上，所以 C 点坐标满足屈服函数，即

$$F_c = \alpha\sigma_\pi + \beta(\theta_\sigma)\cdot\tau'_\pi + \gamma = 0 \tag{4.26}$$

式中

$$\alpha = \sin\varphi/\sqrt{3} \tag{4.27}$$

$$\beta(\theta_\sigma) = (\cos\theta_\sigma - \sin\theta_\sigma\sin\varphi/\sqrt{3})/\sqrt{2} \tag{4.28}$$

$$\gamma = -c\cos\varphi \tag{4.29}$$

由式 (4.26) 易得

$$\tau'_\pi = -(\alpha\sigma_\pi + \gamma)/\beta \tag{4.30}$$

由图 4.50 中 $\triangle PP'C$ 和 $\triangle QQ'C$ 的相似关系，根据屈服接近度 YAI 的定义，可得

$$\begin{aligned}\mathrm{YAI_{MC}} &= d/D = (\alpha\sigma_\pi + \beta\tau_\pi + \gamma)/(\alpha\sigma_\pi + \gamma)\\ &= \frac{(I_1\sin\varphi)/3 + (\cos\theta_\sigma - \sin\theta_\sigma\sin\varphi/\sqrt{3})\sqrt{J_2} - c\cos\varphi}{I_1\sin\varphi/3 - c\cos\varphi}\end{aligned} \tag{4.31}$$

式 (4.31) 即为基于 Mohr-Coulomb 屈服准则的屈服接近度的表达式。

2) 硬脆性岩石强度时效性演化模型

在 CWFS 模型 [37] 中，Hajiabdolmajid 认为岩石材料在加载过程中，作用于裂隙面的法向正应力使得岩石的黏聚力 c 不断弱化，而作用于裂隙间的剪切力使岩石的摩擦力不断增强，如图 4.52 所示。

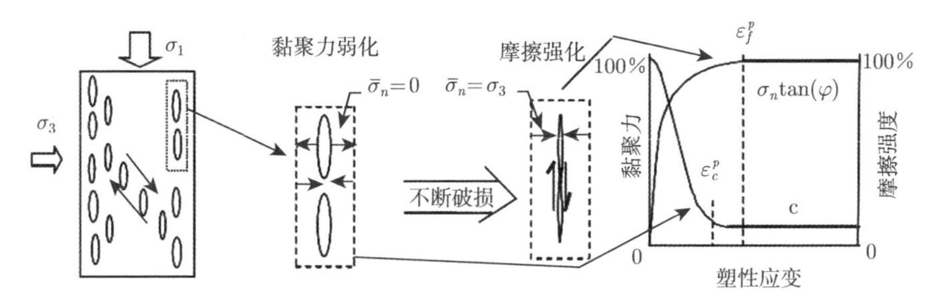

图 4.52　脆性破坏过程中裂纹发育对岩石强度的影响示意图

在时效性强度演化规律中，与 CWFS 模型机制类似，在受到外部荷载作用时，岩石黏聚力不断降低，而岩石的摩擦强度不断增加，具体表现为岩石的内摩擦角不断增加，该模型的内在机制获得了广泛的认同。因此，硬脆性岩石的强度时效性模型是以黏聚力 c 和内摩擦角φ的演化规律为内在机制。

在岩石材料所受到的外载不断增加的过程中，黏聚力 c 和内摩擦角φ必然是不断变化以降低岩石的强度。但研究表明，在静加载的情况下，岩石的强度也因为损伤的累积而不断降低，声发射试验就是一个有力的佐证。

声发射现象能够反映岩石材料内部的微破裂。由于大多数地质材料属于多晶结构，在微观上声发射来源于此类材料的位错变化，而在细观上则可能来源于颗粒边界的移动、矿物颗粒之间的开裂以及微结构单位的断裂与破坏。当上述过程发生时，弹性应变能突然释放导致应力波的传播，从而产生声发射现象 [38]。根据损伤力学的观点，岩石材料在加载过程中，由于受到外部荷载的作用，内部损伤不断累积，导致岩石的强度不断降低直至发生破坏。因此，岩石的声发射现象能够从一定程度上反映岩石的损伤过程和损伤程度。

臧绍先对花岗岩进行了阶梯加压的声发射试验，研究表明声发射率与轴向应力的变化和加压方式有关 [39]。即在匀速加载、加压过程中保持一段时间恒压或降压均对应一定的声发射率状态。换言之，结合对声发射原理的认识，岩石在匀速加载、加压过程中保持恒压或者降压均有损伤的不断累积，且损伤对应的声发射表现形式有所区别。

文献 [40] 中对煤岩进行了分级加载条件下的蠕变试验，如图 4.53 所示，每一级荷载的加载过程，声发射活动有所增强，但是当载荷稳定时声发射活动又逐渐减弱，随着应力水平的增加，声发射振铃计数和能量也相应地增加。

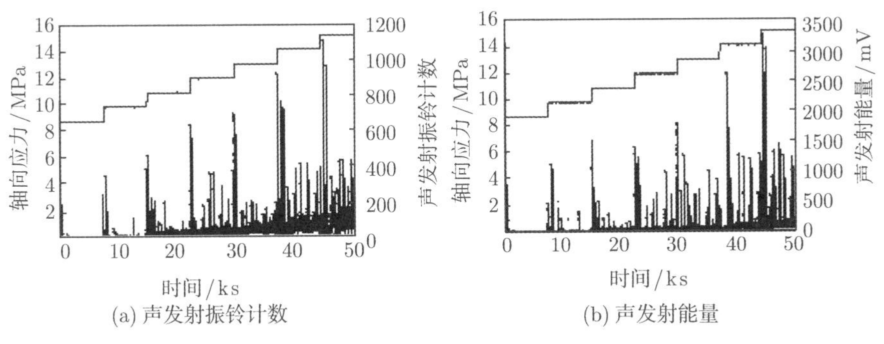

(a) 声发射振铃计数 (b) 声发射能量

图 4.53 低应力水平下煤岩蠕变声发射试验结果 [38]

各种试验现象及经验表明，岩石在受到外界荷载的作用下，强度均会有所降低；岩石强度降低的速率与岩石的应力状态有关，即在不同加载水平上，岩石所承受的偏应力越大，岩石强度的损失速率越大。

综上所述，岩石强度的损失与岩石的初始屈服强度、岩石的应力状态 (屈服接近度) 以及加载的持续时间相关。岩石强度的时效性演化规律要描述的是一个大致满足图 4.54 所示的曲线规律，即岩石的强度是随着岩石所受到的荷载作用下不断降低，直至降至与外界荷载相等或更低时岩石发生破坏。

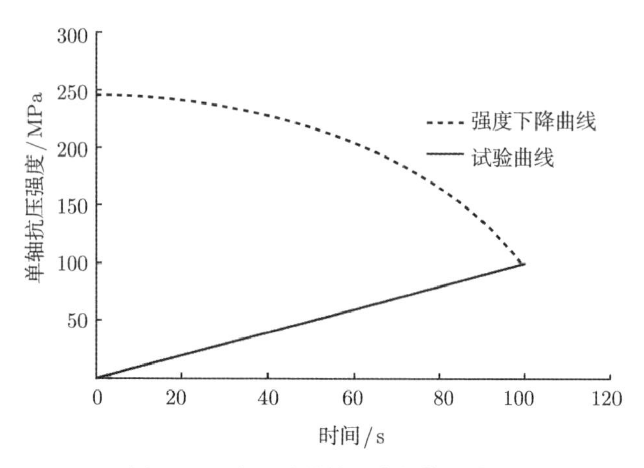

图 4.54　岩石时效性强度规律示意图

根据岩石破坏过程中声发射的各种规律以及大量的室内试验事实，岩石强度的时效性有如下特点：① 岩石内部黏聚力 c 和内摩擦角φ是与时间相关的量，即在岩石的受力过程中并不是保持固定，而是不断变化的；② 岩石内部黏聚力 c 和内摩擦角φ与屈服接近度YAI有关；③ 当岩石的加载速率趋于无穷大时，岩石有一个极限的黏聚力 c 和内摩擦角φ值，分别为 c_0 和φ_0，可认为是未扰动岩石的初始黏聚力和内摩擦角。

综合岩石强度时效性演化的机制与规律、岩石内部黏聚力 c 和内摩擦角φ的变化规律，下面给出了关于岩石的黏聚力 c 和内摩擦角φ随时间和屈服接近度演化的理论模型 —— 硬脆性岩石强度时效性演化模型。

$$
\begin{cases}
\dfrac{\mathrm{d}c}{\mathrm{d}t} = -\alpha_1 \cdot \left(\mathrm{e}^{\alpha_2 \cdot (1-\mathrm{YAI})} - 1\right) \\
\dfrac{\mathrm{d}\varphi}{\mathrm{d}t} = \beta_1 \cdot \left(\mathrm{e}^{\beta_2 \cdot (1-\mathrm{YAI})} - 1\right) \\
\mathrm{YAI}\Big|_{\text{M-C准则}} = 1 - \dfrac{(I_1 \sin\varphi)/3 + (\cos\theta_\sigma - \sin\theta_\sigma \sin\varphi/\sqrt{3})\sqrt{J_2} - c\cos\varphi}{I_1 \sin\varphi/3 - c\cos\varphi} \\
c\,|_{t=0} = c_0 \\
\varphi\,|_{t=0} = \varphi_0
\end{cases}
\tag{4.32}
$$

其中，YAI 为屈服接近度，表达式为式 (4.31)，表征在应力空间中一点应力状态与最安全应力状态的相对比值；$[\alpha_1, \alpha_2, \beta_1, \beta_2]$ 是依据试验数据并通过遗传算法和最优化算法获得的参数；黏聚力 c_0 和内摩擦角 φ_0 是未扰动岩石在极限冲击荷载下固有的黏聚力和内摩擦角。

根据硬脆性岩石强度演化规律可以获得岩石强度在任意加载路径下随时间的演化规律，具体表现为岩石的黏聚力 c 和内摩擦角φ随应力状态和时间不断变化，而根据 Mohr–Coulomb 准则表达式 (4.24) 可以获得单轴压缩应力状态下的岩石黏聚力 c 和内摩擦角φ所对应的破坏值。

将单轴压缩试验的应力状态代入摩尔库仑公式 (4.24)，可以获得岩石破坏强度与黏聚力 c 和内摩擦角 φ 值的关系，即

$$\sigma_{\mathrm{c}} = -\frac{2c\cos\varphi}{1-\sin\varphi} \tag{4.33}$$

对应于单轴压缩试验而言，根据式 (4.31) 获得此时的屈服接近度 YAI，并将此时的屈服接近度代入式 (4.32)，即可以获得黏聚力 c 和内摩擦角 φ 值的演化规律，并根据式 (4.33) 获得岩石在该黏聚力 c 和内摩擦角 φ 值的条件下破坏所需要的强度，即岩石的强度下降曲线。当岩石的实际受荷外载满足岩石该黏聚力 c 和内摩擦角 φ 值的破坏强度时，岩石即发生破坏，即图 4.54 所描述的规律。

3) 硬脆性岩石强度时效性演化规律模型参数的获取

硬脆性岩石强度时效性演化模型中参数的获取主要是由遗传算法获得。遗传算法 (genetic algorithm，GA) 是 Holland 提出的，是一种基于自然选择和遗传变异等生物进化机制的全局性概率搜索方法，是一种模拟自然界生物的遗传和进化过程而形成的一种自适应的全局随机搜索算法。它是从一组解 (解群) 开始搜索，能有效地跳出局部极值点，适用于多峰值、多参数问题的求解。遗传算法将原问题的解空间映射到位串空间中，然后再实行遗传操作，它强调个体基因结构的变化对其适应度的影响，以选择算子为主要搜索技术，交叉算子和变异算子为辅 [40]。

遗传算法的特点是算法中不包含待解决问题所特有的形态。它是从改变基因的配置来实现问题的整体优化的，因而属于自下而上的优化方法。类似于生物的进化过程，遗传算法处理的是变量集合的编码而非变量本身。它直接对结构对象进行操作，不存在求导和函数连续性的限定；具有内在的隐并行性和更好的全局寻优能力；采用概率化的寻优方法，能自动获取和指导优化的搜索空间，自适应地调整搜索方向，不需要确定的规则。遗传算法的这些特点已被人们广泛地应用于组合优化、机器学习、信号处理、自适应控制和人工生命等领域。它是现代有关智能计算中的关键技术之一 [41,42]。

由于数值反分析法和解析反分析法在多参数反分析时存在诸多不足，下面利用遗传算法优秀的全局优化性能跳出局部极值点，寻得全局最优。强度时效性演化模型参数的智能搜索流程如图 4.55 所示，其核心思想是通过强度时效性演化模型拟合出岩石强度的演化规律，获得岩石理论上的单轴抗压强度，然后通过式 (4.33) 获得的理论单轴抗压强度与室内试验数据的方差作为判断参数选取是否合理的依据，参数的搜索依赖于遗传算法。

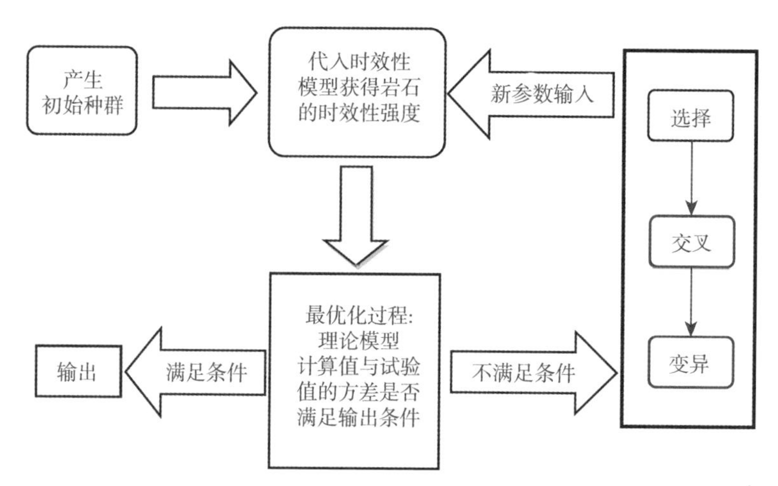

图 4.55　遗传算法参数搜索流程图

2. 脆性岩石时效性强度演化规律试验验证

硬脆性岩石时效性强度演化规律不仅能从定性的角度描述岩石的时间效应，而且能描述岩石在恒定荷载下强度损失规律、岩石的长期强度，并一定程度上反映岩石的加载速率效应。

1) 强度时效性演化模型规律的定性研究

为验证该模型是否能够描述岩石材料的强度演化规律， 现假定某岩石在 1MPa/s 的加载速率条件下，单轴抗压强度为 100MPa。这表明岩石在加载时间约 100s 时将发生破坏，即在第 100s 时该岩石对应的单轴抗压强度为 100MPa，但在加载的初期，岩石所对应的强度必定是大于 100MPa 的，岩石的强度在外界荷载的作用下，损伤不断的累积，使得强度也降低至 100MPa 左右。下面将利用岩石强度的时效性演化模型对该理论试验进行描述，并通过该例子详细介绍模型参数的获取方法。

岩石材料的加载速率为 1MPa/s，在强度的时效性演化模型 (式 (4.32)) 中，只要获得了 $[\alpha_1,\alpha_2,\beta_1,\beta_2]$ 这四个参数以及初始的 c_0 和 φ_0，就可以通过该公式获得该岩石材料黏聚力和内摩擦角的演化规律。 而当该岩样对应的强度与此时外部所施加的荷载相近或外载大于该强度时，岩样就发生了破坏。因此，关键问题是如何获得参数 $[\alpha_1,\alpha_2,\beta_1,\beta_2]$、初始黏聚力及内摩擦角，以及参数对强度演化规律的适应性以及准确性。

在大型数学软件 Matlab 中，利用现有的遗传算法编码，只要确定了目标函数即可获得相应问题的参数。针对本问题而言，遗传算法对问题解的编码组开始搜索，而不是从单个解出发，也不需要导数等其他信息，各种特点使利用 Matlab 中的遗传算法函数进行参数的搜索是方便并可行的。在遗传算法搜索参数的过程中，只要给定了目标函数即可获得最优化的参数。若仅拟合简单的单轴压缩试验，则目标函数如式 (4.34) 所示，即以 1MPa/s 的加载速率加载，强度演化模型中的黏聚力和内摩擦角在加载至 100MPa 时，使得岩石的演化强度最接近目标值 100MPa。通过式 (4.33) 获得岩石的时效性演化的单轴抗压强度与目标值 (实际试验值) 的方差最小。

$$\min f = \sqrt{(\sigma_c - 100)^2} \tag{4.34}$$

式中，σ_c 为通过时效性强度演化模型获得的演化强度；f 为该演化强度与岩样实际单轴抗压强度的方差，该方差最小，表明演化强度与试验数据最接近，即拟合程度高。

当然，仅就单轴压缩试验并不能完全反映强度的时效性演化特性，也不能完全反映该模型是否能够描述岩石的静态疲劳强度，现在对该理论试验进行扩充，按照表 4.9 进行目标函数的构造，使得该组参数能够反映该岩石多种应力路径下的强度演化规律。

表 4.9 模拟试验强度与时间的关系

强度/MPa	100	90	80
时间/s	0	14	30

那么此时，构造遗传算法的目标函数也扩充为

$$\min f = \sqrt{(\sigma_{c1} - 100)^2 + (\sigma_{c2} - 90)^2 + (\sigma_{c3} - 80)^2} \tag{4.35}$$

其中，σ_{c1}、σ_{c2} 和 σ_{c3} 分别为通过强度演化模型获得的在加载至 100MPa、加载至 90MPa 后持续加载 14s、加载至 80MPa 后持续加载 30s 时对应的演化强度。

岩石经历的应力路径已知，在获得参数的情况下即可通过强度的时效性演化模型即式 (4.32) 获得该应力路径下单位时间内黏聚力和内摩擦角的变化，将新的黏聚力和内摩擦角代入式 (4.33) 即可获得此时的单轴抗压强度。

通过对参数的搜索，获得如图 4.56 所示的结果。图中虚线是由每个单位时间内新的黏聚力和内摩擦角所确定的强度演化曲线，下方的实曲线是在模拟试验中岩样的加载值，显然，当强度演化曲线与试验加载曲线近似相交时，岩样达到承载极限，将发生破坏。

图 4.57 是三组模拟试验加载至 70MPa 后的强度演化曲线和试验加载曲线图。从图中的三条强度演化曲线可以看到，岩石的强度演化在相同的加载条件下是完全相同的。在加载情况改变时，岩石受到的加载水平越高，岩石的强度下降越快，直接加载最快，在 90MPa 的应力水平时次之，而在 80MPa 时下降最慢。通过分析

比较，强度的时效性演化模型的函数规律与岩石强度损失的规律是完全一致的，这从理论上表明，岩石强度的时效性演化模型是合理和符合客观规律的。

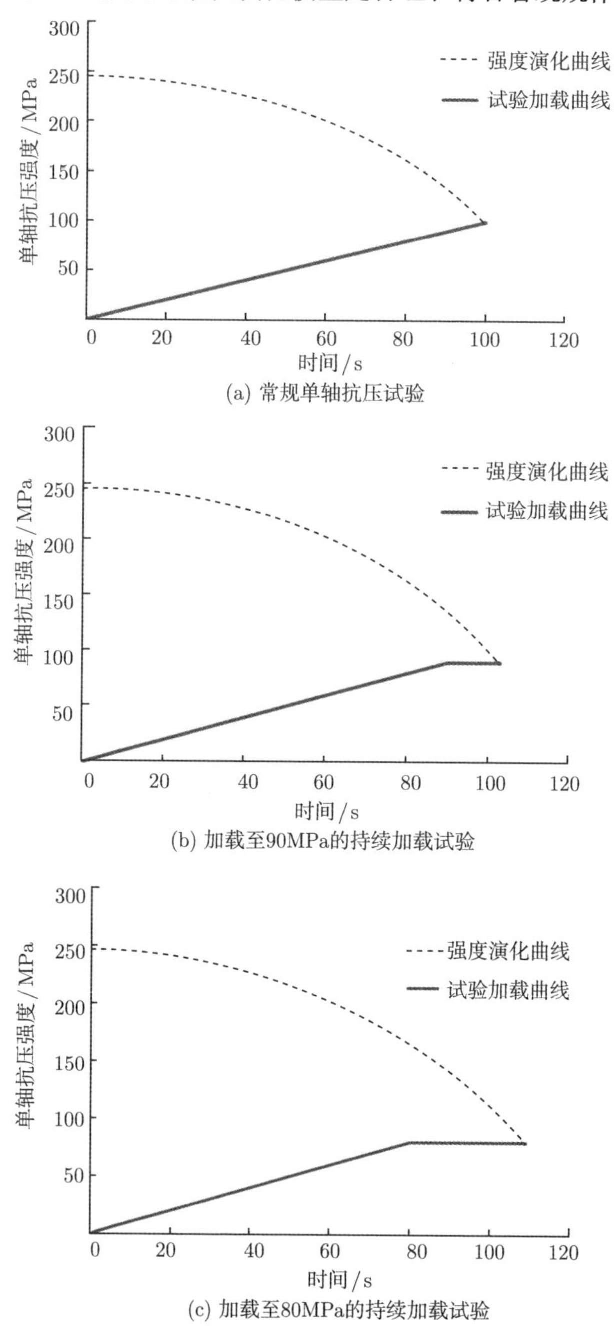

(a) 常规单轴抗压试验

(b) 加载至90MPa的持续加载试验

(c) 加载至80MPa的持续加载试验

图 4.56　时效性强度演化规律数值模拟试验结果

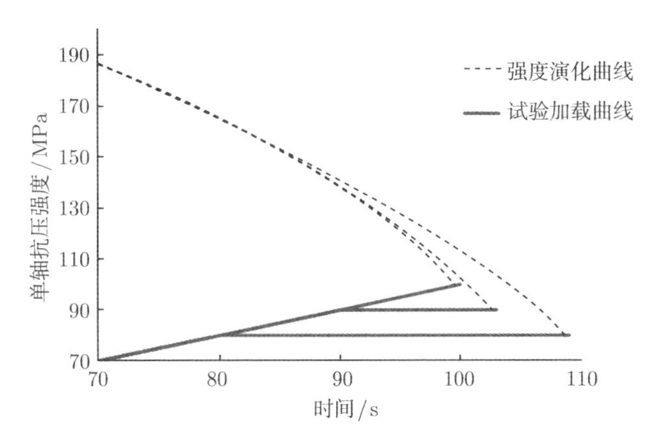

图 4.57 时效性强度演化规律数值模拟试验结果 (起点为 70MPa)

通过该模拟试验能够说明岩石时效性强度演化规律不仅能反映在加载过程中，岩石的单轴抗压强度不断下降的过程，同时也能够反映在持续加载试验中岩石强度的时效性演化规律，即岩石所承受的加载强度越低，岩石破坏所需要的加载时间就越长；反之，岩石所承受的加载强度越高，岩石破坏所需要的加载时间就越短。

2) 硬脆性岩石蠕变试验时效性强度演化规律验证

A. Lac du Bonnet 花岗岩

图 4.58 所示为 Lac du Bonnet 花岗岩强度随时间的变化规律试验结果，该试验结果是硬脆性岩石时间效应研究中广泛引用的一组数据。下面将利用该组数据对硬脆性岩石的时效性强度演化规律进行验证。

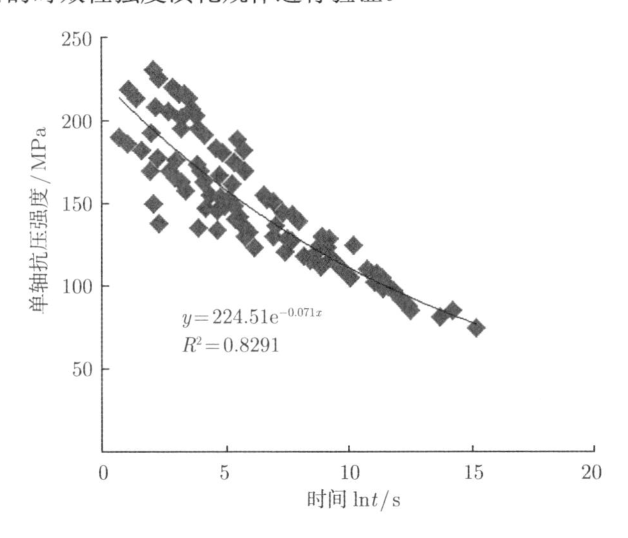

图 4.58 Lac du Bonnet 花岗岩强度随时间的变化规律

由于该组试验数据数量巨大，且时间跨度非常大，最低单轴抗压强度对应的时间达到了近 400 万秒，因此首先对该组数据进行指数拟合，获得 Lac du Bonnet 花岗岩强度与时间的关系为

$$\sigma = 224.5\exp(-0.071 \times \ln t) \tag{4.36}$$

其中，σ 为岩石的单轴抗压强度；t 为持续加载时间。该公式的相关系数 R^2=0.8291。

在拟合曲线上均匀分布地选取 12 个数据点作为目标值，近似作为试验数据的标准值。按照前文所述的参数搜索方法，将目标函数定义为

$$\min f = \sqrt{\sum_{i=1,2,\cdots,12} (\sigma_{ci} - \sigma_i)} \tag{4.37}$$

其中，σ_{ci} 为利用当前摩擦力和黏聚力计算所获得的岩石演化强度，而 σ_i 为利用拟合公式获得的该岩样在持续荷载作用下的单轴抗压强度，即为遗传算法中函数的试验标准值。表 4.10 为利用强度的时效性演化模型获得的演化强度。

在图 4.59 中，将强度时效性演化模型获得的演化强度放入试验数据中进行比较。其中，f= 13.0418，即 12 组演化强度与试验值的均方差为 13.0418。结果表明，该理论模型对 Lac du Bonnet 花岗岩试验描述较为准确。

表 4.10 Lac du Bonnet 花岗岩演化强度与标准强度

$i(\ln t)$	时间/s	演化强度 σ_{ci}/MPa	强度 σ_i/MPa
1	2.718282	209.1225	202.5324
2	7.389056	194.7896	193.7398
3	20.08554	181.4391	184.1985
4	54.59815	169.0036	174.0596
5	148.4132	157.4204	163.4664
6	403.4288	146.6311	152.5732
7	1096.633	136.5813	141.5613
8	2980.958	127.2203	130.6543
9	8103.084	118.5009	120.1317
10	22026.47	110.379	110.3356
11	59874.14	102.8139	101.6695
12	162754.8	95.7672	94.5766

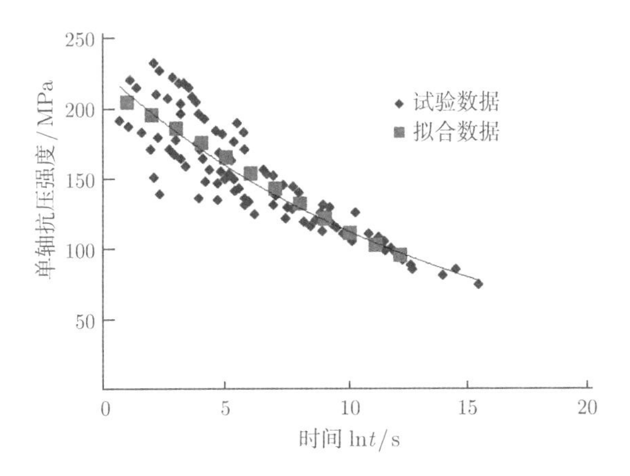

图 4.59 强度时间效应演化规律的 Lac du Bonnet 花岗岩试验数据验证

Lac du Bonnet 花岗岩的试验数据之所以成为岩石强度时间效应试验研究的经典数据，是因为该组数据试验样本多，试验的时间跨度大，且规律性良好。利用硬脆性岩石强度的时效性演化模型能够很好地拟合 Lac du Bonnet 花岗岩强度随时间的变化规律，反映了 Lac du Bonnet 花岗岩强度的时间效应以及长期强度。这有力地证实了强度时效性演化模型具有极强的适应性和准确性。

B. 锦屏水电站 T_{2y}^5 大理岩

根据现有的锦屏深埋大理岩破裂扩展的时间效应试验 [43,44] 中所提供的数据，应用硬脆性岩石强度的时效性演化模型进行验证。由于该组数据量和时间跨度都比 Lac du Bonnet 花岗岩小得多，将选取五个数据点作为目标函数的标准值，如图 4.60 所示，该模型针对该岩石的时效性试验拟合效果好；同时，由于试验数据较少，该组数据的目标函数 f=1.15，拟合准确性较高。

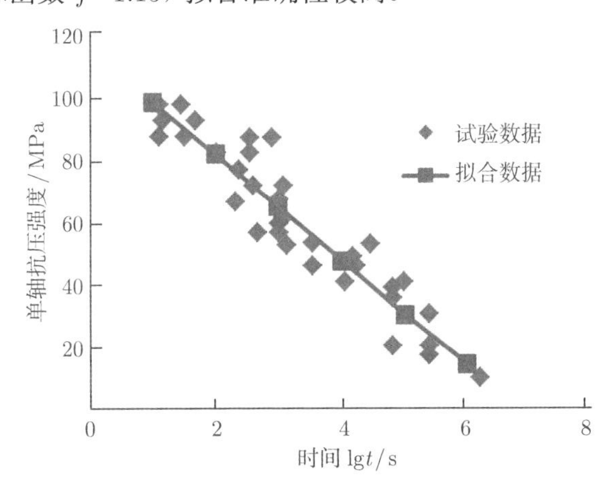

图 4.60 锦屏水电站 T_{2y}^5 大理岩强度时间效应演化模型的试验数据验证

3) 时效性强度准则的加载速率效应研究

由上可知，根据不同加载速率条件的单轴压缩试验结论，试用不同的加载方式获得数据点与演化强度之间的最小方差，同样可以获得强度演化模型的参数。利用硬脆性岩石强度的时效性演化理论进行拟合，如图 4.61 所示，拟合结论大致满足要求。

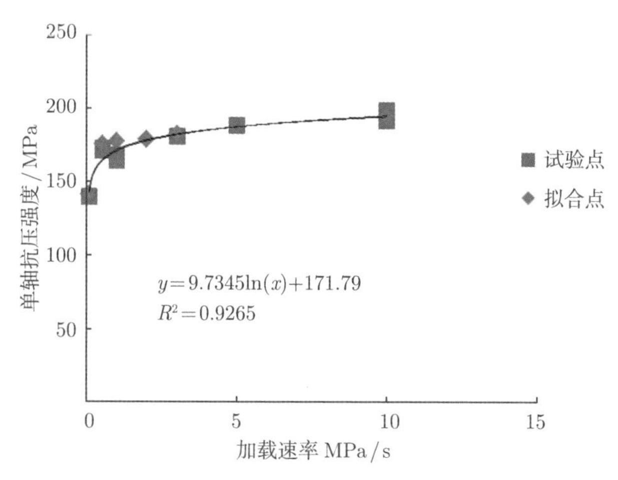

图 4.61　锦屏水电站大理岩不同加载速率条件下单轴压缩强度的试验数据验证

4.3　小结与讨论

针对高应力条件下岩石脆性破坏导致的诸多特殊工程灾害问题 (如岩爆、冲击地压等)，本章介绍了深埋脆性岩石力学响应的相关研究成果。首先，针对锦屏二级水电站引水隧洞的 T_{2y}^{6} 和 T_{2b} 两种大理岩进行了常规三轴和循环加卸载试验，并对其不同围压下的力学行为进行了分析；之后，介绍了基于试验结果而提出的弹塑性耦合力学模型，该力学模型考虑了弹性参数和剪胀特性的围压效应以及硬化软化性质。

需要说明的是，在深埋脆性岩石力学行为时，由于将初始屈服点取在应力-体积应变曲线加载段体积应变达到最大值的位置，在利用 Mohr-Coulomb 准则对试验结果拟合得到的黏聚力 c 随内变量的变化规律中，初始屈服后黏聚力 c 出现一个小幅上升段，这与前人的研究结论 [2,13,30,45] 有所不同，而对于其他岩石在对初始屈服点采用相同的取法后是否会有类似规律有待进一步验证。在对强度参数的处理时，本章假定其不随围压而变化，但 Fang 等 [46] 认为强度参数与围压也有关，此处亦值得深入研究。

另外，本章介绍的力学模型采用了较多的待定参数，其主要目的是为了能对硬脆性岩石的力学特性进行较为准确的定量描述，这对于深部岩体工程的岩爆机制分析、具有小变形破坏特性的硬脆性围岩的变形定量计算等诸多情况来说都是非常必要的。此外，由于本章的研究对象是两种深埋锦屏大理岩，所得到的结论和公式是否适用于其他岩石还需进一步验证；并且，本章的力学模型是建立在试验结果之上的，为了工程计算的方便和实用性，并没有过分追求理论上的严密性。

针对实际工程中硬岩岩体的强度具有较强时间效应的特性，本章介绍了该方面的相关研究成果。首先，介绍了锦屏二级水电站大理岩和北山花岗岩的单轴压缩时滞性破坏试验和时滞性三轴压缩试验的研究成果；并介绍了基于时滞性试验结果而提出的硬脆性岩石强度时效性理论模型，该力学模型考虑了弹性参数和剪胀特性的围压效应以及硬化软化性质。

该模型中岩石的强度由岩石材料在该时刻下的黏聚力和内摩擦角确定，而黏聚力和内摩擦角与时间的差分与岩石的强度、屈服接近度、加载时间相关。其核心思想是黏聚力不断丧失、内摩擦角不断增加，使得岩石的强度不断降低，且降低的快慢程度与材料的应力水平即屈服接近度相关。

此外，由于硬脆性岩石的时滞性破坏机制是一个非常复杂的问题，工程中硬脆性围岩的时滞性岩爆深刻地反映了岩石材料破坏的时滞性行为。本章在硬岩强度时间效应方面的研究还是初步的，复杂应力条件下硬脆性岩石破坏行为的时间滞后行为的机制以及规律研究，特别是工程中围岩破坏的时间滞后性即时滞性岩爆的机制及规律研究仍有待进一步深化。

参 考 文 献

[1] 周辉，张凯，冯夏庭，等. 脆性大理岩弹塑性耦合力学模型研究. 岩石力学与工程学报，2010，29(12)：2398-2409.

[2] Lade M K. Single hardening constitutive model for frictional materials Ⅱ. Yield criterion and plastic work contours. Computers and Geotechnics. 1988，6(1)：13-29.

[3] 张凯，周辉，冯夏庭，等. 大理岩弹塑性耦合特性试验研究. 岩土力学，2010，31(8)：2425-2434.

[4] 王仁，殷有泉. 工程岩石类介质的弹塑性本构关系. 力学学报，1981，(4)：317-325.

[5] 郭小明. 岩土介质弹塑性耦合问题的数学规划模型. 东南大学学报，1994，24(5)：101-105.

[6] 张凯. 脆性岩石力学模型与流固耦合机制研究. 中国科学院武汉岩土力学研究所博士学位论文，2010.

[7] Dafalias Y F. Il′iushin′s postulate and resulting thermodynamic condition on elasto-plastic coupling. International Journal of Solids and Structures，1977，13(3)：239-251.

[8] Dafalias Y F. Elasto-plastic coupling within a thermodynamic strain space formulation of plasticity. International Journal of Non-linear Mechanics，1977，12(5)：327-337.

[9] 尤明庆. 岩石试样的杨氏模量与围压的关系. 岩石力学与工程学报，2003，22(1)：43-50.

[10] Hajiabdolmajid V. Mobilization of strength in brittle failure of rock. Kingston：Department of Mining Engineering，Queen′s University Ph.D.Thesis，2001.

[11] 卢允德，葛修润，蒋宇，等. 大理岩常规三轴压缩全过程试验和本构方程的研究. 岩石力学与工程学报，2004，23(15)：2489-2493.

[12] 赵星光，蔡明，蔡美峰. 岩石剪胀角模型与验证. 岩石力学与工程学报，2010，29(5)：970-981.

[13] Alejano L R，Alonso E. Considerations of the dilatancy angle in rocks and rock masses. International Journal of Rock Mechanics and Mining Sciences，2005，42(4)：481-507.

[14] 殷有泉，曲圣年. 弹塑性耦合和广义正交法则. 力学学报，1982，(1)：63-70.

[15] 高红，郑颖人，冯夏庭. 材料屈服与破坏的探索. 岩石力学与工程学报, 2006, 25(12): 2515-2522.

[16] 郑颖人，沈珠江，龚晓南. 岩土塑性力学原理. 北京: 中国建筑工业出版社, 2002.

[17] 过镇海，时旭东. 钢筋混凝土原理和分析. 北京: 清华大学出版社, 2003.

[18] 白冰，李小春，唐礼忠. 应力-应变曲线初始屈服的一个新定义及其应用. 岩石力学与工程学报, 2010, 29(2): 4077-4081.

[19] 黄书岭. 高应力下脆性岩石的力学模型与工程应用研究. 中国科学院研究生院博士学位论文, 2008.

[20] Martin C D. The strength of massive Lac du Bonnet granite around underground openings. The United States: University of Manitoba, 1993.

[21] 黄伟，沈明荣，张清照. 高围压下岩石卸荷的扩容性质及其本构模型研究. 岩石力学与工程学报, 2010, 29(2): 3475-3481.

[22] 尤明庆. 岩石的力学性质. 北京: 地质出版社, 2007.

[23] 俞茂宏，刘继明，Yoshiya O D A，等. 论岩土材料屈服准则的基本特性和创新. 岩石力学与工程学报, 2007, 26(9): 1745-1757.

[24] 谢和平，彭瑞东，鞠杨，等. 基于断裂力学与损伤力学的岩石强度理论研究进展. 自然科学进展, 2004, 14(10): 1086-1092.

[25] Hajiabdolmajid V R. Mobilization of strength in brittle failure of rock. epartment of Mining Engineering, Queen's University Ph.D. thesis, Kingston, Canada, 2001.

[26] Martin C D, Chandler N A. The progressive fracture of Lac de Bonnet granite. International Journal of Rock Mechanics and Mining Sciences, Pergamon Press, 1994, 31(6): 643-659.

[27] Hansen B. Line ruptures regarded as narrow rupture zones.Basic equations based on kinematic considerations. Proceedings, Conference on Earth Pressure Problems, Brussels. 1958.

[28] Crouch S L. Experimental determination of volumetric strains in failed rock. International Journal of Rock Mechanics and Mining Sciences and Geomechanical Abstracts, 1970, 7(6): 589-603.

[29] Elliott G M, Browne T. Further development of a plasticity approach to yield in porous rock. International Journal of Rock Mechanics and Mining Sciences and Geomechanical Abstracts, 1986, 23(2): 151-156.

[30] Vermeer P A, De Borst R. Non-associated plasticity for soils, Concrete and Rock. Heron, 1984, 29(3): 1-65.

[31] Maier G, Hueckel T. Non-associated and coupled flow rules of elasto-plasticity for rock-like Materials. International Journal of Rock Mechanics and Mining Sciences, 1979, 16(2): 77-92.

[32] 沈明荣. 岩体力学. 上海: 同济大学出版社, 1999.

[33] Kidybinskl A. Bursting liability indices of coal. lnt. J. Rock Mech. Min. Sci. & Geomech. Abstr., 1981, 18(2): 295-304.

[34] Denkhaus, H G, Hill F G, Roux A J. A review of recent research into rockbursts and strata movement in deep-level mining in South Africa. Ass. Min. Mogrs. S. Afr, 245-268.

[35] 张传庆, 周辉, 冯夏庭, 等. 基于屈服接近度的围岩安全性随机分析. 岩石力学与工程学报, 2007, 2: 292-299.

[36] 张传庆, 周辉, 冯夏庭. 基于破坏接近度的岩土工程稳定性评价. 岩土力学, 2007, 5: 888-894.

[37] Hajiabdolmajid V, Kaiser P. Brittle of rock and stability assessment in hard tunneling. Tunneling and Underground Space Technology, 2003, 18: 35-48.

[38] 袁建新. 岩土损伤问题. 岩土力学, 1993, 14(1): 1-31.

[39] 臧绍先, 范建利. 不同单轴加压方式下岩石声发射的时间过程与频率特征. 地震学报, 1987, 9(1): 74-88.

[40] 王德超, 杨永杰, 李玉寿, 等. 煤样蠕变变形规律及声发射特征试验研究// 台湾大学、北京科技大学. 2010 年海峡两岸材料破坏/断裂学术会议暨第十届破坏科学研讨会/第八届全国 MTS 材料试验学术会议论文集. 台湾大学、北京科技大学, 2010: 5.

[41] 赵瑞. 多目标遗传算法应用的研究. 天津大学硕士学位论文, 2005.

[42] 戴晓晖, 李敏强. 遗传算法理论研究综述. 控制与决策, 2000, 15(3): 263-268, 273.

[43] Lumin M. Experimental Investigation of time dependent behavior of Welded Topopah Spring Tuff. Reno: University of Nevada, 2004.

[44] 刘宁, 张春生, 褚卫江. 锦屏深埋大理岩破裂扩展的时间效应试验及特征研究. 岩土力学, 2012, 33(8): 2434-2444.

[45] 陈炳瑞, 冯夏庭, 曾雄辉, 等. 深埋隧洞 TBM 掘进微震实时监测与特征分析. 岩石力学与工程学报, 2011, 30(2): 275-283.

[46] Fang Z, Harrison J P. A mechanical degradation index for rock. International Journal of Rock Mechanics and Mining Sciences, 2001, 38(8): 1193-1199.

第五章　基于静力数值分析的岩爆/冲击地压预测评价指标与评估方法

目前在对岩爆/冲击地压进行预测评价时，较多的是采用数值模拟方法，考虑实际的工程情况 (如围岩力学特性、现场地质条件、地应力状态和施工方法及过程等)，对地下洞室的开挖支护过程进行计算仿真，然后依据计算结果，采用合适的评价指标，对地下洞室围岩的岩爆/冲击地压风险情况进行预测评价。虽然岩爆/冲击地压的孕育发生过程是岩体从静力状态向动力状态转化的动态过程，然而在利用数值模拟方法对岩爆/冲击地压进行预测时，目前仍主要采用静力数值计算方法。此类方法自然无法反映岩爆/冲击地压的孕育演化过程，但依据计算所得结果可对岩爆倾向性作出宏观判断，同时也可为其他评价方法提供基本的信息或依据 (如应力集中程度、围岩破坏时能量释放大小、围岩破坏程度和位置等)。鉴于此，本章将介绍目前基于静力数值分析的岩爆/冲击地压常用预测评价指标与评估方法。下面首先介绍深埋地下隧道/巷道的数值计算方法，其次介绍目前岩爆/冲击地压常用的预测评价指标，最后基于实际工程案例，采用预测评价指标对岩爆的倾向性进行评估。

5.1　深埋地下隧道/巷道的数值计算方法

由于岩爆/冲击地压等动力灾害主要发生于深埋高应力下硬岩地下工程中，因此本节所介绍的数值计算方法主要针对深埋地下隧道/巷道的动力灾害 (如岩爆/冲击地压) 倾向性的预测评估。由于数值计算是 RIRO (rubbish in，rubbish out)，为了能对深埋地下工程的开挖支护过程进行仿真模拟，则必须首先了解地下工程的具体环境，如围岩所处地应力状态、工程地质条件、围岩力学特性以及现场开挖支护方案等。对应于数值模拟的具体过程，可将其分为地质条件和地应力状态提取、模型构建和边界条件设定、力学模型和力学参数选择、计算和后处理。而一般而言，考虑到地下水渗透情况下岩爆/冲击地压不易发生的事实，故此次将不涉及水文地质条件的分析以及相应的渗流应力耦合问题的模拟分析。

基于静力数值计算结果，在运用预测评价指标对深部地下工程的岩爆/冲击地压的倾向性进行评估时，一般要针对具体的评价指标，采取与之相对应的模拟方法，如常用的评价指标局部能量释放率 (local energy release rate, LERR)[1]、破坏接

近度 (fail approach index, FAI)[2] 等要求计算结果能真实反映岩体的非线性力学行为，而能量释放率 (energy release rate，ERR)[3] 和能量储存率 (energy storage ratc, ESR)[4] 等则要求计算时把岩体视为弹性体。上述计算时，对于数值模拟本身而言，不同评价指标对应的非弹性和弹性计算主要体现在计算的力学模型上，在数值模拟方法的步骤上是一致的。下面将简单介绍深埋地下隧道/巷道的数值模拟过程的几个主要步骤。

(1) 工程地质条件和地应力状态的确定：首先根据工程情况预估深埋地下隧道/巷道需研究的范围，依据前期的地质勘测资料对预估范围内岩体的工程地质情况进行推测和估计，分析把握控制性的地质结构，如主要岩体层面和结构面的产状等；依据工程区地应力测点情况反演得到预估洞段的地应力状态。

(2) 模型构建和边界条件设定：通过上述工程地质条件的分析，确定工程区域的控制性地质结构，并在计算模型中进行相应概化；根据深埋地下隧道/巷道的开挖和支护方案，结合工程地质条件，确定地下洞室的尺寸，以及基于圣维南原理确定整个几何模型的计算尺寸，并根据关注要求的不同进行网格单位的划分；根据工程区岩体的地应力状态和工程的力学特征设定计算模型的边界条件和初始条件。

(3) 力学模型及其参数的选取：一般针对工程区的岩体 (岩石) 展开现场试验或室内试验获得岩体的力学行为，并以此选择合适的力学模型；然后，结合室内试验和现场试验的成果，通过正分析或反分析获得力学模型的计算参数。

(4) 计算和后处理：根据深埋地下隧道/巷道的开挖和支护方案，结合已建立的网格模型，进行开挖和支护方案的编程控制，进行开挖和支护模拟计算，并针对具体的评价指标编制相应的计算程序，同时确定不同指标在计算时的调用位置 (计算过程中或计算完成后)；获得模拟得到的应力、变形以及各评价指标值等数据，并处理生成分布图、演化曲线等，为岩爆倾向性评价提供基础数据。

5.2 基于静力计算的岩爆/冲击地压预测理论及其指标

自从岩爆出现之日起，就引起了岩石力学工作者和工程研究人员的关注。目前国内外学者从强度理论 [5−7]、刚度理论 [8,9]、能量理论 [10]、“三准则” 理论 [11]、压杆失稳理论 [12]、岩体失稳理论 [13]、突变理论 [14]、分形理论 [15−17]、损伤理论 [18−20] 等方面对岩爆/冲击地压的发生机制进行了研究，并基于各自假设提出了相应的预测评价指标。随着数值计算方法在岩土工程界应用地越来越广泛，众多学者将岩爆/冲击地压预测评价指标和数值计算方法相结合对岩爆/冲击地压进行预测，即基于数值计算结果运用预测评价指标对岩爆/冲击地压的倾向性进行评价。本节将重点介绍可与数值计算方法相结合的岩爆/冲击地压预测评价指标。

1. Russenes 判据

挪威的 Russenes 在 1974 年提出了一种在国外很有影响的岩爆烈度分级方案 [21]，表达式如下：

$$
\begin{array}{ll}
I_s(50)/\sigma_\theta < 0.083, & \text{严重岩爆} \\
I_s(50)/\sigma_\theta = 0.083 \sim 0.15, & \text{中等岩爆} \\
I_s(50)/\sigma_\theta = 0.15 \sim 0.20, & \text{低等岩爆} \\
I_s(50)/\sigma_\theta > 0.20, & \text{无岩爆活动}
\end{array}
$$

式中，$I_s(50)$ 为岩石修正的点荷载强度；σ_θ 为洞室围岩的最大切向应力。

将岩石修正的点荷载强度 $I_s(50)$ 换算成岩石的单轴抗压强度 σ_c，可以将 Russenes 判据改写成为 [22]

$$
\begin{array}{ll}
\sigma_\theta/\sigma_c < 0.2, & \text{无岩爆活动} \\
\sigma_\theta/\sigma_c = 0.2 \sim 0.3, & \text{低等岩爆} \\
\sigma_\theta/\sigma_c = 0.3 \sim 0.55, & \text{中等岩爆} \\
\sigma_\theta/\sigma_c > 0.55, & \text{严重岩爆}
\end{array}
$$

2. Turchaninov 判据

前苏联的 Turchaninov 根据科拉半岛希宾地块的矿井建设经验，提出了岩爆活动性由洞室切向应力 σ_θ 和轴向应力 σ_L 的和与单轴抗压强度 σ_c 的比值来确定 [23,24]

$$
\begin{array}{ll}
(\sigma_\theta+\sigma_L)/\sigma_c < 0.3, & \text{无岩爆活动} \\
(\sigma_\theta+\sigma_L)/\sigma_c = 0.3 \sim 0.5, & \text{有岩爆可能} \\
(\sigma_\theta+\sigma_L)/\sigma_c = 0.5 \sim 0.8, & \text{一定会发生岩爆} \\
(\sigma_\theta+\sigma_L)/\sigma_c > 0.8, & \text{有严重岩爆}
\end{array}
$$

3. 能量释放率

能量释放率 (ERR) 是 20 世纪 60 年代由 Cook 等 [3] 在总结南非 15 年岩爆研究与防治经验的基础上首先提出的，认为当矿体-围岩系统在力学平衡状态破坏时所释放的能量大于消耗的能量时，即产生岩爆。目前已成为应用最广泛的评价完整岩体应变型岩爆倾向性的指标，被用于工作面形式和矿柱布置方式的设计等。许多研究者研究了 ERR 和岩爆灾害之间的联系，并在南非金矿中发展成为一种岩爆风险估计工具 [25]。

Salamon 等 [25] 研究了地下开采过程中的能量转换原理，将整个洞群分成 m 步开挖，则动态开挖过程中某一特定开采步骤的围岩释放能量为

$$
w_r = \frac{1}{2}\int_{S_m} u_i T_i \mathrm{d}s \tag{5.1}
$$

式中，W_r 为某一动态开挖步骤中围岩释放的能量；S_m 表示由于本步开挖而暴露出的表面积；u_i^c 为开挖引起的围岩次生位移；T_i^p 则为本步开挖前围岩中的表面牵引力。将本开挖步 u_r 起除以开挖岩体总体积 V，则得到本开步的 ERR 为

$$\mathrm{ERR} = W_r/V \tag{5.2}$$

而地下开挖不是一次完成，而是一个分步开挖的复杂过程，将开挖过程中各开挖步释放的能量累计求和，即得到开采过程中围岩释放的总能量，除以总开挖体积，便得到能量释放率。

4. 超剪应力

在深埋地下工程中，不少岩爆/冲击地压是因高应力导致岩体中结构面滑移产生的断裂型岩爆/冲击地压。考虑到能量释放率是一种基于连续介质的能量方法，不能适应于断裂型岩爆/冲击地压，Ryder[26] 基于对断裂型岩爆源于地质不连续面不稳定剪切滑移机制的认识，提出了超剪应力 (excess shear stress，ESS) 的概念，将其表达为不连续面滑移前的剪应力与其动态剪切强度之差：

$$\mathrm{ESS} = \tau_e = |\tau| - \mu_d\sigma_n \tag{5.3}$$

式中，τ 为不连续面滑移前的剪应力；μ_d 为不连续面的动摩擦系数；σ_n 为不连续面上的正应力。

地质不连续面的启动是因某个部位的剪应力超过了其静态剪切强度 τ_s，即 $\tau \geqslant \tau_s$，τ_s 表达式为

$$\tau_s = c + \mu_s\sigma_n \tag{5.4}$$

式中，τ_s 为不连续面滑移前的静剪切强度；c 为不连续面的黏聚力，被面内的充填物或者凸起咬合或黏结程度所控制；μ_s 为不连续面的静摩擦系数。

当不连续面的某个部位剪切破坏启动时，将引起该部位两侧结构面剪切破坏的连锁反应，并最终导致其动态滑动 [26]。因此，地质不连续面上的剪应力与静态剪切强度之间的关系对于评价断裂型岩爆是否发生至关重要。

5. 能量储存率和岩爆潜能指标

基于能量释放率理论，Mitri 等 [27] 提出了采矿诱发能量密度 (mining-induced strain energy density) 和能量储存率 (ESR) 两个概念。Mitri 等指出在隧洞或巷道开挖后围岩内会诱发能量调整，在岩体单元中的能量可表示为两部分，一部分为由诱发应力产生的应变能储存量 U_1，另一部分为原岩应力产生的应变能储存量 U_2，总储存能量为两者之和，即 $(U_1 + U_2)$。于是有

$$\mathrm{ESR} = \frac{\mathrm{d}}{\mathrm{d}v}(U_1 + U_2) \tag{5.5}$$

为了评估开挖面形成后岩体岩爆倾向性，Mitri 等 [28] 进一步提出了岩爆潜能指标 (burst potential index，BPI)。该指标理论上是指当岩体能量储存率达到其最大储能极限时，岩爆发生的可能性极大，因而 BPI 是能量储存率 ESR 与极限能密度 (U_c) 的比值，表示如下

$$\mathrm{BPI} = \frac{\mathrm{ESR}}{U_c} \times 100\% \tag{5.6}$$

6. *局部能量释放密度、模拟地层功*

Wiles 等 [29] 在研究矿柱岩爆问题时提出了局部能量释放密度 (local energy release density，LERD) 概念，它表征矿柱破坏前后围岩系统释放的有效动能，其能量源来自于加载系统 (如矿柱顶底板) 和破坏岩体 (如矿柱) 因刚度差异而产生的能量释放。用单元体格式计算 LERD 公式如下：

$$\mathrm{LERD} = \sum_{i=1}^{3}\left[\sum_{j=1}^{n}\frac{1}{2}(T_{ij} - T'_{ij})(u'_{ij} - u_{ij})\right] \tag{5.7}$$

式中，T_{ij} 和 T'_{ij} 分别为破坏前后单元体表面力；u_{ij} 和 u'_{ij} 为破坏前后单元体响应位移；n 为单元体表面总数。

Beck 和 Brady[30] 扩展了 LERD 的概念，提出了模拟地层功 (modeled ground work，MGW) 的概念，与 LERD 不同的是，MGW 表征的是岩体破坏前后完全的能量变化，用单元体计算格式表示如下

$$\mathrm{MGW} = \sum_{i=1}^{3}\left[\sum_{j=1}^{n}\frac{1}{2}(T_{ij} + T'_{ij})(u'_{ij} - u_{ij})\right] \tag{5.8}$$

7. *局部能量释放率*

苏国韶 [31] 在吸取了 ERR 能量指标的优点并考虑了岩体破坏后释放能量的特征后提出了局部能量释放率 (local energy release rate，LERR)，该指标是单位岩体脆性破坏时释放能量大小的近似表示。指标的实现可在数值模拟计算中，通过追踪每个单元弹性能量密度变化的全过程，记录下单元发生破坏前后的弹性能密度差值，即为该单元的局部能量释放率。记录时忽略上述差值较小的单元，即忽略在某些复杂应力状态下可能发生延性破坏的单元释放能量，保证得到的是脆性破坏单元的能量释放率；再将单元的能量释放率乘以单元体积得到单元释放能，所有脆性破坏单元的释放能量和即为当前开挖步引起的围岩总释放能量，简称弹性释放能 (elastic release energy，ERE)，计算公式如下

$$\mathrm{LERR}_i = U_{i\max} - U_{i\min} \tag{5.9}$$

$$\mathrm{ERE}=\sum_{i=1}^{n}\mathrm{LERR}_i * V_i \tag{5.10}$$

式中，LERR_i 为第 i 个单元的局部能量释放率；$U_{i\max}$ 为第 i 个单元脆性破坏前的弹性应变能密度峰值；$U_{i\min}$ 为第 i 个单元脆性破坏后的弹性应变能密度谷值；V_i 为第 i 个单元的体积。

$$U_{i\max}=[\sigma_1^2+\sigma_2^2+\sigma_3^2-2\nu(\sigma_1\sigma_3+\sigma_2\sigma_3+\sigma_1\sigma_3)]/2E \tag{5.11}$$

$$U_{i\min}=[\sigma_1'^2+\sigma_2'^2+\sigma_3'^2-2\nu(\sigma_1'\sigma_3'+\sigma_2'\sigma_3'+\sigma_1'\sigma_3')]/2E \tag{5.12}$$

式中，σ_1、σ_2、σ_3 为单元应变能峰值对应的三个主应力；σ_1'、σ_2'、σ_3' 为单元应变能谷值对应的三个主应力；ν 为泊松比；E 为变形模量。

8. *破坏接近度* (FAI)[2]

由第四章对屈服接近度 (yield approach index，YAI) 的介绍可知，屈服接近度 (YAI) 可广义表述为描述一点的现时状态与相对最安全状态的参量的比，YAI∈[0,1]。相对于某一强度理论，则可以定义为：空间应力状态下的一点沿最不利应力路径到屈服面的距离与相应的最稳定参考点在相同罗德角方向上沿最不利应力路径到屈服面的距离之比。由此可以看出，屈服接近度 (YAI) 的值域为 [0, 1]，在 YAI=0 时，应力点在屈服面上，发生屈服；在 YAI=1 时，应力点在等倾线上，处于相对最安全状态。

另外，由于材料强度弱化的根本机制是其力学性质的恶化，在塑性力学中，塑性剪应变唯象地描述了这种裂化 (即损伤)。对于岩石材料，塑性剪应变 $\bar{\gamma}^{\mathrm{p}}$ 综合描述了材料不可逆的畸变变形，即材料的累积损伤程度。且对于剪切破坏机制为主的材料，常以此为变量来定义应变硬化 (软化) 函数。依据以上分析，我们可以假设，当材料破坏时，存在一个临界的塑性剪应变 $\bar{\gamma}^{\mathrm{p}}$ 值作为界定破坏的判据，这个判据是一个材料参数。因此，完全可以通过塑性剪应变来定义一个评价材料变形破坏过程中损伤程度的指标，称为破坏度 (failure degree，FD)：

$$\mathrm{FD}=\bar{\gamma}_{\mathrm{p}}/\bar{\gamma}_{\mathrm{p}}^{\mathrm{r}} \tag{5.13}$$

式中，$\bar{\gamma}_{\mathrm{p}}$ 为塑性剪应变，$\bar{\gamma}_{\mathrm{p}}=\sqrt{\frac{1}{2}e_{ij}^{\mathrm{p}}e_{ij}^{\mathrm{p}}}$，塑性偏应变 $e_{ij}^{\mathrm{p}}=\varepsilon_{ij}^{\mathrm{p}}-\varepsilon_m^{\mathrm{p}}\delta_{ij}$；$\bar{\gamma}_{\mathrm{p}}^{\mathrm{r}}$ 为材料的极限塑性剪应变，但目前还没有规范给出针对不同岩石的破坏判据 $\bar{\gamma}_{\mathrm{fail}}^{\mathrm{p}}$ 的参考值。

为了分析方便，本节令屈服接近度的相补参量为 $\omega=1-$ YAI，称其为危险系数。于是，我们定义一个新的参量，称为破坏接近度，即

$$\mathrm{FAI}=\begin{cases}\omega, & 0\leqslant\omega<1\\ 1+\mathrm{FD}, & \omega=1,\mathrm{FD}\geqslant 0\end{cases} \tag{5.14}$$

式 (5.14) 表示，在初始屈服之前，以 ω 表示应力状态的危险性，可随加卸载状况变化；在初始屈服后，以 $(1+\mathrm{FD})$ 表示材料的损伤程度，不反映加卸载情况。

虽然，ω 和 FD 两个参量是在不同的力学基础上推导出来的，ω 是针对材料弹性变形阶段的应力危险性提出的，而 FD 是针对材料屈服流动阶段的损伤程度提出的，但都是表示危险性的量纲为参量，完全可以组合在一起来表达材料在不同变形阶段的危险性的程度。

对于工程中岩体，可根据弹塑性分析的结果和工程现场的情况，结合经验，通过这个参量来界定破坏区、损伤区、弹性区等区域，并了解其危险性程度。

5.3 基于数值模拟的岩爆/冲击地压预测评估方法

本节将基于数值模拟方法，采用 5.2 节所介绍的预测评价指标，对岩爆/冲击地压的倾向性进行预测评估。由于不同的岩爆类型具有不同的内在力学机制和外在表现特征，因此，在预测评估时应有针对性地结合不同指标所表达物理意义的不同，采用相应的指标或指标组合。对于待评估洞段，应事先分析地质勘探或探测的结果，预估前方岩爆的类型。下面以锦屏二级水电站#4 引水隧洞的岩爆实例为数值计算对象，考虑到该岩爆案例属于应变性岩爆，拟应用 Russenes 判据、Turchaninov 判据、能量释放率 (ERR)、局部能量释放率 (LERR) 和破坏接近度 (FAI) 五个指标，对该岩爆案例的倾向性进行计算分析。

由上述五个评价指标的定义可知，不同指标计算所采用的数值模拟方法、本构模型等有所不同，如 Russenes 判据和 Turchaninov 判据主要从围岩应力角度对岩爆/冲击地压的倾向性进行评价，为真实反映围岩受力状况，计算时一般采用描述硬岩力学行为的弹塑性模型；能量释放率 (ERR) 和局部能量释放率 (LERR) 均与能量相关，但所表达能量的计算方法和意义不同，LERR 描述了围岩局部发生破坏时释放能量的大小，因此它能给出破坏或能量释放的大小、位置、范围和深度等信息，其侧重于准确描述岩体的非线性力学行为，而 ERR 则从整体上给出一个开挖步所引起的单位体积内释放的多余能量，不关心局部问题，也不能描述岩体峰后变形破裂行为，但由于缺乏能量释放率大小的参考值，因此 ERR 更适合开挖方案的评价，计算时由于 LERR 侧重于准确描述岩体的非线性力学行为，故一般采用描述硬岩力学行为的弹塑性模型，而 ERR 则将围岩视为弹性体，故一般采用弹性模型；此外，破坏接近度 (FAI) 虽然也侧重描述岩体的非线性力学行为，但与 LERR 不同，其侧重描述岩体变形破裂的程度和应力集中程度，而不描述能量变化，计算时也一般采用描述硬岩力学行为的弹塑性模型。

本岩爆案例具体情况如下：锦屏二级水电站#4 引水隧洞开挖顺序为：由排

引#2 支洞向西端开挖，当开挖至 K9+728 (7 月 6 日) 时，K9+742~9+766 南侧边墙发生强烈岩爆 (图 5.1)，爆坑达 2m 深，岩爆的剧烈冲击作用锚杆拉断且严重扭曲变形 (图 5.2)。

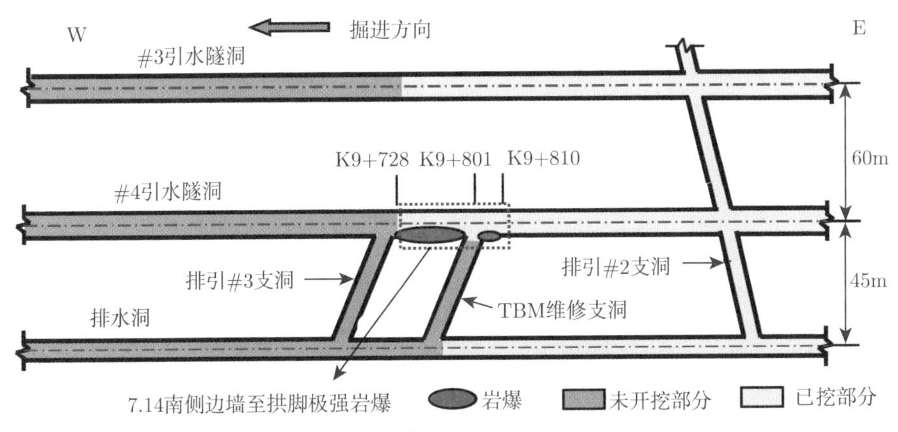

图 5.1 #4 引水隧洞岩爆发生位置示意图

图 5.2 #4 引水隧洞岩爆的处理 [32]

通过现场勘查未发现此洞段有控制性结构面，且围岩新鲜完整，该洞段岩体主要为 T_{2b} 大理岩。岩爆区域附近各洞室开挖尺寸及空间位置如图 5.3 所示。由图可知，#3 引水隧洞开挖截面为圆形，直径为 12.4m；排水洞截面也为圆形，直径为 7.2m；#4 引水隧洞和排引#2 支洞的开挖尺寸如图 5.3(b) 和 (c) 所示；排水洞和#4 引水隧洞的水平距离为 45m，#3 引水隧洞和#4 引水隧洞水平距离为 60m，#3 引水隧洞与排水洞圆心的垂直间距为 6m (图 5.3(a))。根据地应力反演结果 [33]，该洞段地应力水平较高，具体地应力状态如表 5.1 所示。

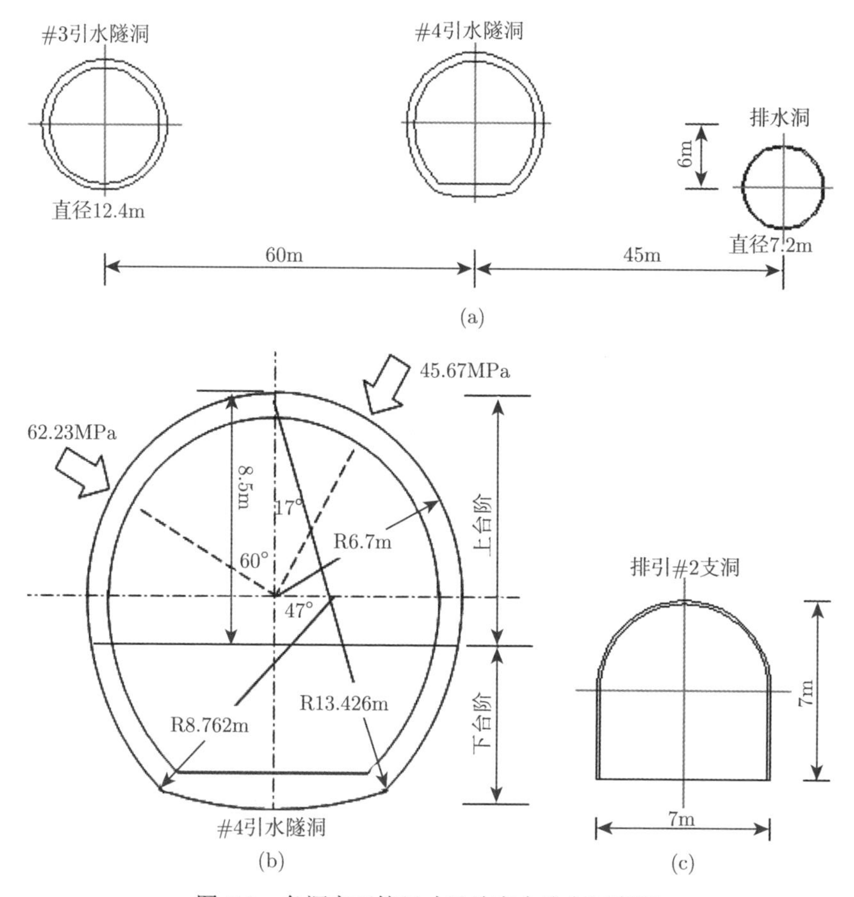

图 5.3 各洞室开挖尺寸及地应力分布示意图

表 5.1 #4 引水隧洞岩爆洞段的地应力状态

埋深/m	σ_x /MPa	σ_y /MPa	σ_z /MPa	τ_{xy} /MPa	τ_{yz} /MPa	τ_{zx} /MPa
1900	−49.81	−51.68	−58.09	−15	−1.23	7.17

由图 5.1 可知，#4 引水隧洞岩爆出现在该洞掌子面后方约 80m 长度范围内，为了真实反映围岩的受力情况，建立了三维计算模型 (图 5.4)。其中，模型宽和高均取为 300m，长为 600m，包含了 450484 个单元，76808 个节点，#4 引水隧洞分上下两台阶开挖，岩爆发生时仅进行了上台阶的开挖，开挖高度为 8.5m(图 5.3(a))。

据地质调查，岩爆洞段的岩体主要为 T_{2b} 大理岩，结合试验结果计算时采用应变软化模型，力学参数参照中国科学院武汉岩土力学研究所锦屏项目组地应力及岩体力学参数的反演成果 [33]，得到岩体的力学参数，如表 5.2 所示。此外，T_{2b} 大理岩单轴抗压强度为 90MPa。

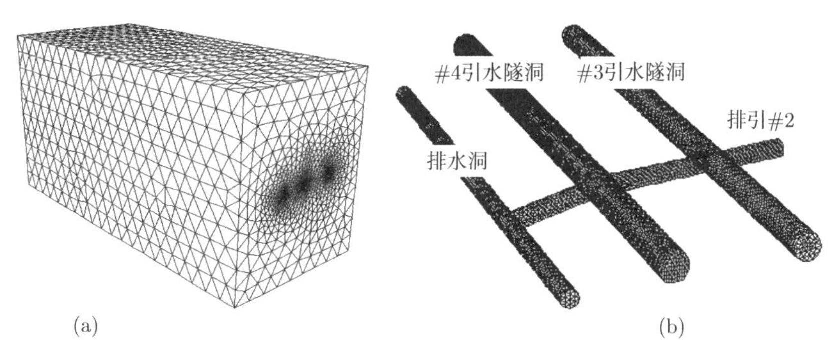

图 5.4 隧洞计算模型示意图

表 5.2 岩体力学参数

弹性模量/GPa	泊松比	黏聚力峰值/MPa	黏聚力残余值/MPa	黏聚力临界塑性应变/%	摩擦角初始值/(°)	摩擦角峰值/(°)	摩擦角临界塑性应变/%	剪胀角/(°)
27.62	0.256	34.36	9.87	4.5×10^{-3}	29.93	39.23	9.0×10^{-3}	29.20

1) 基于 Russenes 和 Turchaninov 判据的分析

分析时选取岩爆区域的中间位置 (K9+765 附近)，通过计算获得隧洞横剖面的岩爆判据分布，如图 5.5 所示。由图可知，采用 Russenes 判据分析时，面向掌子面的左侧边墙指标值最大 (最大约为 0.75)，指标值大于 0.55 的深度约为 2.7m；右侧边墙最大指标值约为 0.65，大于 0.55 的深度约为 1.5m。采用 Turchaninov 判据分析时，面向掌子面的左侧边墙指标值最大 (最大约 1.7)，指标值大于 0.8 的深度约为 3m；右侧边墙最大指标值约为 1.4，大于 0.8 的深度约为 4m。

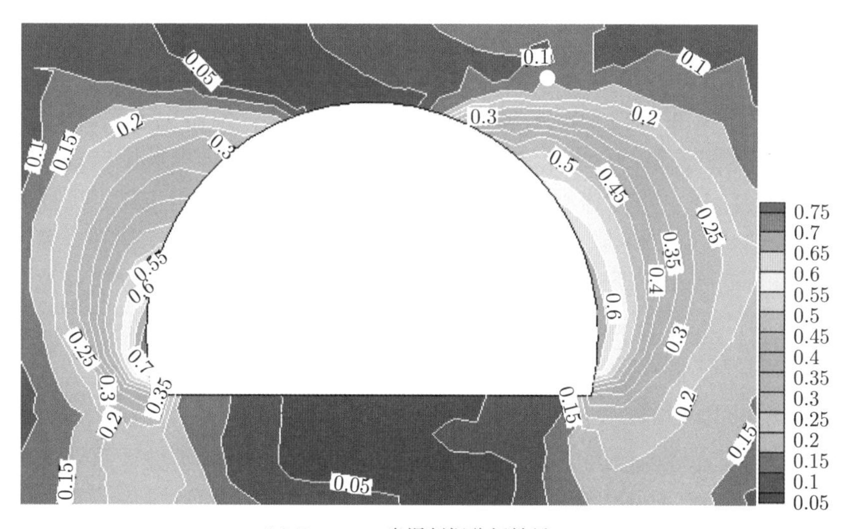

(a) Russenes 岩爆判据分析结果

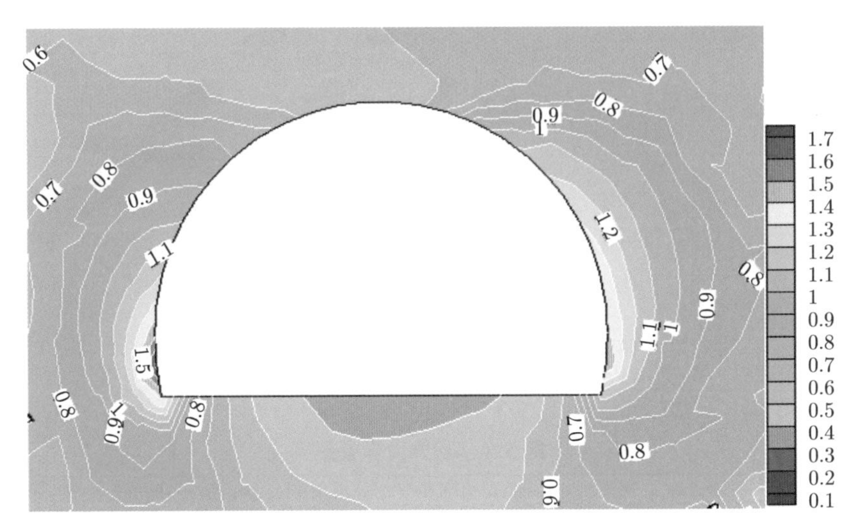

(b) Turchaninov 岩爆判据分析结果

图 5.5　#4 引水隧洞 Russenes 和 Turchaninov 岩爆判据分析结果

对比 Russenes 和 Turchaninov 岩爆判据的分析结果可知，二者均表明，面向掌子面时#4 引水隧洞的左侧边墙较右侧边墙更易发生岩爆，实际情况为隧洞左侧边墙出现了严重岩爆；但二者的分析均表明，隧洞右侧边墙亦会发生岩爆，实际情况却并未发生；此外，在对本岩爆位置的预测上，Turchaninov 判据预测左侧边墙岩爆位置更靠近墙角，较 Russenes 判据更与实际相符；预测岩爆深度时，二者对左侧边墙的预测深度较为接近，Russenes 判据预测为 2.7m，稍小于 Turchaninov 判据 (3m)，该部位实际岩爆深度约为 2m。

2) 基于 ERR 指标的分析

通过弹性计算可以得到隧洞每步开挖后的 ERR 值，但是由于缺乏评价准则，即 ERR 与岩爆的关系，因此无法根据获得的 ERR 值评判是否发生岩爆以及岩爆的烈度。该方法适合用来进行施工方案对比评价。例如，运用 ERR 指标对于锦屏二级水电站#4 引水隧洞，采用钻爆法进行全断面和台阶法开挖两种方案进行对比。全断面开挖后计算得到的 ERR 值为 0.327MJ/m^3，而上下台阶法开挖后得到的 ERR 值为 0.225MJ/m^3，明显小于全断面开挖时的情况，说明后者可能的岩爆风险、岩爆的烈度明显低于前者。

3) 基于 LERR 指标的分析

分析时选取岩爆区域的中间位置 (K9+765 附近)，通过弹塑性计算获得隧洞横剖面的 LERR 分布，如图 5.6 所示。由图可知，局部能量释放区在隧洞左侧边墙和右侧拱腰部位发育较大，发育范围较广，LERR 最大值达 $0.98\times10^5\text{J/m}^3$。相对而言，

LERR 指标预测隧洞右侧拱腰围岩的能量释放率大于左侧，实际情况虽然为左侧边墙部位发生岩爆，但右侧边墙的混凝土喷层也出现了一定程度的膨胀破裂 (图 5.8)。

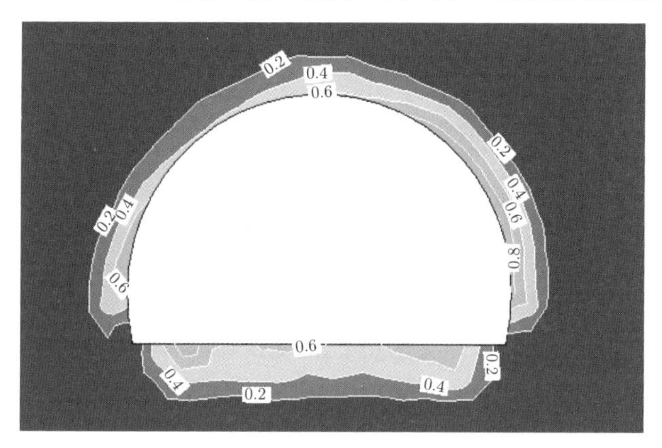

图 5.6 隧洞横剖面内 LERR 分布图

4) 基于 FAI 指标的分析

破坏接近度 FAI[27] 本身是描述开挖后岩体破裂损伤程度和应力危险性的指标，因此严格来说，通过 FAI 指标只能估计围岩损伤破坏情况，至于这种破坏是否为岩爆很难确定，但其可总体上描述岩爆的破坏位置、范围、深度和程度。采用破坏接近度 FAI 对锦屏二级水电站#4 引水隧洞计算结果进行分析 (图 5.7)，分析时选取岩爆区域的中间位置 (K9+765 附近)。由图可见，#4 引水隧洞上台阶开挖后，洞周围岩出现了一定深度的破坏，左侧边墙最大破坏深度约为 1.5m，右侧边墙最大破坏深度约为 1m。可见，左侧边墙破坏程度相对而言更为严重，实际情况为该洞段左侧边墙出现岩爆，同时右侧边墙混凝土喷层也出现了膨胀开裂 (图 5.8)。

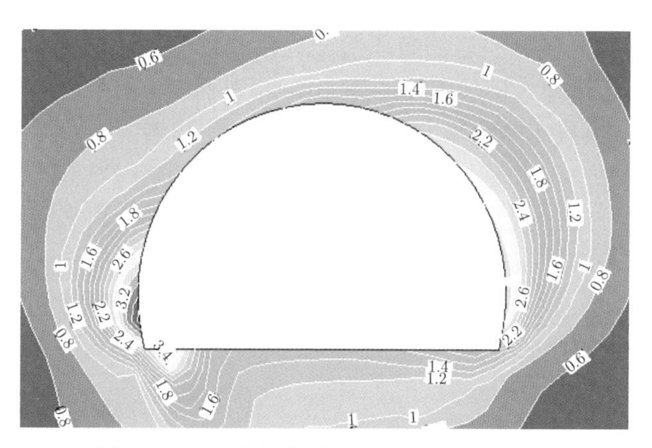

图 5.7 #4 引水隧洞围岩 FAI 的等值线图

图 5.8　#4 引水隧洞岩爆洞段右侧拱肩处的喷层鼓胀开裂

5) 综合分析

本节基于数值计算方法，采用 Russenes 判据、Turchaninov 判据、能量释放率 (ERR)、局部能量释放率 (LERR) 和破坏接近度 (FAI) 五个指标，对锦屏二级水电站#4 引水隧洞的岩爆倾向性进行了预测评估。

Russenes 和 Turchaninov 岩爆判据从围岩应力角度均认为，面向掌子面时#4 引水隧洞的左右两侧边墙均会发生岩爆，且左侧边墙较右侧边墙更易发生岩爆，实际为隧洞左侧边墙出现了严重岩爆，右侧边墙未发生岩爆；二者对左侧边墙岩爆深度预测为 2.7~3m，该部位实际岩爆深度约为 2m。采用 ERR 指标从能量角度对于锦屏二级水电站#4 引水隧洞进行全断面和台阶法开挖的两种方案 (均为钻爆法) 进行对比得出，采用台阶法开挖可能的岩爆风险、岩爆的烈度明显低于前者。采用 LERR 指标从能量角度分析可知，局部能量释放区在隧洞左侧边墙和右侧拱腰部位发育较大，发育范围较广，LERR 最大值达 $0.98\times10^5\mathrm{J/m^3}$，发生岩爆的风险较大。采用 FAI 指标对隧洞围岩的破坏情况进行分析可知，左侧边墙最大破坏深度约为 1.5m，右侧边墙最大破坏深度约为 1m，相对而言，左侧边墙破坏程度更为严重，实际情况为该洞段左侧边墙出现岩爆，同时右侧边墙混凝土喷层也出现了臌胀开裂。

采用上述五个指标，从不同角度对锦屏二级水电站#4 引水隧洞的岩爆倾向性进行了预测评估 (ERR 指标仅进行了开挖方案分析)，各指标均认为该洞段有很强的岩爆倾向性，但各指标分析结果与实际情况都不尽相同。因此，要想能够充分解释岩爆和冲击地压的形成机制，并较准确地进行预测和预报，还需从多方面进行大量的研究工作。

5.4 小结与讨论

本章介绍了基于静力数值分析的岩爆/冲击地压预测评价指标，如 Russenes 判据、Turchaninov 判据、能量释放率 (ERR)、超剪应力 (ESS)、能量储存率 (ESR)、局部能量释放密度 (LERD)、局部能量释放率 (LERR) 以及破坏接近度 (FAI) 等，并以锦屏二级水电站#4 引水隧洞的岩爆实例为工程背景，对部分评价指标进行了应用，并基于数值计算结果对岩爆倾向性进行了定性判断。

由于本章介绍的岩爆风险评估方法采用数值模拟方法可以综合考虑复杂洞形、地应力条件、地质条件和开挖方案等多种对岩爆有着重要影响的实际因素，比单因素法更加科学。该方法在数值计算的基础上针对不同的岩爆类型采用多种评价指标，涵盖高应力作用下围岩破坏、局部能量释放、总体能量释放、结构面稳定性等多个方面，针对同一个问题给出多角度分析并进行综合评估，获得的评估结果更加准确合理。

但鉴于岩爆和冲击地压的发生条件复杂，影响因素众多，目前的研究还不充分，而为了能够充分解释岩爆和冲击地压的形成机制，并较准确地进行预测和预报，有必要对此展开深入研究。

参 考 文 献

[1] 苏国韶. 高应力下大型地下洞室群稳定性分析与智能优化研究. 中国科学院武汉岩土力学研究所博士学位论文，2006：46.

[2] Zhang C Q, Zhou H, Feng X T. An index for estimating the stability of brittle surrounding rock mass: FAI and its engineering application. Rock Mechanical and Rock Engineering, 2011, 44: 401-414.

[3] Cook N G W. The Design of Underground Excavations// Eighth Rock Mechanics Symposium. [S. l]: [s. n], 1966: 167-194.

[4] Mitri H S, Hassani F P, Kebbe R A. Strain energy approach for the prediction of rockburst potential in underground hard rock mines// Proceedings of the First Can. Symp. on Numerical Modelling Applications in Mining and Geomech. 1993: 228-239.

[5] Cook N G W, Hoek E, Pretorius J P G, et al. Rock mechanics applied to the study of rockbursts. SAIMM, 1966, 66(10): 436-528.

[6] Kidybinnski A. Bursting liability indices of coal. Int. J. Rock Mech. Min. Sci. & Geomech. Abstr., 1981, 18(2): 295-304.

[7] Singh S P. Assessment of the rockburst proneness in hard rock mines. Pro. 5th Conf. on Gro. Contr. In Min., West Virginia Univ., M.V. 1986: 242-248.

[8] Salamon M D G. Stability, instability and design of pillar workings. Int. J. Rock Mech. Min. Sci., 1970. 7(6): 613-631.

[9] Starfield A M, Fairhurst C. How high-speed computers design of practical mine pillar system. Engng. Min. J., 1968, 169(5): 78-84.

[10] Cook N G W, Hoek E, Pretorius J P G, et at. Rock mechanics applied to the study of rockbursts. SAIMM, 1966, 66(10): 436-528.

[11] 赵本钧. 冲击地压及其防治. 北京：煤炭工业出版社, 1995.

[12] 殷有泉, 张宏. 断裂带由介质的软化特性和地震的非稳定模型. 地震学报, 1984, 6(2): 135-145.

[13] 章梦涛. 冲击地压失稳理论与数值模拟计算. 岩石力学与工程学报, 1987, 6(3): 197-204.

[14] 潘岳. 围岩-矿柱系统失稳冲压的能量-外力功理论. 有色金属, 1992, 17(4): 18-25.

[15] 谢和平, Pariseau W G. 岩爆的分形特征和机制. 岩石力学与工程学报, 1993, 12(1): 28-37.

[16] 刘小明, 侯发亮. 拉西瓦花岗岩断口粗糙度分形分析. 岩石力学与工程学报, 1996, 15(S1): 440-445.

[17] 李廷芥, 王耀辉, 张梅英, 等. 岩石裂纹的分形特性及岩爆机制研究. 岩石力学与工程学报, 2000, 19(1): 6-10.

[18] 潘一山, 徐秉业. 考虑损伤的圆形洞室岩爆分析. 岩石力学与工程学报, 1999, 18(2): 152-156.

[19] 王来贵, 潘一山, 梁冰, 等. 冲击地压的分叉分析// 第四届全国岩石动力学学术会议论文集. 成都: 湖北科学技术出版社, 1994: 209-214.

[20] 刘小明, 李焯芬. 脆性岩石损伤力学分析与岩爆损伤能量指数. 岩石力学与工程学报, 1997, 9(2): 140-147.

[21] 张倬元, 宋建波, 李攀峰. 地下厂房洞室群岩爆趋势综合预测方法. 地球科学进展, 2004, 19(3): 451-456.

[22] 吴刚, 孙钧. 卸荷应力状态下裂隙岩体的变形和强度特性. 岩石力学与工程学报, 1998, 17(6): 615-621.

[23] 姜繁智, 向晓东, 朱东升. 国内外岩爆预测的研究现状与发展趋势. 工业安全与环保, 2003, 29(8): 19-22.

[24] 王文星, 潘长良, 冯涛. 确定岩石岩爆倾向性的新方法及其应用. 有色金属设计, 2001, 28(4): 42-46.

[25] Yang G, Chugh Y P, Yu Z, et al. A numerical approach to subsidence prediction and stress analysis in coal mining using a laminated model. International Journal of Rock Mechanics and Mining Sciences & Geomechanics Abstracts, 1993, 30(7): 1419-1422

[26] Ryder J A. Excess shear stresses in the assessment of geologically hazardous situations. J. S. Afr. Inst.Min.Metall., 1988, 88(1): 27-39.

[27] Mitri H S, Hassani F P, KEBBE R. A strain energy approach for the prediction of rockburst potential in underground hard rock mines. Proc. First Can. Symp. on

Numerical Modelling Applications in Mining and Geomech., McGill University, 1993: 228-239.

[28] Mitri H S, Tang B, Simon R. FE modelling of mining-induced energy release and storage rates. The Journal of the South African Institute of Mining and Metallurgy, March-April, 1999: 103-110.

[29] Wiles T D. Correlation between Local Energy Release Density observed bursting conditions at Creighton Mine. Report under contract for INCO Ltd. Mines Research, Sudbury, Canada, 1998.

[30] 李忠，汪俊民. 重庆陆家岭隧道岩爆工程地质特征分析与防治措施研究. 岩石力学与工程学报, 2005, 24(18): 3398-3402.

[31] 苏国韶. 高应力下大型地下洞室群稳定性分析与智能优化研究. 中国科学院武汉岩土力学研究所博士学位论文, 2006.

[32] Zhang C Q, Feng X T, Zhou H, et al. Case histories of four extremely intense rockbursts in deep tunnels. Rock Mech Rock Eng, 2012, 45(3): 275-288.

[33] 中国科学院武汉岩土所锦屏 II 引水隧洞工程项目组. 雅砻江锦屏二级水电站深埋长大引水隧洞施工期围岩稳定性与动态反馈及岩爆问题的研究. 中国科学院武汉岩土所智能岩石力学组, 2010.

第六章　岩爆/冲击地压孕育演化过程的动力学数值分析方法

因高地应力而导致的工程灾害给深埋地下工程的设计和施工安全带来了巨大的挑战，而如何采用数值模拟方法对工程灾害进行准确地预测与预报则具有了重要的研究意义。工程实践表明，岩爆/冲击地压等动力灾害的孕育发生过程实际是岩体从静力状态向动力状态转换的过程，在采用数值模拟方法对其进行预测评估时，则需考虑岩体由静转动的这一过程，而目前对岩爆/冲击地压等动力灾害的数值计算多数是建立在静力学理论基础上的，即在对工程问题进行静态定量计算的基础上，采用岩爆/冲击地压预测评价指标开展工程危险性的定性分析，而不能对该类工程灾害的发生过程进行真实反映。鉴于此，为了较好地模拟岩爆/冲击地压的孕育演化过程，并较准确地对其进行预测，本章将结合课题组最新的研究成果，对岩爆/冲击地压孕育演化过程的动力学数值分析方法开展一些探索性的研究，主要包括岩爆/冲击地压发生过程的判别指标以及动力灾害演化过程的数值计算方法等方面的研究。

6.1　岩爆/冲击地压发生过程的能量判别指标

6.1.1　动力灾害的形成机制研究

实际案例 (如拉西瓦、锦屏等) 表明，岩爆/冲击地压主要发生在高应力硬岩环境中。研究发现，硬岩在不同试验条件下的典型破坏形式主要有：低围压下的脆性破坏和高围压下的延性破坏 (图 6.1)。

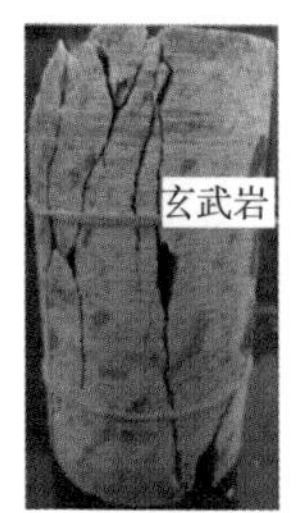

(a) 低围压 (如单轴)

(b) 高围压 (如40MPa)

图 6.1　硬岩的两种典型破坏形式

一般而言，硬岩低围压下的脆性破坏具有明显的冲击性，且岩石碎裂较严重 (图 6.1(a))；硬岩高围压下的延性破坏，则由于存在高围压的抑制作用，岩石内部裂纹扩展较为平稳，破坏时一般不会出现明显的冲击性，破坏后岩石较为完整 (图 6.1(b))。

由于岩石破坏过程在本质上就是岩石中裂纹的动态扩展过程，而根据该理论的研究成果 [1]，脆性材料中的裂纹扩展可分为稳态扩展和失稳扩展 (亦称加速扩展)，二者以裂纹临界速度来进行划分，即裂纹扩展速度小于临界速度时为稳态扩展 (裂纹扩展速度为常数)，而裂纹扩展速度大于临界速度时则为失稳扩展 (加速扩展)。其中，裂纹临界速度仅与材料性质有关，而与试样几何特征、厚度、外应力和周围环境以及裂纹加速度均无关 [2,3]。由此可以认为，深埋硬岩岩石在低围压下的脆性破坏，属于部分时段的裂纹扩展速度大于岩体的临界速度，即裂纹进入失稳扩展，故岩样较破碎，且破坏具有冲击性；而高围压下的延性破坏，则属于裂纹扩展速度小于临界速度的情况，此时裂纹处于稳态扩展阶段，故破坏后岩样较完整，且破坏没有明显的冲击性。

另外，众多学者 [4−7] 一致认为岩爆/冲击地压是具有冲击性的岩体动力失稳现象，属于岩体破坏的一种形式。因此，若从裂纹扩展的角度来考虑，则岩爆/冲击地压的发生过程与低围压下硬岩岩石的破坏过程具有相似性。虽然二者的应力状态、应力路径及周围环境等均不相同，但二者的发生过程均经历了裂纹的起裂、加速扩展及裂纹的贯通等阶段，且破坏过程均具有冲击性。

由于对岩爆/冲击地压机制的研究，在本质上应以岩体中裂纹的动态扩展过程为基础而展开研究，故此次将从裂纹动态扩展的角度给出岩爆/冲击地压的定义：在高地应力硬岩环境中，围岩在因地下洞室开挖而产生的开挖荷载和地应力动态卸荷等作用下，若岩体中裂纹的扩展速度大于其临界速度，则岩体的破坏将具有冲击性，属于动力失稳破坏，可认为发生岩爆/冲击地压；而当裂纹扩展速度小于其临界速度时，岩体的破坏没有明显的冲击性，属于稳态破坏，则认为该破坏不属于岩爆/冲击地压。

然而，由于裂纹在岩体中的扩展问题属于运动边界问题，而该问题的数学理论尚未得到充分发展，目前还不足以直接解决此问题 [1]。同时，考虑到岩爆的发生过程就是岩体中能量的转移、释放过程，故可从能量的角度对岩爆发生机制展开研究。

6.1.2 单位时间相对能量释放率指标的提出

在岩爆/冲击地压机制的研究中，能量理论直接从能量守恒定律出发对岩爆的形成机制进行解释，摆脱了传统理论的束缚。因此，国内外众多学者基于能量理论对岩爆/冲击地压的形成机制开展了大量研究 [8−16]，并提出了众多预测评价指标。

然而，该类指标目前还只能在静态定量计算的结果上对岩爆危险性作出定性的判别，尚不能对岩爆/冲击地压的形成过程进行准确预测。

由于岩爆/冲击地压的发生过程实际上是岩体动力失稳的过程，在此过程中，围岩的力学性质、应力状态及能量等均在发生变化。同时，在岩爆/冲击地压的孕育发生过程中，岩体先积聚然后再释放能量，此间必然存在一个释放能量的阈值，即当某时刻的释放能量小于该阈值时，则岩爆/冲击地压还未发生；而当某时刻的释放能量大于该阈值时，则发生岩爆/冲击地压。

鉴于此，此次在考虑岩爆的孕育发生过程和机制的基础上，结合数值模拟方法，提出一个新的能量判别数值指标 —— 单位时间相对局部能量释放率指标 (unit time relative local energy release index，URLERI)，其定义为 [17]

$$\mathrm{URLER} = \left(\frac{U_i - U_{i+1}}{U_i}\right)\bigg/\mathrm{d}t \tag{6.1}$$

$$\mathrm{URLERI} = \mathrm{URLER}/f(p) \tag{6.2}$$

式中，URLER 为单位时间相对局部能量释放率；U_i 为单元屈服后计算步为第 i 步的单元弹性能密度；U_{i+1} 为单元屈服后计算步为第 $(i+1)$ 步的单元弹性能密度；$\mathrm{d}t$ 为动力计算步的时间步长，单位一般取为 s；$f(p)$ 为岩石发生破坏时，在区分稳态破坏与失稳破坏的临界点处 URLER 和围压 p 的函数关系式。

计算时对每个屈服单元均进行判断，若某单元的 URLERI >1，则认为该单元发生了岩爆/冲击地压，即单元在屈服后将发生动态失稳；若其 URLERI 小于或等于 1，则认为该单元未发生岩爆/冲击地压，即单元屈服后仅出现稳态破坏，单元的破坏不具有冲击性。

式 (6.2) 中函数 $f(p)$ 的作用是为了消除该指标对围压和破坏模式的依赖性。由式 (6.2) 可知，计算单位时间 URLERI 的关键就是确定函数 $f(p)$ 的形式。而为确定函数 $f(p)$ 的形式，据其定义，首先要找到岩石发生破坏时区分稳态破坏与失稳破坏的临界点，即确定岩体发生岩爆/冲击地压的临界点。由上述分析可知，区分破坏是否为岩爆/冲击地压应从如下两方面进行判断：破坏过程是否属于稳态可控；破坏是否具有冲击性 (惯性力)。

由于岩爆/冲击地压发生机制的复杂性，目前还难以直接利用现场或室内试验确定该临界点。此处将利用数值模拟试验对函数 $f(p)$ 的形式进行确定。为此，首先应确定岩爆的临界状态，再对该临界状态开展数值模拟，而要达到此目的，需解决如下两个问题：首先，需保证硬岩的破坏过程是以可控方式来进行的；其次，需保证硬岩的破坏模式是处在区分稳态与失稳破坏的临界点位置，即此时硬岩的破坏过程还不具备冲击性，但又即将进入失稳状态 (具有冲击性)。

为能保证硬岩的破坏过程是以稳态可控的方式进行，根据蔡朋等 [18] 的研究，当硬岩接近破裂时，轴向变形的变化对硬岩的破坏控制并不是很敏感，而环向变形的变化对此却非常敏感 (图 6.2)，即对硬岩采用环向变形控制加载，可以使其破坏过程延长，从而使硬岩的破坏是可控的。因此，在数值模拟试验中，当岩石进入破坏阶段后，将采用环向应变进行控制，这样可以避免岩石在破坏时出现突然失稳，从而保证其破坏以可控方式进行。

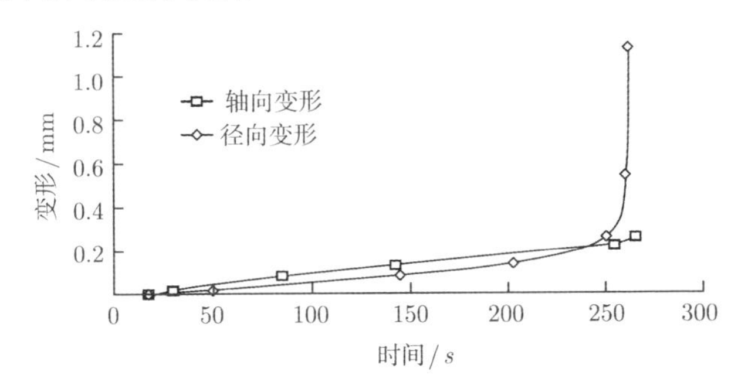

图 6.2　轴向变形、径向变形与时间关系图 [18]

此外，由于岩石动态失稳临界位置的难确定性，且对于动态与静态，学术界至今尚无统一和严格的规定进行区分，根据一般的倾向性看法，可按应变率 (即 $\mathrm{d}\varepsilon/\mathrm{d}t$) 大小分为如下几类 [19–20]：应变率大于 $1\times10^{2}\ \mathrm{s}^{-1}$ 时属于动力学范畴，小于 $1\times10^{-4}\ \mathrm{s}^{-1}$ 时属于传统静力学范畴；当应变率大于 $1\times10^{-4}\ \mathrm{s}^{-1}$ 且小于 $1\times10^{2}\ \mathrm{s}^{-1}$ 时，统称为中等应变速率，在此范围内，李夕兵等 [20–22] 认为，当应变速率小于 $1\times10^{-1}\ \mathrm{s}^{-1}$ 时，惯性力可忽略。因此，在数值模拟试验中，将岩石破坏时的控制应变率定位于 $1\times10^{-1}\ \mathrm{s}^{-1}$，即认为此时硬岩的破坏模式刚好处在区分稳态与失稳破坏的临界点位置。换句话说，岩石破坏时的最大应变率小于 $1\times10^{-1}\ \mathrm{s}^{-1}$，则认为岩石的破坏过程不产生惯性力 (不具有冲击性)；若破坏时的最大应变率大于 $1\times10^{-1}\ \mathrm{s}^{-1}$，则认为岩石的破坏过程将具有冲击性。由图 6.2 可知，在硬岩接近破裂时，其环向应变率远大于轴向应变率，故可近似认为破坏时硬岩的环向应变率为其最大应变率。

在上述分析基础上，此处利用有限差分软件 FLAC^{3D}，采用环向应变控制方式 (环向应变率为 $1\times10^{-1}\ \mathrm{s}^{-1}$)，对锦屏二级水电站的 $\mathrm{T_{2b}}$ 和 $\mathrm{T_{2y}^{6}}$ 两种大理岩不同围压下室内三轴压缩试验展开数值模拟计算，并求得其函数 $f(p)$。计算时，采用前述章节所提的高应力硬岩力学模型及计算参数 (表 6.1)，计算结果如图 6.3 所示。需要说明的是，为了在程序中实现环向应变控制，计算时需将环向应变控制值限定在一个很小的范围 ($0.09\sim0.11\ \mathrm{s}^{-1}$) 内进行动态调整，而不同围压下大理岩的单位时间相对局部能量释放率 (URLER) 的计算则取为其破坏阶段的平均值。

表 6.1 T_{2b} 大理岩计算参数取值

E_0 /GPa	μ_0	c_0 /MPa	c_i /MPa	c_r /MPa	κ_i /%	κ_{rc} /%	φ_0 /(°)	φ_r /(°)	$\kappa_{r\phi}$ /%	ψ_0 /(°)	函数 f
41.59	0.192	45.22	43.18	9.87	0.06	0.705	40.67	23.23	0.635	29.20	$0.038p_c/\sigma_c + 0.0124$

注：表中 E_0，μ_0，c_0，φ_0 和ψ_0 分别为初始弹性模量、泊松比、黏聚力、内摩擦角和剪胀角；φ_r，c_r 分别为残余内摩擦角和黏聚力；$\kappa_{r\varphi}$，κ_{rc} 分别为残余阶段内摩擦角和剪胀角对应的内变量值；c_i，κ_i 分别为峰值时对应的黏聚力值和内变量值；p_c 为围压 (MPa)；σ_c 为岩石单轴抗压强度 (MPa)

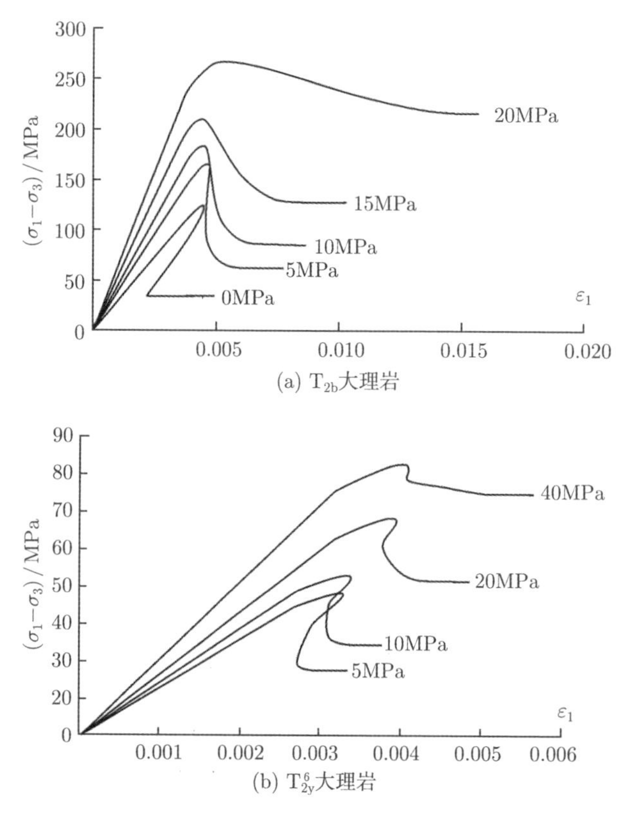

图 6.3 不同围压下两种大理岩偏应力-轴向应变曲线图

由图 6.3(a) 可知，围压较低时，T_{2b} 大理岩偏应力-轴向应变曲线为典型的II型破坏曲线。例如单轴时，峰后曲线出现明显的左弯现象，而围压升为 5MPa 时，峰后曲线仍存在该现象，说明在低围压条件下，T_{2b} 大理岩的破坏 (断裂) 是自持续的，即峰后阶段，储存于试件中的弹性应变能足以维持断裂持续进行；随着围压的升高，T_{2b} 大理岩偏应力-轴向应变曲线逐渐由II型破坏曲线转变为 I 型破坏曲线，此时岩样的破坏 (断裂) 是非自持续的，即岩石破坏的全过程均需要外力做功，尤其是围压达到 40 MPa 时，岩石呈现明显的延性破坏。

由图 6.3(b) 可知，围压为 0~40MPa 时，T_{2y}^6 大理岩偏应力-轴向应变曲线均为典型的 II 型破坏曲线。例如围压为 5MPa 时，峰后曲线出现明显的左弯现象，随着围压的升高，其峰后曲线的左弯现象逐渐不明显，当围压升为 40MPa 时，峰后曲线仅有很短的一部分出现左弯现象，说明随着围压的升高，T_{2y}^6 大理岩的破坏形式逐渐向延性转变，但在围压为 40MPa 时，T_{2y}^6 大理岩偏应力-轴向应变曲线仍为 II 型破坏曲线，表明此围压下 T_{2y}^6 大理岩破坏 (断裂) 仍是自持续的，与 T_{2b} 大理岩相比，T_{2y}^6 大理岩的脆性更强。

不同围压下两种大理岩动态失稳临界位置的相对局部能量释放率的计算结果见图 6.4 所示。其中，图 6.4(a) 为 T_{2b} 大理岩的相对局部能量释放率计算结果，可见 T_{2b} 大理岩的相对局部能量释放率与围压之间呈现很好的线性关系；图 6.4(b) 为 T_{2y}^6 大理岩的相对局部能量释放率计算结果，限于试验数据，此处仅对 5MPa、10MPa、20MPa 和 40MPa 围压下的相对局部能量释放率进行了计算，结果表明，在试验围压范围内，不同围压下，T_{2y}^6 大理岩的相对局部能量释放率与围压之间也同样呈现很好的线性关系。通过拟合可以分别得到 T_{2b} 和 T_{2y}^6 两种大理岩的函数 $f(p)$ 的表达式 (图 6.4)，对于其他硬岩的 $f(p)$ 表达式也可通过该方法进行计算求得。

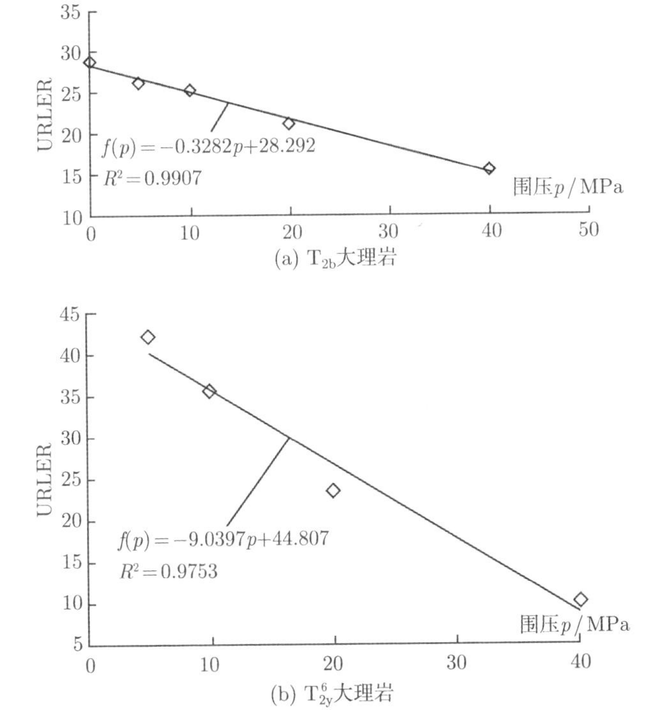

图 6.4 两种大理岩的 $f(p)$ 函数表达式

数值计算时，URLERI 的具体实现过程如下：在动力计算中，通过追踪每个屈服单元弹性能量密度的变化过程，利用式 (6.2) 对 URLERI 进行计算，然后利用该指标来判断单元是否发生岩爆，若 URLERI >1，则认为该单元发生了岩爆；若 URLERI 小于或等于 1，则认为该单元未发生岩爆。考虑到岩石抗拉强度远低于抗压强度，相应纯拉应力状态下的储能能力也要差很多，故在此处中暂假定纯拉应力下的屈服单元将不会发生岩爆。在数值模拟时，对于发生岩爆的单元，本书采用直接“挖除”的方式进行处理 (赋空材料给单元)，同时记录岩爆单元在动态失稳临界点的弹性能量密度，再利用下式计算其弹性能

$$W=UV \tag{6.3}$$

$$U=\frac{\sigma_1^2+\sigma_2^2+\sigma_3^2-2\nu(\sigma_1\sigma_2+\sigma_3\sigma_1+\sigma_2\sigma_3)}{2E} \tag{6.4}$$

式中，W 为岩爆单元在动态失稳临界点的弹性能；U 为岩爆单元在动态失稳临界点的弹性应变能密度；V 为岩爆单元的体积；σ_1、σ_2 及σ_3 为岩爆单元在动态失稳临界点对应的 3 个主应力；ν、E 分别为岩爆单元在动态失稳临界点处考虑应力与损伤影响的泊松比和弹性模量。

6.2 动力灾害演化过程的数值计算方法

由于数值计算具有定量性、可重复性及经济性等显著特点，因此，其在深埋硬岩隧洞 (道) 的片帮、岩爆和冲击地压等工程灾害的预测与预报中具有较大优势，同时，若再辅以相关现场监测，则能较好地反映工程实际情况。实际案例表明，岩爆/冲击地压等动力灾害的孕育发生过程实际是岩体从静力状态向动力状态转换的过程，而目前对岩爆/冲击地压等动力灾害的数值计算多数是建立在静力学理论基础上的，不能对该类工程灾害的发生过程进行动态定量计算，而已有的国内外相关研究成果和工程实践已经揭示，在高地应力条件下的地下洞室开挖，尤其是采用钻爆法开挖过程中，岩体开挖荷载的瞬态释放会对围岩产生强烈的动力效应。因此，在采用数值计算对岩爆/冲击地压等动力灾害进行预测以及对围岩稳定性进行合理评估时就必须考虑岩体由静转动的这一过程。

国内外众多学者针对深埋地下洞室的开挖问题进行了大量研究。如 Abuov 等 [23] 研究了掌子面上岩体爆破开挖产生的岩体应力快速释放可能导致开挖面内保留岩体的破坏；Carter [24] 针对长隧洞瞬间开挖时的围岩响应，计算表明，岩体初始应力的瞬态卸荷可以在围岩中诱发动拉应力；Cook 等 [25] 也研究了岩体开挖过程的岩体应力突然释放在岩体中产生拉应力的情况；王贤能等 [26] 发现卸荷速率及动力扰动对岩爆的发生及规模有重要影响；徐则民等 [27] 对岩爆过程释放的能

量进行了分析；王青等 [28] 利用开挖卸荷的计算原理，运用有限单元法对不考虑开挖卸荷影响和考虑开挖卸荷影响的长大引水隧洞围岩应力计算结果进行了对比分析；卢文波等 [29,30] 研究了中、高地应力条件下，岩体爆破开挖引起的卸载波是导致岩体开挖松动的重要因素，瞬态卸荷诱发的振动可能会增大围岩总体振动响应，并针对爆破破岩过程的复杂性，提出群孔起爆条件下爆炸荷载与开挖瞬态卸荷耦合作用的等效数值模拟方法；Barton 等 [31] 对采用 TBM 掘进开挖的隧洞围岩地应力卸载过程进行了研究分析；李亮等 [32] 研究了地应力的存在对 TBM 盘刀破岩过程的影响；严鹏等 [33] 采用理论计算的方法分析圆形隧洞 TBM 开挖和钻爆开挖时边界上初始地应力的卸荷效应，并比较二者的破坏范围。

目前深埋地下工程岩体开挖主要有两种方式，一种是钻爆法开挖，另一种是机械 (如 TBM) 开挖。虽然国内外对上述两种开挖条件下深部岩体在开挖荷载瞬态卸荷的动力特征有所认识，但对两种开挖方式的数值计算方法，尤其是对钻爆法开挖条件下爆炸荷载和地应力作用下的瞬态卸荷力学机制及计算方法等国内外的研究还不多，而对于岩爆等工程灾害发生过程中新生边界条件的计算方法国内外还未曾有过深入研究。

下面将首先介绍目前在深部岩体在开挖荷载瞬态卸荷作用下的力学机制与计算方法等方面已有的研究结果。同时，考虑到岩爆过程中岩爆区域产生的新生边界条件会对其周围岩体产生扰动影响，本节对岩爆发生过程中新生边界条件的数值计算方法进行了一些探索性的研究。

6.2.1 钻爆法的开挖荷载数值计算方法研究

对于采用钻爆法的开挖荷载数值计算方法，卢文波等 [29,30] 等通过研究发现高地应力条件下，深埋隧洞钻爆开挖诱发的围岩振动由爆破振动和岩体初始地应力动态卸载诱发振动两部分叠加而成。由于开挖荷载瞬态卸荷是一个复杂的三维动力问题，目前通常的处理方法均是在确定了分步开挖荷载和卸荷持续时间后，假定开挖荷载以直线型、简谐型或指数型等方式卸荷 [34]，这种处理方法简单明了，应用较广，其不足是未能考虑高地应力条件下隧洞爆破开挖时爆炸荷载与开挖荷载瞬态卸荷的耦合作用。虽然不少学者对此进行了研究和改进，但由于爆炸开挖问题的复杂性，改进的方法往往需要大量简化，导致其工程适用性较差。因此，对于钻爆法的开挖荷载数值计算方法，目前通常的处理方法是，仍将开挖荷载考虑为爆破振动和岩体初始地应力动态卸载诱发振动两部分叠加构成。为了理论结构的完善，下面先对钻爆法开挖条件下的爆炸载荷与地应力动态卸荷的计算方法进行介绍，同时给出了二者在数值计算中的具体处理措施。

1. 爆炸荷载的数值计算方法

对我国的深埋地下工程开挖方法而言，钻爆开挖法仍是各类地下工程开挖的主要手段。目前地下工程的钻爆开挖的基本过程都是通过开钻爆破孔、装药以及炸药起爆，从而达到破碎岩石、抛掷碎块以及形成新的开挖轮廓面。将这一过程从岩石动力学观点看，其钻爆开挖的实质就是在岩体钻孔内施加爆炸荷载，通过爆炸荷载和孔壁围岩相互作用，达到破碎岩石、抛掷碎块，并完成开挖轮廓面上开挖荷载瞬态释放的过程 [34]。

图 6.5 为目前隧洞钻爆法开挖时典型的爆破设计示意图 (ms 代表毫秒微差，后面数值为段别)，在开挖掌子面上的炮孔一般采用微差爆破的方式进行起爆，其起爆顺序为掏槽孔、崩落孔、缓冲孔和周边孔，在相邻段一般是由内往轮廓方向进行。钻爆法中微差爆破的效果，主要受装药配置、间隔时间和起爆顺序的影响，其中微差爆破的间隔时间一般控制在 150 ms 以内的范围内。因此，在采用微差起爆的钻爆法开挖隧洞 (道) 中，必须考虑微差起爆顺序及间隔时间，确定与起爆顺序对应的分步开挖荷载，以便能较准确地计算出因钻爆开挖诱发的围岩振动对岩体稳定性的影响。

由于岩体爆破是一个瞬时的复杂过程，即炸药在爆孔中爆炸时，瞬间产生高温高压的气体，在有限的空间里急剧膨胀，产生爆炸冲击波，作用于周围岩体，并很快衰减为应力波 [35,36]，整个过程非常短，仅持续数毫秒。同时，因目前对炸药的爆炸机制及影响因素研究不够，且相关测量手段有限，故很难对炸药爆炸的详细过程

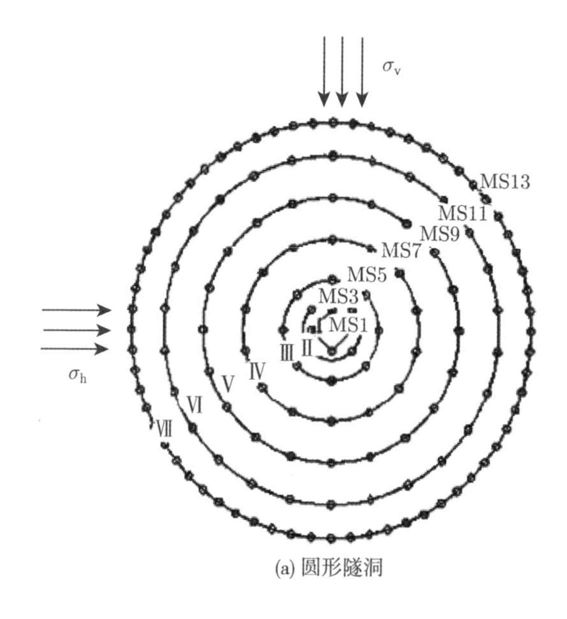

(a) 圆形隧洞

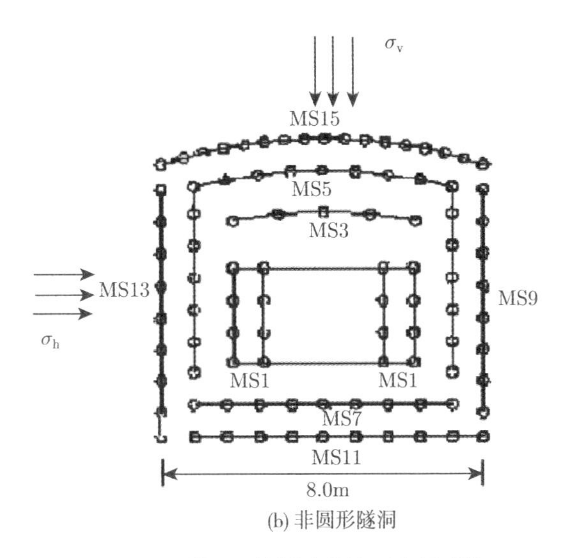

(b) 非圆形隧洞

图 6.5 隧洞开挖爆破设计示意图 [35]

进行定量的确定，在实际应用时一般只能根据相关的经验公式和振动测点的监测结果推测爆炸冲击波的大小及衰减情况 [37]。目前通常的方法是在数值分析中假定爆破输入荷载为一个三角形冲击波，如图 6.6 所示。

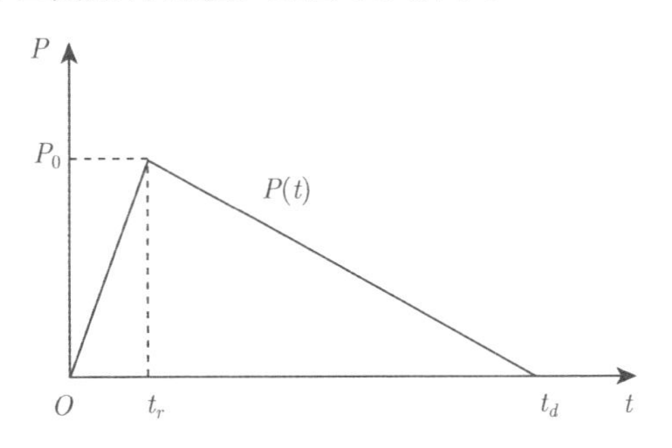

图 6.6 岩体应力瞬态卸荷过程

目前，地下深埋隧洞 (道) 开挖的进尺一般为 3m 左右，其进尺长度随着不同的地质情况而变化，掌子面上预埋的炸药基本采用圆柱形装药。对于圆柱形装药的爆炸荷载，按照图 6.6 中简化为三角形爆炸荷载时，其最大爆轰超压 P_0 根据 Henrych 的研究 [36] 可分为耦合装药与不耦合装药两种情况，并可分别由式 (6.5) 和式 (6.6) 进行计算得出；此外，图中 t_r 和 t_d 分别为荷载上升时间和正压作用时间，但由于爆炸过程的复杂性，爆炸作用的上升时间 t_r 和正压作用时间 t_d 往往难以确定，实际应用时一般根据经验公式进行估算，爆炸作用上升时间 t_r 和下降时间 t_d 可参考相关文献 [38] 的来确定 (式 (6.7))。

在绝热等熵假设下，炮孔内爆轰气体的初始平均爆炸压力可按照装药是否耦合的条件分别由如下两式计算。

耦合装药情况时：

$$P_0 = \frac{\rho_e D_e^2}{2(\gamma+1)} \tag{6.5}$$

式中，P_0 为炮孔内的平均初始爆轰气体压力；ρ_e 为炸药密度；D_e 为炸药爆轰速度；γ为炸药的等熵指数，对乳化炸药，γ取 3.0。

不耦合装药情况时：

$$P_0 = \frac{\rho_e D_e}{2(\gamma+1)}\left(\frac{d}{D}\right)^{2\gamma} \tag{6.6}$$

式中，d 和 D 分别为药卷和炮孔的直径。

图 6.6 中爆炸作用的上升时间 t_{r} 和下降时间 t_{d} 按下式进行估算 [38]

$$\begin{cases} \text{升压时间}: t_{\mathrm{r}} = 0.1t_{\mathrm{a}} \\ \text{荷载到达时间}: t_{\mathrm{a}} = R/c \end{cases} \tag{6.7}$$

式中，t_{a} 为爆炸冲击波从爆点传播至某一给定点 R 所需的时间，R 为传播距离 (m)；c 为传播距离上的纵波波速；荷载作用时间 t_{d} 取 t_{a} 的 (1~3) 倍。

另外，在对爆炸荷载进行数值计算时，为减少计算工作量，依据文献 [30] 的假设，近似认为每一段别雷管起爆引起的爆炸荷载均匀作用在炮孔连线上。为了说明微差起爆时爆炸荷载的数值计算方法，下面以图 6.5(a) 为开挖爆破设计方案的某一圆形隧洞全断面爆炸开挖案例的不同段别雷管起爆引起的最大爆轰超压和等效爆炸荷载进行了计算，其基本参数如下，计算结果见表 6.2。

表 6.2　不同段别最大爆轰超压和等效爆炸荷载

炮孔顺序	炮孔类型	至隧洞中心距离 r/m	炮孔数	间距/m	装药直径/mm	P_0/MPa	等效爆炸荷载/MPa
Ⅰ	掏槽孔	0.25	4	0.39	42.0	1589.5	185.4
Ⅱ	掏槽孔	0.60	4	0.94	42.0	1589.5	77.3
Ⅲ	崩落孔	1.20	8	0.94	32.0	310.9	15.1
Ⅳ	崩落孔	2.20	14	0.99	32.0	310.9	14.4
Ⅴ	崩落孔	3.20	20	1.00	32.0	310.9	14.1
Ⅵ	缓冲孔	4.20	26	1.02	28.5	155.2	6.96
Ⅶ	光面爆破孔	5.00	64	0.49	20.0	47.9	4.4

圆形隧洞直径为 12m，采用全断面钻爆方法开挖。隧洞围岩为密度为 2630 kg/m^3、弹性模量为 74GPa、泊松比为 0.3、纵波速度为 6154m/s 的大理岩。钻爆开挖采用中间直孔掏槽，炮孔直径为 42mm，装药为密度 1000kg/m^3、爆速 3400m/s 的乳化炸药。由里往外，开挖掌子面上依次布置了 2 圈掏槽孔、3 圈崩落孔、1 圈缓冲孔和周边光面爆破孔，分别采用段别为 MS1、MS3、MS5、MS7、MS9、MS11 和 MS13 的毫秒非电雷管起爆。

2. 地应力动态卸荷的处理方法

在深部开挖一条足够长的圆形隧洞，在远处均匀应力作用下，其洞壁附近的地应力在不考虑塑性时，可利用外径为无限大的厚壁圆筒在远场受压条件下的弹性应力公式计算得到。如图6.7所示，围岩中的地应力可由式(6.8)或式(6.9)计算得到。

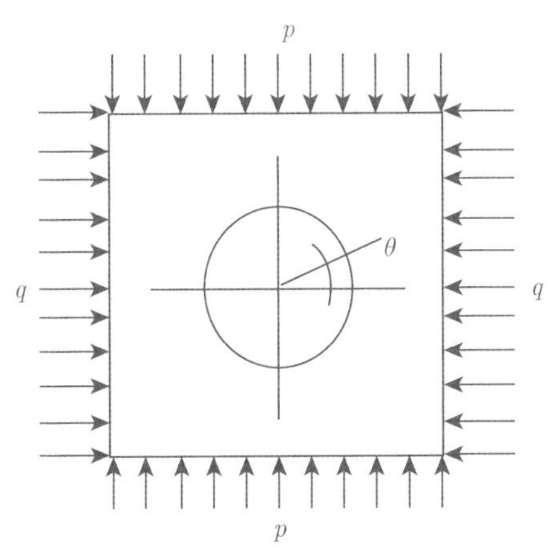

图 6.7 圆形隧洞围岩地应力计算示意图

以计算区域中心点为柱坐标系圆心，图 6.7 的应力状态可以表示为 [39]

$$\left\{\begin{aligned} \frac{\sigma_r}{p} &= [(1+\lambda)(1-\alpha^2)-(1-\lambda)(1-4\alpha^2+3\alpha^4)\cos 2\theta]/2 \\ \frac{\sigma_\theta}{p} &= [(1+\lambda)(1-\alpha^2)+(1-\lambda)(1+3\alpha^4)\cos 2\theta]/2 \\ \frac{\tau_{\gamma\theta}}{p} &= (1-\lambda)(1+2\alpha^2-3\alpha^4)\sin 2\theta/2 \end{aligned}\right. \tag{6.8}$$

式中，λ为侧压力系数，$\lambda=q/p$；$\alpha=a/r$，a 为所开挖的隧洞的半径，r 为考察点距隧洞中心直线距离。当 $a=0$ 时，$\alpha=a/r=0$，此时上式退化为

$$\left\{\begin{aligned} \frac{\sigma_r}{p} &= [(1+\lambda)-(1-\lambda)\cos 2\theta]/2 \\ \frac{\sigma_\theta}{p} &= [(1+\lambda)+(1-\lambda)\cos 2\theta]/2 \\ \frac{\tau_{\gamma\theta}}{p} &= (1-\lambda)\sin 2\theta/2 \end{aligned}\right. \tag{6.9}$$

此式即为图 6.7 所示的初始应力状态，对于其他形状的隧洞，则可通过相应的数值计算得到。

但考虑到隧洞采用钻爆法分段微差起爆时，其对应的围岩地应力动态卸荷应该也是分步进行的，即由于开挖掌子面上的炮孔是一圈圈由里往外顺序起爆，与某一圈炮孔起爆对应的分步地应力为前一圈炮孔起爆后在该圈炮孔处形成的二次应力，此时的应力一般由数值计算得出。

在隧洞爆破开挖过程中，新生成自由面由隧洞开挖爆破设计方案确定，当炮孔微差起爆，炮孔内爆轰压力和爆生气体压力大于岩石的抗压强度时，炮孔周围岩体将产生裂纹，随着裂纹的发展并与邻孔产生的裂纹贯通时，新的自由面将形成，同时，裂纹贯通位置处围岩的径向地应力和剪应力瞬间变为零，这一过程即称为地应力动态卸荷。在实际计算中，为了简单起见，一般将地应力动态卸荷简化为线性卸荷 (图 6.8)，图中虚线表示地应力动态卸荷曲线，其中 P_d 表示卸荷瞬间的最大地应力 (即卸荷即将开始时的地应力)，t_0 表示卸荷时间。

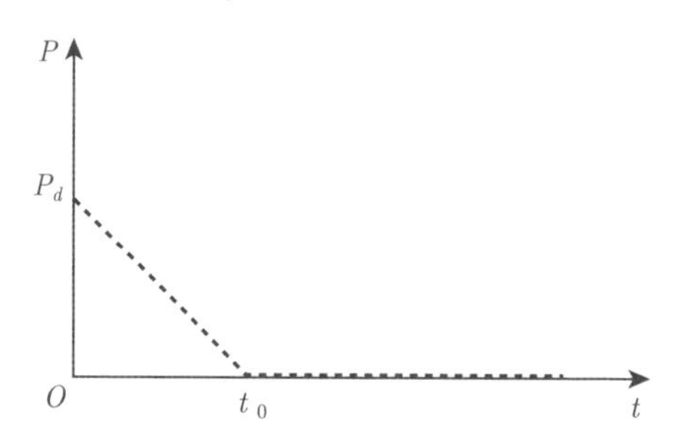

图 6.8　围岩地应力瞬态卸荷示意图

对于卸荷瞬间的最大地应力 P_d，在圆形隧洞中可由式 (6.8) 或式 (6.9) 计算得到，一般形状的隧洞可由数值计算得到，而岩体应力卸荷时间 t_0 则通过爆炸荷载驱动的裂缝扩展及岩石抛掷过程进行估算。根据严鹏等 [39] 研究认为，地应力的卸载时间与爆破裂纹沿炮孔轴线贯通的时间一致，即认为卸载时间的大小与炮孔的孔深度有关。图 6.9 为两相邻炮孔间裂纹扩展的示意图，两炮孔间距为 L_s，炮孔装药段长度为 L_1，堵塞段长度为 L_2，D 为炸药的爆轰速度，C_p 为岩体中传播的弹性纵波的波速，C_f 为爆生气体驱动裂纹扩展的速度。

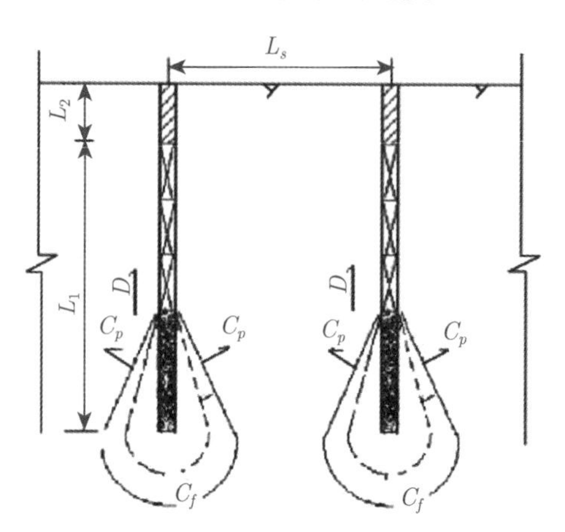

图 6.9　两相邻炮孔间裂纹扩展示意图 [36]

根据文献 [40] 的结论，取爆生气体驱动裂纹稳定扩展的速度为岩体弹性纵波波速的 0.25 倍，即

$$v_s = 0.25C_p \tag{6.10}$$

根据式 (6.10)，对装药段长度 L_1 的相邻炮孔，爆破开挖时岩体中初始应力动态卸荷的时间为

$$t_0 = \frac{L_1}{C_f} = \frac{L_1}{0.25C_p} \tag{6.11}$$

目前隧洞 (道) 开挖的进尺一般为 3m 作用，其装药段长度约为 2.5m，若岩体的纵波速度为 6154m/s，则根据式 (6.11)，爆破开挖时的卸荷时间为 1.625ms，计算时可取卸荷时间 t_0=1.6ms。

3. 爆炸荷载与地应力动态卸荷计算方法的程序处理

根据文献 [29] 的研究可知，由于在钻爆开挖边界上要满足应力连续条件，因此地应力瞬态卸荷的起始时刻与持续时间均取决于爆炸荷载的变化历程，卸载边界上的荷载大小应与爆生气体压力相等，图 6.10 为爆炸荷载和地应力瞬态卸荷历程曲线。

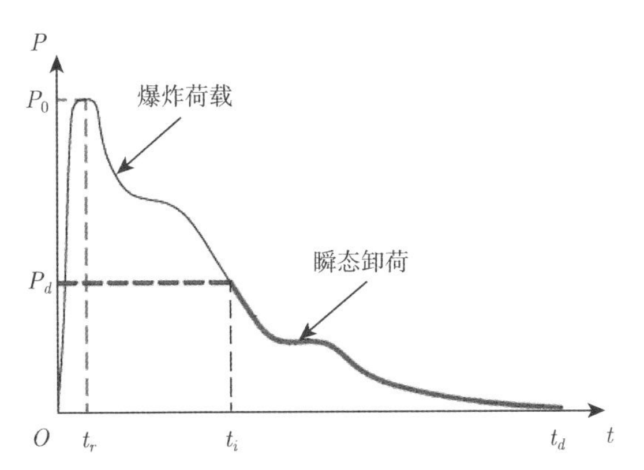

图 6.10 爆炸荷载和开挖荷载瞬态卸荷历程曲线 [29]

同时现有研究 [29,31−35,41] 表明，高地应力条件下隧洞爆破开挖时，爆炸荷载与地应力瞬态卸荷存在耦合作用，但目前还没有简单实用的方法来描述其耦合作用行为，故可将高地应力条件下隧洞爆破开挖的影响考虑为爆炸荷载与地应力瞬态卸荷的叠加。在计算时，认为爆炸荷载在升压及大于 P_d 的降压阶段 (图 6.10) 地应力是保持不变的，只有在爆炸载荷卸载至 P_d 以下时，地应力卸荷才开始进行。另外，由于开挖边界上应满足应力连续条件，即爆炸荷载在地应力开始卸载后两者应具有相同的卸载历程，而前面所提的爆炸荷载与地应力瞬态卸荷各自的作用时间估算值却并不能保证二者具有相同的卸载历程。鉴于此，为了满足开挖边界上的

应力连续条件，可将爆炸荷载与地应力瞬态卸荷各自的时间估算值进行比较，选取两者卸载历程中由 t_i 时刻到 t_d 时刻的较短时间为二者在此区段的共同卸荷时间。

6.2.2 TBM 的开挖荷载数值计算方法研究

对于采用 TBM 方式的开挖荷载研究方面，Barton 等 [31] 研究认为，在采用 TBM 掘进机进行开挖的隧洞 (道) 中，TBM 盘形滚刀的破岩过程对开挖洞壁的围岩扰动相对较小，开挖掌子面附近岩体中储存的变形能逐步释放，其持续释放时间也相对较长，围岩应力-应变曲线的连续性和过渡性也较好，由此认为，采用 TBM 方式开挖时，开挖边界上的地应力应是一个缓慢的准静态卸载过程；李亮等 [32] 研究认为，采用 TBM 开挖的隧洞 (道)，掌子面附近的岩体在刀盘的挤压作用下处于三向受力状态，破岩所需的贯入力随地应力量级的增加而增加，这也说明了 TBM 刀盘破岩过程中地应力是随着破岩过程而逐步分块释放的，可以认为是一个准静态的过程；严鹏等 [33] 对 TBM 和钻爆开挖条件下隧洞围岩损伤特性开展了对比研究，认为 TBM 开挖时开挖边界上的地应力经过一个平稳缓慢的调整过程 (准静态卸荷)，而钻爆开挖时，地应力则经过一个高速动态的调整过程 (动态卸荷)；等等。

研究 TBM 开挖荷载数值计算方法时，认为开挖边界上的地应力卸荷过程属于准静态卸荷范畴。开挖后地应力卸荷曲线此处假定与图 6.8 中地应力卸荷曲线一致，同样，卸荷瞬间的最大地应力 P_d，在圆形隧洞中可由式 (6.8) 或式 (6.9) 计算得到，一般形状的隧洞可由数值计算得到。对于地应力卸荷时间 t_0，则一般认为与掘进机刀盘的切岩速度有关，根据文献 [42] 的研究，一般条件下，隧道掘进机在不同岩性的区段 (洞段) 中开挖时所需要的掘进机推力、所能达到的掘进速度的情况如表 6.3 所示。

表 6.3 隧洞掘进机的推力、掘进速度 [42]

区段岩性	泥质和砂岩混合岩层	全断面砂岩	石灰岩、页岩状石灰岩及泥岩互层	全断面泥岩，仰拱处少量页状石灰岩	泥岩和断层带 1	泥岩和断层带 2
距离平均推力/MN	1.62	2.33	2.85	2.28	1.82	1.55
时间平均掘进速度/(m/h)	2.30	1.30	1.47	2.46	2.35	2.36

由上可知，在采用 TBM 掘进机开挖时，P_d 在较长的时间 t_0 内缓慢卸载到零，这个过程是一个准静态卸载过程。根据严鹏等 [33] 的研究，由表 6.3 中给出的数据可以估算，当掘进机在岩石中掘进 1mm 时大约需要 500ms 左右的时间，对应具体的数值模型，可根据实际施工情况对地应力准静态卸载时间进行取定。

6.2.3 岩爆/冲击地压发生过程中新生边界条件的数值处理

由于岩爆/冲击地压发生过程中爆出部分产生的新生边界条件会对其周围岩体产生扰动影响，为了能对深埋地下工程中岩爆等工程问题的发生过程进行准确的定量计算，很有必要对该因素的影响展开相应研究。考虑到岩爆/冲击地压的发生过程就是岩体中存储能量的释放过程，且对岩爆/冲击地压现场及试验现象的观察发现，岩爆/冲击地压与炸药爆炸在能量释放阶段具有一定的相似性，同时受爆炸力学中爆炸相似律的启发，将岩爆中辐射能 (即裂纹扩展时裂纹体释放的弹性应变能 [48]) 的释放过程比拟为炸药的爆炸过程，以此对岩爆/冲击地压发生过程中新生边界条件的数值计算方法展开相应研究。

1. 基本思想

首先将爆炸力学中的爆炸相似律叙述如下：假定介质对变形速度是不敏感的 (诸如岩土等)，且假定在介质中应力和变形的不稳定场是受爆炸能量 (重力和其他力不起作用) 的影响，由此可以认为两个不同尺寸的装药 (不同能量)，在任意外形的介质的相同点上爆炸，其爆炸的应力和应变场在几何形状、时间和力等方面都是相似的 [36]。

由于岩爆/冲击地压是因开挖导致的岩层突然破坏的现象，发生岩爆/冲击地压的过程中往往伴随着开挖空间的大应变、大位移以及岩层碎块从母岩中的高速脱离，向开挖空间抛出，抛出的岩体质量从数吨到数千吨不等 [43]。郭然 [44] 认为岩爆是岩体破坏的一种形式，它是处于高应力或极限平衡状态的岩体或地质结构体，在开挖活动的扰动下，其内部储存的应变能瞬间释放，造成开挖空间周围部分岩石从母岩体中急剧、猛烈地突出或弹射出来的一种动态力学现象，岩爆的发生常伴随着岩体震动；何峰 [45] 也指出岩爆是高地应力条件下硬脆性围岩因开挖卸荷导致储存于岩体中的弹性应变能突然释放，而产生的一种岩体动力失稳地质灾害。由此可见，岩爆/冲击地压的发生过程伴有能量的突然释放，而这与爆炸过程也存在能量的突然释放具有相似性，故将岩爆/冲击地压中辐射能的释放过程比拟为炸药的爆炸过程是具有一定合理性的。

岩爆/冲击地压一般发生在深埋高应力条件下硬脆性岩体的开挖环境中，发生前岩体内部已积聚了相当大的弹性应变能，积聚的弹性应变能在岩爆/冲击地压的发生过程中大部分转化为以塑性能与表面能等为代表的耗散能，而被岩体消耗，还有一部分则转化为以电磁辐射能、声波能以及动能等为代表的辐射能向外界释放 [46]。换句话说，岩爆/冲击地压发生的过程对周围岩体的影响主要包括两部分，岩爆/冲击地压中大部分应变能用于破岩而被消耗，同时伴随着破岩的过程，周围岩体则会出现地应力动态卸荷；岩爆/冲击地压中另一部分应变能则以辐射能的形式向周围岩体施加影响。

综上分析，可对岩爆/冲击地压发生过程中新生边界条件的数值处理采用与钻爆法开挖荷载类似的思路，即认为岩爆/冲击地压发生过程中对周围岩体的影响由两部分构成 (图 6.11)：第一部分是因岩爆区域的岩体破裂而导致周围岩体中地应力的瞬态卸荷；第二部分是以辐射能的形式影响周围岩体，为了简化分析，假定辐射能主要以弹性波的形式向四周辐射，而忽略电磁辐射能、声波等其他能耗。

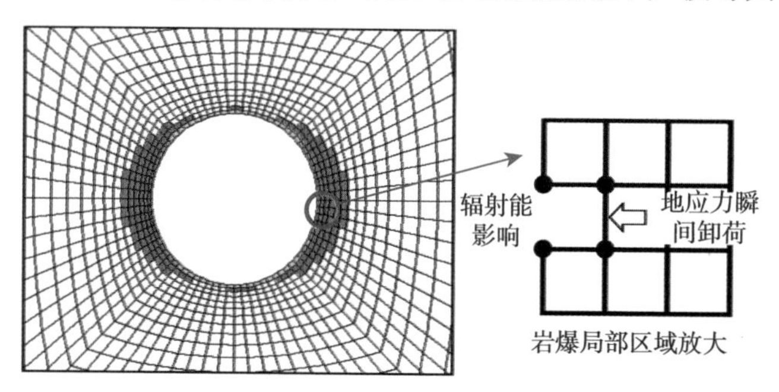

图 6.11　岩爆发生过程对周围岩体的影响示意图

2. 数值计算方法的提出

对岩爆/冲击地压发生过程中新生边界条件进行数值处理时，先利用前述章节所提的单位时间相对局部能量释放率指标作为岩爆/冲击地压的判据，在计算过程中，当判断某一单元发生了岩爆/冲击地压，则将该单元“开挖”掉 (即将该单元设置为 null)，同时在该岩爆/冲击地压单元与周围单元相连的节点上考虑地应力动态卸载和辐射能的影响。

对于地应力瞬态卸荷的计算，此处以在有限差分软件 FLAC^{3D} 中的计算为例介绍其计算格式。在 FLAC^{3D} 计算时，所有单元均被离散为其基本计算单元 —— 常应变率四面体单元 (图 6.12)。

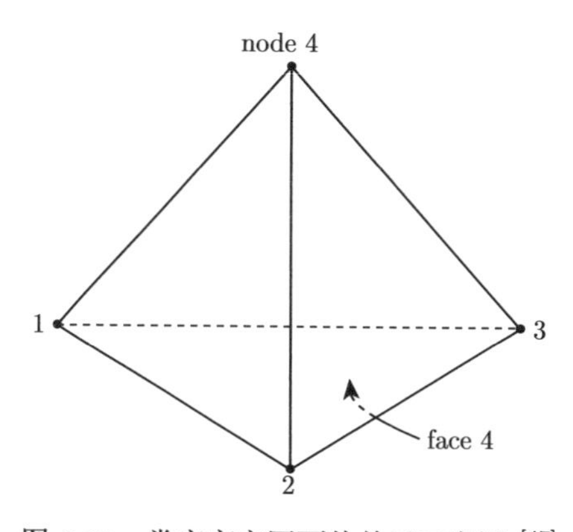

图 6.12　常应变率四面体单元示意图 [47]

在每一计算时间步内，其平衡方程可表示为如下

$$\sigma_{ij,j}+\rho\left(b_i-\frac{\mathrm{d}v_i}{\mathrm{d}t}\right)=0 \tag{6.12}$$

式中，ρ 为单位体积的质量，即密度；$[b]$ 为单位质量的体积力；$\mathrm{d}[v]/\mathrm{d}t$ 表示速度关于时间的导数，即加速度。

因单元发生岩爆而导致其周围单元出现地应力瞬态卸荷，该地应力初始卸荷值可认为是将岩爆单元“开挖”后，在该岩爆单元与周围单元相连节点上所形成的最大不平衡力。根据文献 [47] 的推导，该最大不平衡力 F_i 可由下式计算得出

$$F_i^{<l>}=\left[\left[\frac{T_i}{3}+\frac{\rho b_i V}{4}\right]\right]^{<l>}+P_i^{<l>} \tag{6.13}$$

式中，i= 1，2，3；$<l>$ 表示四面体节点在全局节点中的编号；V 表示四面体的体积；$[P]$ 表示作用在节点上的外载；$[[\cdot]]$ 表示包含某全局节点 l 的所有四面体遍历求和；T_i 由下式计算。

$$T_i^n=\sigma_{ij}n_j^{(n)}S^{(n)} \tag{6.14}$$

其中，$S^{(n)}$ 表示节点 n 所对应的四面体表面的面积，如图 6.12 所示，$S^{(4)}$ 表示节点 4 所对应的四面体表面 face4 的表面积；$n_j^{(n)}$ 表示节点 n 所对应四面体表面的法向向量。在数值计算中确定地应力动态卸载的初始卸载值时，可先将岩爆/冲击地压单元“开挖”掉，然后让整个模型试算一步，以此得到相应节点地应力卸载初始值。对于地应力动态卸荷的时间应与岩爆/冲击地压中能量的释放过程有关，其具体确定方法将在以下进行探讨。

辐射能的研究在岩爆/冲击地压问题中具有重要地位，它是制约能否准确描述岩爆/冲击地压发生过程的关键性因素之一，而目前还尚未发现对该领域的相关研究，这也说明该问题的复杂性。此处将对该问题进行一些试探性的研究。

依照先前的假设，此处假定辐射能主要以弹性波的形式影响周围岩体，而忽略辐射能中的电磁辐射、声波等其他形式的能耗。根据陈培善 [48] 等的研究可知，裂纹在岩体的扩展过程中，储存在弹性体中的应变能要释放掉一部分，裂纹扩展时裂纹体释放的弹性应变能称为应变能释放率 G (亦称辐射能)，它可由一小段闭合裂纹弹性应变能 V 的改变求得 [49]：

$$G=\left.\frac{\mathrm{d}V}{\mathrm{d}A}\right|_{\text{外力做功为}0}=\lim_{\alpha\to 0}\frac{2}{\alpha}\int_0^{\alpha}\left(\frac{\sigma_y v}{2}+\frac{\tau_{yx}u}{2}+\frac{\tau_{yz}w}{2}\right)\mathrm{d}x \tag{6.15}$$

式中，α 为裂纹半长。

同时将式 (6.15) 中的各应力值与断裂力学中三种断裂模式的应力强度因子相联系，最后可化为

$$G=\frac{1-v}{2\mu}K_{\mathrm{I}}^2+\frac{1-v}{2\mu}K_{\mathrm{II}}^2+\frac{1}{2\mu}K_{\mathrm{III}}^2 \tag{6.16}$$

式中，υ 表示泊松比；μ 表示刚性系数；K_{I} 表示 I 型开裂的应力强度因子；K_{II} 表示 II 型开裂的应力强度因子；K_{III} 表示III型开裂的应力强度因子。

陈培善等通过对大范围的不同震级的地震中地震波的辐射效率进行统计分析研究 (图 6.13)，发现地震波的辐射效率对大小地震都差不多，经过试验测试得到辐射效率在 0.01~0.05。而现有研究成果表明，岩爆与地震在某种程度上具有一定的相似性，如目前在深埋隧洞 (道) 开挖过程中用于监测岩爆/冲击地压等信息的微震监测系统就大量借鉴地震学的知识，而加拿大则将岩爆定义为“伴随有地震发生并以突然或猛烈发生方式对地下开挖的破坏”[50] 等，这些都说明二者具有相似性。另外，岩爆/冲击地压和地震的发生过程也都包括岩体中裂纹的扩展以及储存应变能的部分释放等，因此，可认为岩爆/冲击地压过程中总能量的辐射效率与地震类似，此处假定其与地震波的辐射效率一致，即假定岩爆/冲击地压前，岩体中积聚的应变能 95%~99% 的部分用于破碎岩体，造成周围岩体的地应力瞬态卸荷，而 1%~5% 的应变能则以弹性波的形式向四周辐射。

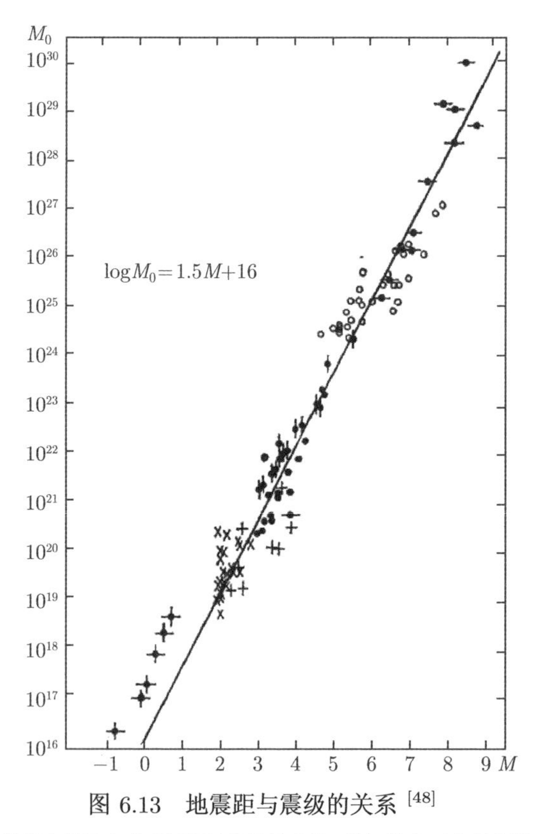

图 6.13 地震距与震级的关系 [48]

图中数据来源于全球不同地区的地震事件，详细信息可参考文献 [48]

对于辐射能的数值处理，受爆炸相似率的启发，假定岩爆/冲击地压过程中辐射能对周围岩体的影响等效于在岩爆/冲击地压区域中心位置释放与辐射能相同能量的炸药而产生的作用。其具体计算方法为：在数值计算时，对所有单元的弹性应变能在每一计算步中进行跟踪，根据谢和平等 [51] 的研究，计算单元的弹性应变能可由下式计算得出

$$U^e = \frac{1}{2E}[\sigma_1^2 + \sigma_2^2 + \sigma_3^2 - 2\nu(\sigma_1\sigma_2 + \sigma_2\sigma_3 + \sigma_3\sigma_1)] \tag{6.17}$$

上式虽然形式上与线弹性力学中的应变能计算式相同，但其弹性参数 E 和泊松比 ν 的取值均考虑了当前计算步下应力状态与损伤的影响。

由前面所提的单位时间相对局部能量释放率指标来判断某单元发生岩爆/冲击地压后，该单元中弹性应变能的 1%~5% 以弹性波的形式向四周辐射，该部分作用被等效视为在单元形心位置释放相同能量的炸药所产生的影响，再将爆炸作用简化为三角形荷载。由已知的辐射能再查阅表 6.4 中相应内容可计算出对应炸药的质量，同时假定装药形状为球形，再结合炸药密度与爆轰超压公式等可估算出装药半径及爆轰超压等计算参数，下面通过举例来进行详细介绍。

表 6.4 不同炸药的 TNT 当量表

炸药名称	TNT	太恩	特屈儿	乳化炸药	水胶炸药	双基火药	黑火药
TNT 当量值	1.00	1.53	1.20	0.76	0.73	0.70	0.40

注：1g TNT 炸药约释放 4181.8 J 能量

假设某次岩爆中辐射能为 1×10^3J，若将其等效为太恩 (PETN) 炸药 (PETN 的比能为 6404 J/g)，则相当于约 0.156g 的 PETN 爆炸所释放的能量，查阅 PETN 的密度为 1.75g/cm^3，于是 PETN 的体积约为 0.089cm^3，假定为球形则装药半径 r_0 约为 0.28cm，若岩爆单元为边长为 20cm 的立方体，如图 6.14 所示，由文献 [36] 可知，对于球形 PETN 装药在岩石中爆炸的最大超压 ΔP_m 与相对距离 $\bar{r}$ 之间满足如下关系

$$\Delta P_m = 9.8 \times \left(10^4\frac{A_1}{\bar{r}^3} + 10^2\frac{A_2}{\bar{r}^2} + \frac{A_3}{\bar{r}}\right) \tag{6.18}$$

式中，ΔP_m 的单位为 MPa；A_1，A_2，A_3 均为试验参数，具体取值见表 6.5；相对距离 $\bar{r}$ 表示爆轰波作用位置离爆炸中心的距离与装药半径 r_0 之比，若取图 6.14 的情况，相对距离 $\bar{r} = R/r_0$。对于岩爆等效爆炸荷载的作用时间可参考式 (6.7) 进行估算；岩爆区域周围岩体地应力瞬态卸荷应与岩爆过程保持一致，此处取地应力卸荷时间与辐射能作用时间 (等效爆炸荷载作用时间) 一致。

表 6.5 不同岩石中 A_1，A_2，A_3 的取值 [36]

岩石名称	绿辉岩	大理岩	花岗岩	石灰岩
A_1	18.56	1.67	1.27	−1.51
A_2	88.82	4.71	20.18	21.53
A_3	202.01	46.70	38.59	38.59

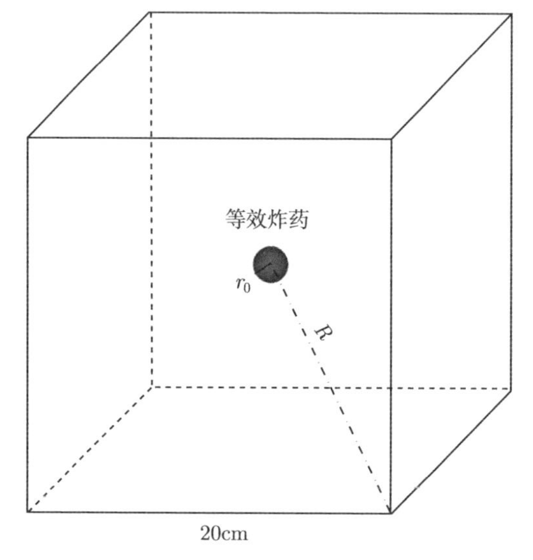

图 6.14 岩爆单元等效爆炸计算示意图

6.2.4 岩爆/冲击地压数值计算中的其他问题

考虑到岩爆/冲击地压发生过程的计算属于典型的动力学范畴，故岩爆/冲击地压发生过程的定量计算必须在动力学计算程序中进行。在动力学计算时，还有一些问题需要解决，如计算模型力学阻尼的确定；由于受计算机内存的限制，数值模型不可能无限大，则在数值模型的外边界上，为减小或消除弹性波的反射对计算结果的影响，需要在外边界上进行相应的吸波处理；动力计算数值模型网格尺寸的要求等。为了岩爆/冲击地压数值计算方法的完整性，下面将依据已有的研究结果对这些问题的具体处理措施进行简单介绍。

1. *力学阻尼的确定*

阻尼的产生主要来源于材料的内部摩擦以及可能存在的接触表面的滑动，对于动力计算时阻尼的取值，需要在数值计算中重现自然系统在动载荷作用下的阻尼大小。在采用有限差分软件 FLAC^{3D} 进行动力计算时，在程序中提供了三种阻尼形式，分别为瑞利阻尼、局部阻尼和滞后阻尼，下面主要介绍瑞利阻尼及其参数的确定。

瑞利阻尼最初应用于结构和弹性体的动力计算中，在计算时，假设动力方程中的阻尼矩阵 C 与刚度矩阵 K 和质量矩阵 M 有关 [52]

$$C = \alpha M + \beta K \tag{6.19}$$

其中，α 为与质量成比例的阻尼常数；β 为与刚度成比例的阻尼常数。

动力计算时，对于瑞利阻尼一般是确定最小临界阻尼比 $\xi_{\min}$ 和最小中心频率 $\omega_{\min}$ 两个参数，可按照下式进行计算：

$$\begin{aligned} \xi_{\min} &= (\alpha \cdot \beta)^{1/2} \\ \omega_{\min} &= (\alpha / \beta)^{1/2} \end{aligned} \tag{6.20}$$

其中，$\omega_{\min}$ 的单位是 Hz。

对于岩土材料而言，由文献 [52] 的研究可知，临界阻尼比的范围一般是 2%~5%，而在使用弹塑性模型进行动力计算时，相当多的能量消散于材料发生的塑性流动阶段，若在考虑大应变的动力计算时，只需要设置一个很小的阻尼比 (如 0.5%) 就能满足要求。在实际计算时，可以根据经验在临界阻尼比的范围内进行取值，或者先通过弹性阶段的动力计算了解各关键位置的动应变值，并根据实验室得到的阻尼比-应变幅值曲线来选择阻尼比的大小。

对于最小中心频率的确定，由于瑞利阻尼是与频率相关的，但在某特定的频率范围内，可认为瑞利阻尼基本与频率无关，而这个频率范围的最大频率一般是最小频率的 3 倍。对于一般的动力问题，可以对速度时程进行谱分析得到速度谱与频率之间的关系曲线，然后在曲线图上逐渐调整 $\omega_{\min}$，使频率范围在 $\omega_{\min} \sim 3\omega_{\min}$ 包含动力能量的主要部分，此时的 $\omega_{\min}$ 就是瑞利阻尼的最小中心频率。在实际计算中，首先将计算模型假设为弹性材料进行动力计算，得到各材料关键位置的功率谱，然后根据功率谱的分布确定该区域的瑞利阻尼最小中心频率的大小。

2. 静态边界的处理

在动力计算问题中，模型周围边界上会存在波的反射，将对动力计算结果产生影响，若采用增大数值模型的办法，则计算结果的可靠性虽会提高，但会产生很大的计算负担，故在动力计算时，一般会在边界上进行吸波的处理。FLAC^{3D} 中提供了静态边界和自由场边界两种边界条件来减少模型边界上的波的反射，本节主要介绍静态边界的设置。静态边界是 Lysmer 和 Kuhlemeyer 在 1969 年提出的，具体做法是在数值模型的法向和切向分别设置自由的阻尼器，从而实现吸收入射波的目的，阻尼器提供的法向黏性力 t_n 和切向黏性力 t_s 分别为

$$
\begin{aligned}
t_n &= -\rho C_{\mathrm{p}} v_n \\
t_s &= -\rho C_{\mathrm{s}} v_s
\end{aligned}
\tag{6.21}
$$

其中，v_n、v_s 分别为模型边界上法向和切向的速度分量；ρ 为介质密度；C_{p}、C_{s} 分别为 p 波和 s 波的波速。

这种静态边界对于入射角大于 30° 的入射波基本能够完全吸收，对于入射角较小的波，如面波，虽然仍有一定的吸收能力，但吸收不完全。另外，若需要在已施加的静态边界上输入动载荷，则只能输入应力时程，此时可以将加速度、速度时程通过转换公式 (6.22) 形成应力时程施加到静态边界上。

$$
\begin{aligned}
\sigma_n &= -2(\rho C_p) v_n \\
\sigma_s &= -2(\rho C_s) v_s
\end{aligned}
\tag{6.22}
$$

式中，σ_n、σ_s 分别为施加在静态边界上的法向应力和切向应力。

3. 数值模型网格尺寸的要求

由于动力计算时，输入波形的频率和波速特性会影响波传播的数值精度，Kuhlemeyer 和 Lysmer(1973) 的研究表明，要想精确描述模型中波的传播，那么网格的尺寸 Δl 必须要小于输入波形最高频率对应的波长的 1/8~1/10，如下式

$$
\Delta l \leqslant \left(\frac{1}{8} \sim \frac{1}{10}\right)\lambda
\tag{6.23}
$$

式中，λ 为最高频率对应的波长。

可见动力计算时，弹性模量越小，最大网格尺寸越小，划分的网格数量越多。由于任何离散化的介质都存在能量传播的上限频率，只有当输入载荷的频率小于这个上限频率时，计算结果才有意义。因此，上述公式不仅适用于 FLAC^{3D}，同样适用于其他基于时域的动力分析程序 [52]。

6.3　工程案例计算

为了对我国深埋长隧洞工程施工过程中的岩爆/冲击地压等动力灾害的评估、预测、预防和安全施工提供基本的科学依据与重要的理论和技术支持，本节将在上述研究的基础上对研究结果进行系统的综合应用，岩爆/冲击地压发生过程的数值模拟分析流程如图 6.15 所示，并以锦屏二级水电站发生的典型岩爆案例为研究对象，对不同类型的岩爆孕育过程进行了数值模拟分析。

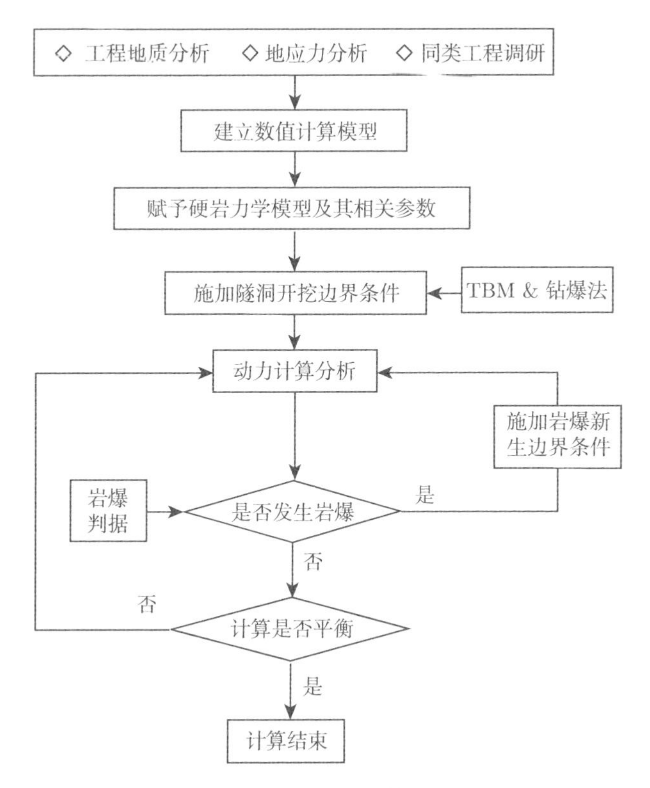

图 6.15 岩爆发生过程数值模拟分析流程图

6.3.1 应变型岩爆案例 —— 钻爆法开挖

本节将对锦屏二级水电站#4 引水隧洞中钻爆法开挖的典型应变型岩爆实例进行数值模拟分析。由于钻爆法开挖而导致的应变型岩爆发生在隧洞爆炸破岩过程中，该类岩爆在现场不易被辨别，通常的识别方法是在隧洞爆破后，首先观察围岩爆破轮廓是否标准，即是否为设计的马蹄形，若围岩爆破轮廓出现明显的外凸现象，则应重点检查外凸部位的岩体断口是否新鲜，有无节理等，若检查发现断口处岩体新鲜且质地坚硬，则可初步认为该处属岩爆破坏，最终确定其是否为岩爆及其类型还需其他手段的辅助分析，如应力分析等。此处所考虑的#4 引水隧洞岩爆洞段，由于其位置临近排水洞 11.28 极强岩爆洞段，岩爆倾向性很高，在施工过程中多次发生中等岩爆。例如，2010 年 7 月 6 日开挖至 K9+728 时，K9+742-9+766 南侧边墙发生强烈岩爆，爆坑达 2m，如图 6.16 所示。本节将以桩号为 K9+720 附近的在钻爆法开挖过程中发生一次典型应变型岩爆案例为研究对象进行数值模拟分析，其岩爆后的轮廓线如图 6.17 所示，最大爆坑达到 2m 左右，位于左拱腰附近。

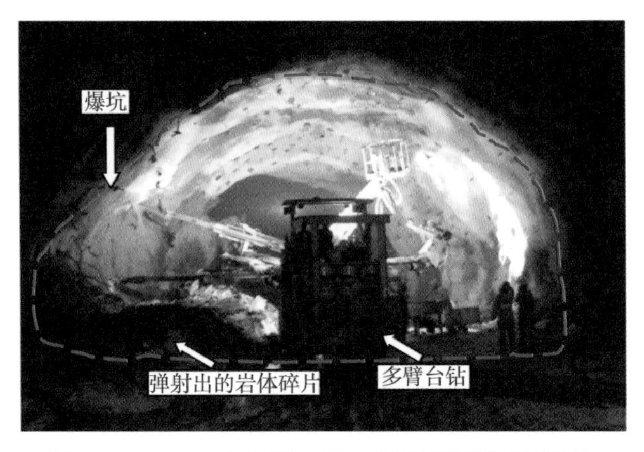

图 6.16 #4 引水隧洞 7 月 6 日强烈岩爆现场照片

图 6.17 #4 引水隧洞 K9+720 附近典型应变型岩爆现场照片

由于岩爆洞段的岩体主要为 T_{2b} 大理岩，采用前述章节所提的硬岩力学模型，结合试验结果以及参照中国科学院武汉岩土力学研究所锦屏项目组地应力及岩体力学参数的反演成果 [53]，得到了岩体的力学参数，如表 6.6 所示。其中，函数 f 对应的单轴抗压强度 σ_c 取为 90MPa。不考虑开挖过程，根据地应力的反演分析结果及现场施工的开挖尺寸确定计算模型。其中，引水隧洞断面分为上下两台阶开挖，岩爆发生时仅进行了上台阶的开挖，开挖高度为 8.5m (可参考图 5.3(b))；同时根据地应力反演结果可知，最大主应力为 −62.23MPa，与拱顶的竖直线成 60° 夹角，最小主应力为 −45.67 MPa，轴向压应力为 −52.37MPa，地应力符号约定为拉正压负。采用单位时间相对局部能量释放率指标 (URLERI) 作为岩爆判据，对该案例进行模拟岩爆发生过程的动力计算分析，计算时对因“挖除”岩爆单元而产生的新边界条件进行相应计算处理，同时考虑隧洞开挖时的爆炸荷载与地应力动态卸荷的影响。动力计算时阻尼设置为瑞利阻尼，取定最小临界阻尼比 $\xi_{\min}$ 为 0.03，最小中心频率 $\omega_{\min}$ 为 500Hz；模型外围边界均设定为静态边界，以减少计算时对波的反射。

表 6.6 岩体力学参数

参数	参数值	参数	参数值	参数	参数值
E_0/GPa	27.62	c_r/MPa	9.87	$\kappa_{r\varphi}$/%	0.635
μ_0	0.256	κ_i/%	0.06	ψ_0/°	29.20
c_0/MPa	34.36	κ_{rc}/%	0.705	函数 f	$0.038\ p_c/\sigma_c + 0.0124$
c_i/MPa	33.18	φ_0/°	29.93		

锦屏二级水电站#4 引水洞采用钻爆法施工，断面形状为马蹄形，开挖的洞径为 13.0m。采用两台阶断面开挖法施工，首先开挖上台阶，其开挖高度为 7.5m，进行相应支护后再开挖下台阶，开挖高度为 5.5m。#4 引水隧洞上半部开挖炮孔布置示意图如图 6.18 所示。

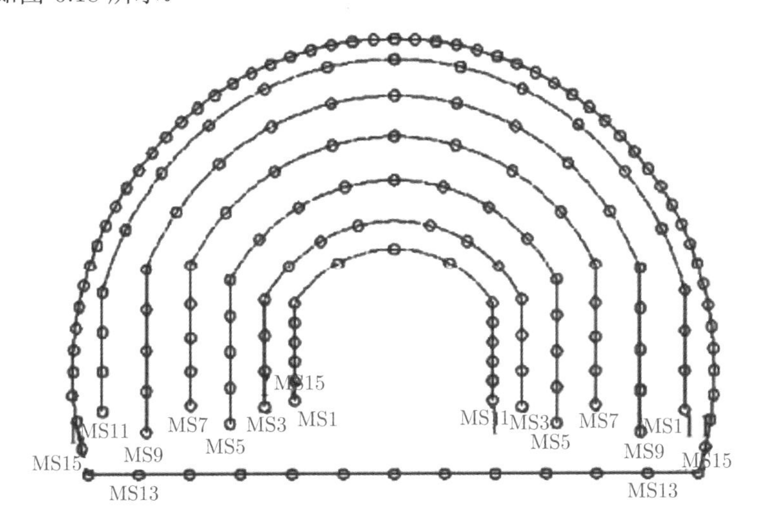

图 6.18 排引#4 支洞引水隧洞上半洞开挖炮孔布置图

钻爆法施工时，上台阶爆破开挖过程中采用光面爆破，其装药直径为 25mm，炸药密度为 1.1g/cm^3，爆速为 4000m/s，根据文献 [54] 的计算结果，爆炸荷载峰值为 122.3MPa，作用过程曲线 [55] 如图 6.19 所示。图 6.19 中，P_0 =122.3MPa，为爆炸荷载峰值；$P_{\rm d}$ 为开挖卸荷荷载。由于#4 引水隧洞是非圆形隧洞，因此采用有限元模拟的方法确定岩体开挖荷载。

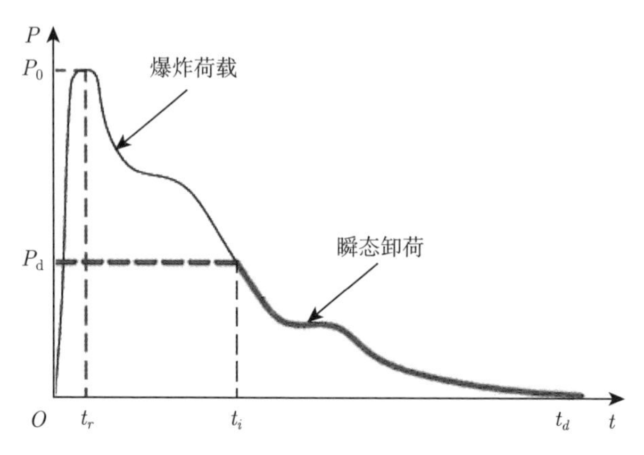

图 6.19 爆炸荷载和开挖荷载瞬态卸荷历程曲线

引#4 隧洞开挖后岩爆坑及塑性区的数值计算结果如图 6.20 所示，由图可见，隧洞开挖后岩爆坑及塑性区轮廓随计算步的变化过程。其中，图 6.20(a) 表示计算步为 274 时隧洞围岩的塑性区分布图，此时开挖后在爆炸荷载和地应力动态卸荷作用下，在隧洞左右拱脚处的单元最先出现了剪切屈服，表明在外载及围岩应力重分布作用下隧洞左右拱脚位置出现了应力集中现象；图 6.20(b) 表示计算步为 287 时围岩的塑性区分布图，此时可见，在隧洞右拱脚附近的剪切屈服范围逐渐变大，而隧洞左拱脚附近的单元最先出现了岩爆现象，且随着计算步的增加，岩爆的区域也在扩大，当计算步达到 317 时，在隧洞左拱肩位置也出现了岩爆现象 (图 6.20(c))，此时在隧洞拱顶位置出现了拉破坏；之后随着围岩应力的继续调整，岩爆区域也逐渐增大，在计算步为 372 时，隧洞左拱脚和左拱肩的岩爆区域出现贯通，洞壁上部均出现了不同程度的破坏，最大深度达 1.5m 左右，洞壁底部拉破坏区域从左右拱

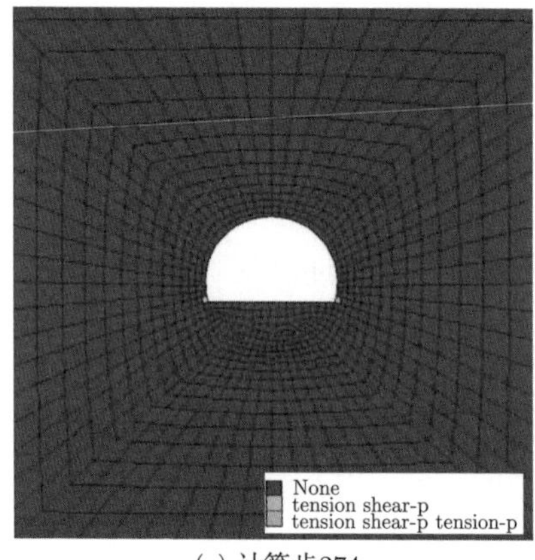

(a) 计算步274

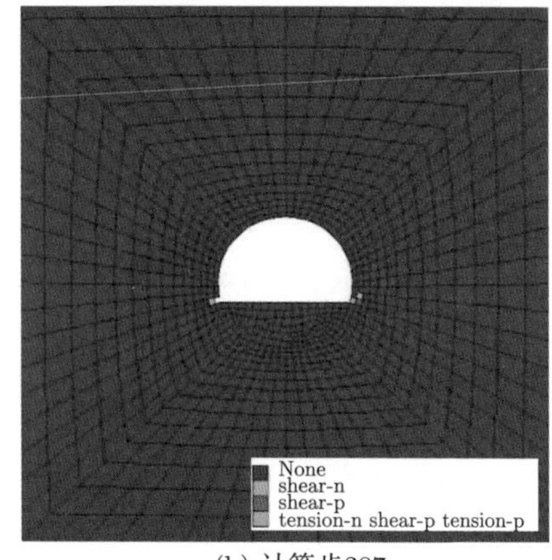

(b) 计算步287

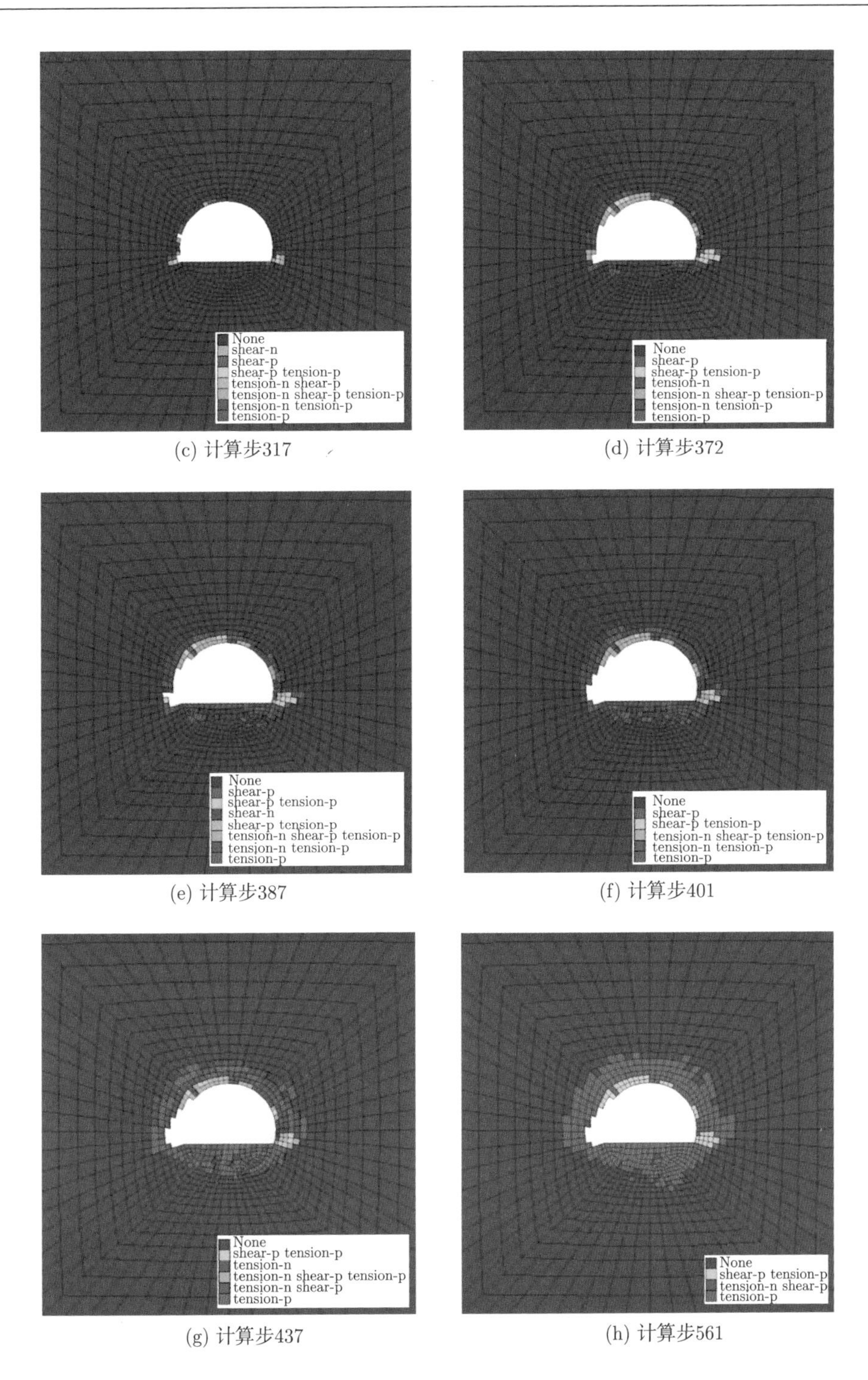

(c) 计算步317 (d) 计算步372

(e) 计算步387 (f) 计算步401

(g) 计算步437 (h) 计算步561

图 6.20 引#4 隧洞开挖后岩爆坑及塑性区的数值模拟分布图

脚逐渐向中间扩展 (图 6.20(d))；在计算步为 387 时，洞壁底部的破坏区域出现贯通，此时岩爆区域也在进一步扩大 (图 6.20(e))；直到计算步为 401 时，岩爆坑形态逐渐稳定 (图 6.20(f))，此时岩爆坑的最大深度为 2m 左右；但围岩应力在一定时间内仍在继续调整，直到计算步为 561 时，隧洞围岩的塑性区逐渐稳定 (图 6.20(h))；此后随着岩体的松弛、蠕变等，围岩应力在一定时间内仍会持续调整。

由图 6.20 所示的计算结果可以看出，最大岩爆坑位于左拱腰位置，与实测区域一致 (图 6.17)，最大爆坑深度为 2m 左右，与实测深度基本一致；从破坏区形状来看，模拟结果与实测情况也吻合得很好 (图 6.17)。可见上述对钻爆法开挖的应变型岩爆的计算分析是合理的，能够较好地反映钻爆法开挖的应变型岩爆发生的动态变化过程。

6.3.2 时滞性岩爆案例计算

大量的工程实践表明，大部分岩爆都表现出明显的时滞性，即很大程度上岩爆并不是随开挖而即时发生，而是会滞后开挖一段时间。此处将以锦屏 II 级水电站 TBM 开挖的排水洞一次岩爆实例为研究对象进行岩爆时滞性的分析研究。具体情况如下：

为加快施工进度，锦屏 II 级水电站施工排水洞采用 TBM 开挖。由于高地应力的影响，从 2009 年 10 月中旬至 11 月下旬期间，锦屏 II 级水电站排水洞 TBM 施工洞段发生了多次强烈岩爆，如图 6.21 和图 6.22 所示。其中，图 6.21 为排水洞 2009 年 10 月中旬至 11 月下旬期间岩爆发生的桩号范围；图 6.22 为排水洞 2009 年 10 月中旬至 11 月下旬期间岩爆的爆坑形态。

由图 6.21 可见，10 月 8 日，在 TBM 掘进过程中，SK9+302 处北侧拱肩位置发生岩爆，伴有类似于爆破的响声，爆坑最大深度为 1.7m；桩号 SK9+314 处北侧拱肩位置发生岩爆，爆坑深 1.2~1.7m，延伸至掌子面；桩号 SK9+311-9+322 段南侧拱脚至拱腰位置也发生岩爆，爆坑最大深度约为 1m，呈“锅底”状，此次岩爆爆坑如图 6.22(a) 所示。10 月 9 日，桩号 SK9+301-9+322 段发生极强岩爆，此时掌子面桩号为 SK9+296，岩爆剧烈的冲击作用导致 14 榀拱架发生严重变形，如图 6.23

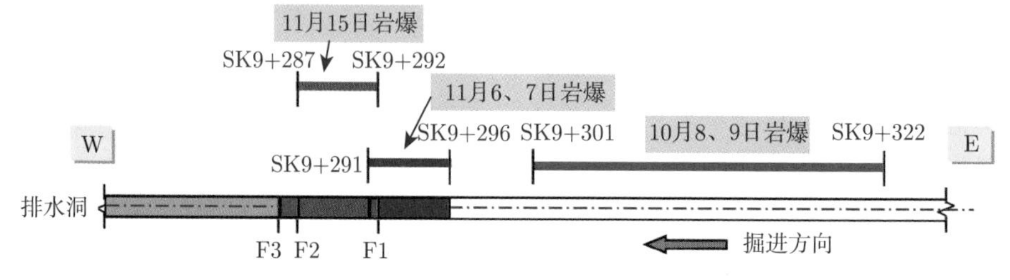

图 6.21 排水洞 2009 年 10 月中旬至 11 月下旬期间岩爆发生的桩号范围

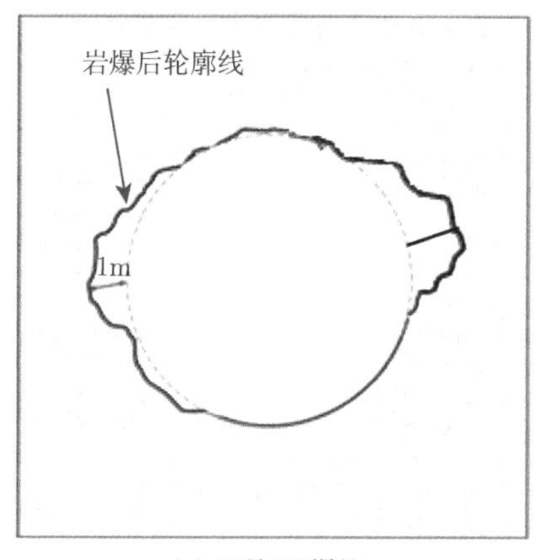

(a) 10月8日爆坑

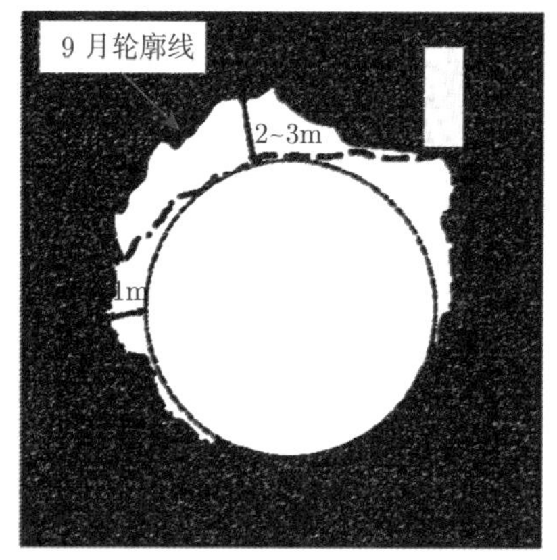

(b) 10月9日爆坑

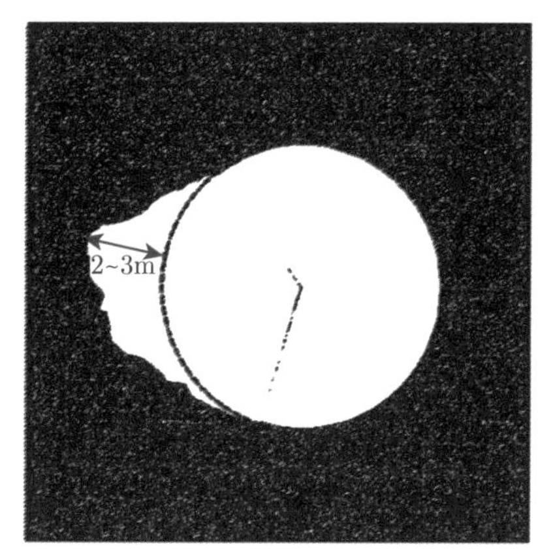

(c) 11月6、7日爆坑

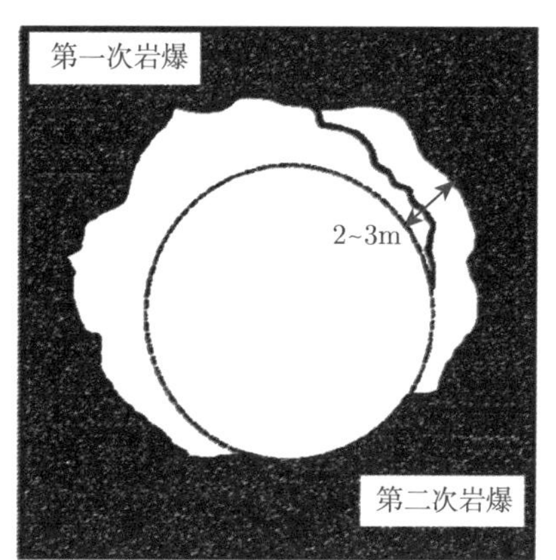

(d) 11月15日爆坑

图 6.22 排水洞的爆坑形态

所示。其中，主岩爆区发生在 SK9+301-9+314 洞段顶拱位置，爆坑的估计深度为 2~3m，桩号 SK9+311-9+322 洞段为主爆区地震作用诱发的塌方区域，塌方部位处于拱腰至拱脚范围，坑深约 1m，如图 6.22(b) 所示。岩爆时伴有震耳的爆破响声，同时洞内灰白色粉尘瞬时弥漫。另外，11 月 6 日、7 日及 15 日均发生了岩爆，其爆坑形状分别如图 6.22(c) 和 (d) 所示，此处不再赘述。

此处，将以排水洞 10 月 8 日桩号为 SK9+302 处所发生的岩爆案例为研究对象，在该次岩爆发生时，掌子面已推进到 SK9+300 附近，岩爆发生位置位于 SK9+302 处北侧拱肩，岩爆发生时刻滞后该位置的开挖时刻约 50 分钟，为典型的时滞性岩爆，爆坑最大深度为 1.7m，爆坑形状如图 6.22(a) 所示。

图 6.23　排水洞岩爆造成顶拱钢拱架破坏照片

锦屏Ⅱ级水电站施工排水洞采用 TBM 开挖，开挖直径为 12.4m。动力计算时，阻尼设置为瑞利阻尼，根据前面介绍的方法，取定最小临界阻尼比 $\xi_{\min}$ 为 0.03，最小中心频率 $\omega_{\min}$ 为 500Hz；模型外围边界均设定为静态边界，以减少计算时对波的反射。

排水洞桩号 SK9+283-9+322 洞段为中细粒结晶厚层块状白山组 (T_{2b}) 大理岩，灰色或灰白色，主要由方解石及细条纹状黑云母等矿物组成，新鲜、坚硬。采用前述章节所提的硬岩力学模型，结合试验结果以及参照中国科学院岩土力学研究所锦屏项目组地应力及岩体力学参数的反演成果 [53]，计算参数如表 6.6 所示。同时根据地应力反演结果得到，σ_x 为 −40.42MPa，σ_y 为 −45.58MPa，σ_z 为 −54.38MPa，σ_{xy} 为 −0.21MPa，σ_{yz} 为 −1.13MPa，以及 σ_{xz} 为 4.75MPa，地应力符号约定为拉正压负。计算时，考虑岩体强度参数的时滞性效应，采用单位时间相对能量释放率指标 (URLERI) 作为岩爆判据，并考虑了岩爆发生过程中新生边界条件的影响。

排水洞 10 月 8 日桩号为 SK9+302 处所发生岩爆的计算结果如图 6.24 所示，由图可见，该洞开挖后的岩爆坑及塑性区随计算时步的变化过程。其中，图 6.24(a) 为开挖后计算 2.42122×10^{-3}s 时围岩的塑性区分布图 (此时动力计算时间步为 2.0177×10^{-4} s)，在开挖荷载和地应力作用下，洞壁附近围岩出现了深度为 0.5m 左右的拉裂损伤区；图 6.24(b) 为计算 2.921 分钟时围岩的塑性区分布图，在经受围岩应力重分布及强度时效性的作用下，围岩塑性区也逐渐扩大，左右拱腰、拱顶及拱底附近的塑性区逐渐达到 1m 左右；在计算时间达到 46.196442 分钟时，左拱腰偏下和右拱腰偏上位置出现剪切破坏 (图 6.24(c))，代表能量在此处聚集，在计算时间为 46.196445 分钟时，上述两位置发生岩爆 (图 6.24(d))，此时与该岩爆的实际滞后时间很接近 (约 50 分钟)；之后随着左右拱腰附近岩爆区域的扩大，其岩爆坑深度也逐渐增加，到计算时间为 48.19826 分钟时，岩爆坑范围逐渐稳定 (图 6.24(e) 和 (f))，但围岩应力在一定时间内仍会调整。

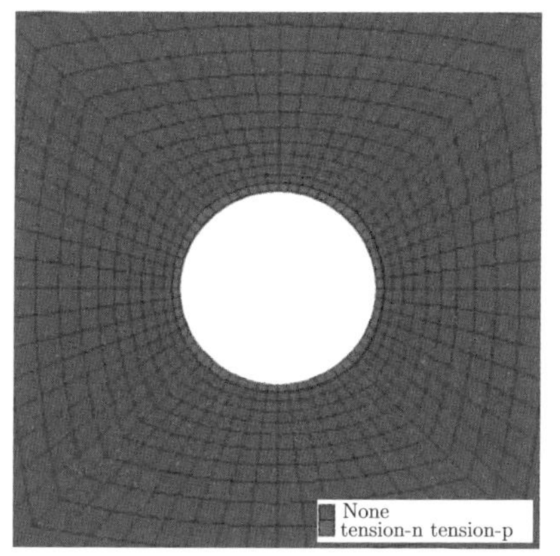

(a) 计算时间2.42122×10^{-3}分钟

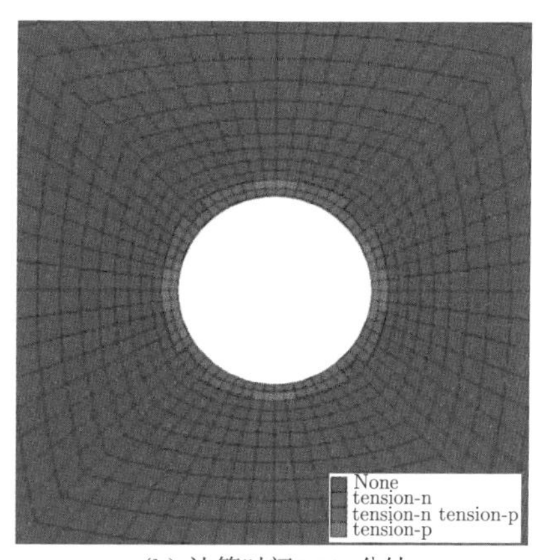

(b) 计算时间2.921分钟

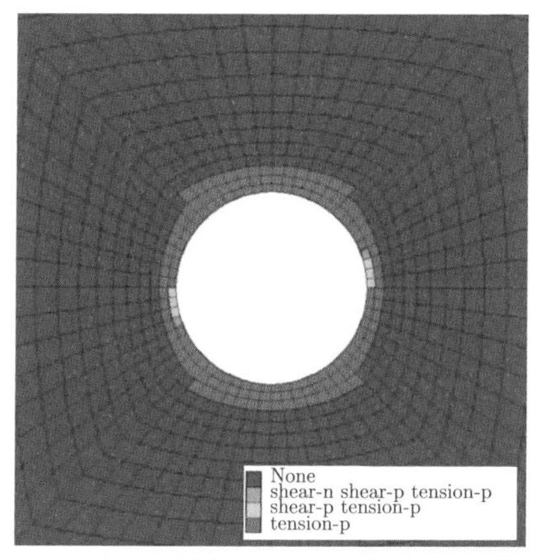

(c) 计算时间46.196442分钟

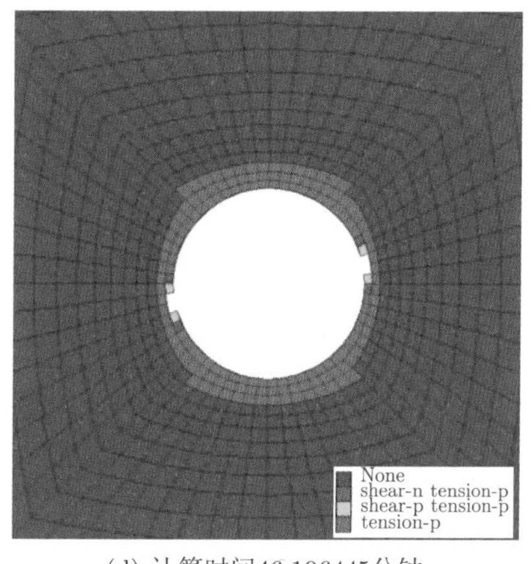

(d) 计算时间46.196445分钟

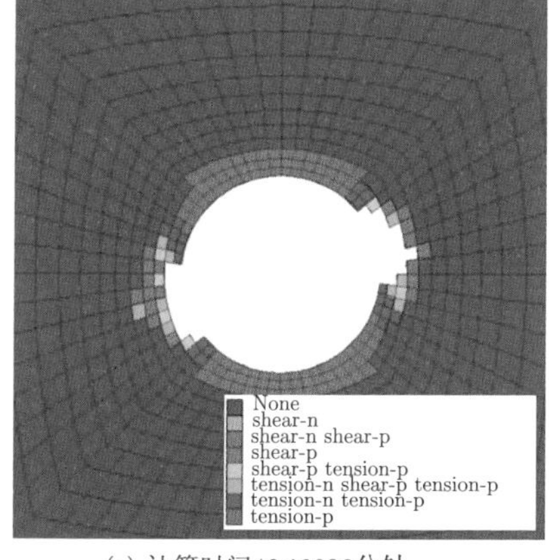

(e) 计算时间46.19826分钟

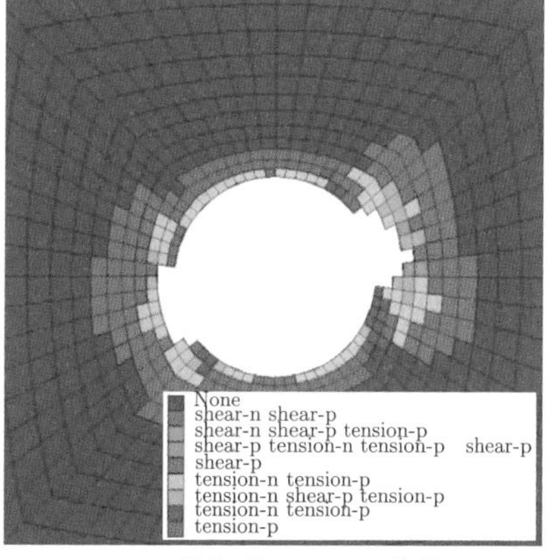

(f) 计算时间48.19846分钟

图 6.24 排水洞桩号 SK9+302 处开挖后岩爆坑及塑性区的数值模拟分布图

由图 6.24 所示计算结果的左侧岩爆坑位于左拱腰偏下位置，爆坑的深度为 1m 左右，右侧岩爆区域位于右拱腰偏上位置，爆坑的深度为 2m 左右，与实测区域一致，从破坏区形状来看，模拟结果与实测情况也吻合得很好 (图 6.22(a))，说明上述对时滞性岩爆的计算分析是合理的，所采用的数值模拟方法能满足对时滞性岩爆的发生过程进行动态跟踪的要求。

6.3.3　动力激励型岩爆计算

地下工程中随着岩体的开挖，洞室围岩将出现应力调整，由此可能导致围岩局部位置接近或达到其承载能力的极限，形成受力不利区域，此时若因临近洞室的开挖或附近区域发生地震等因素而对该洞室围岩产生动力扰动，则上述不利区域在外界动力激励下可能发生岩爆，一般称该类型的岩爆为动力激励型岩爆。此处将以锦屏 II 级水电站的地下洞室为工程背景，假定某洞段开挖后，因围岩应力调整，局部位置达到承载能力的极限，然后对该部位施加一动力扰动使其发生岩爆。下面将对这一动力激励型岩爆展开计算模拟。

为简化计算，采用平面应变模型，数值模型尺寸如图 6.25 所示，模型的宽和高均取为 180m，隧洞开挖直径为 12.4m。计算时，采用前述章节所提的硬岩力学模型，计算参数见表 6.6 所示。同时假定地应力如下，σ_x 为 -27.85MPa，σ_y 为 -31.0MPa 和 σ_z 为 -36.89MPa，地应力符号约定为拉正压负。数值模型中包含了 2241 个单元，4548 个节点。动力计算时，阻尼设置为瑞利阻尼，取最小临界阻尼比 $\xi_{\min}$ 为 0.03，最小中心频率 $\omega_{\min}$ 为 500Hz；模型外围边界均设定为静态边界条件。同时，采用单位时间相对能量释放率指标 (URLERI) 作为岩爆判据，并考虑了岩爆发生过程中新生边界条件的影响。

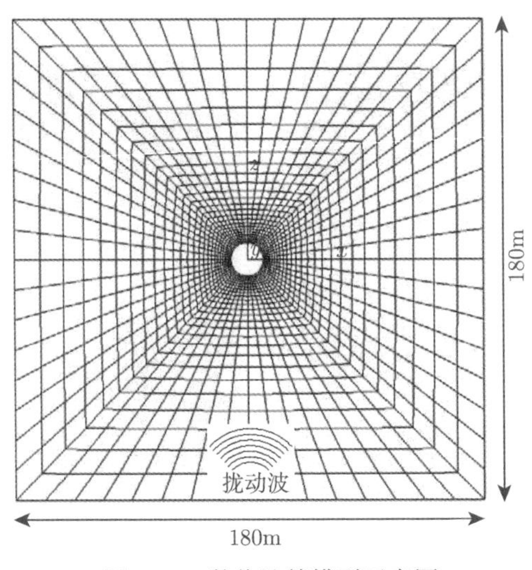

图 6.25　数值计算模型示意图

具体计算过程为，首先模拟上述地应力条件，待地应力平衡后进行隧洞开挖的模拟，随着围岩应力的调整，隧洞开挖达到稳定后，再在模型底部施加一动力扰动波，最后计算在该扰动波的影响下隧洞发生岩爆的情况。此处，施加的动力扰动波见图 6.26。由图可知，该扰动波的作用时长为 3.89s，其中最大加速度为 1.124 m/s^2，最大加速度对应的时间为 0.715s。

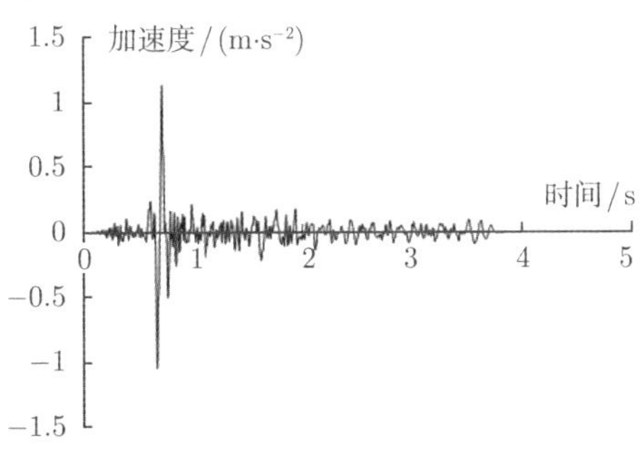

图 6.26 动力扰动波加速度-时间曲线

首先计算了隧洞开挖至围岩应力调整完成时间段内的受力情况，计算结果如图 6.27 所示，由图可见该洞开挖后的塑性区及岩爆坑随计算时间的变化过程。其中，图 6.27(a) 为开挖后计算 1.887e-3s 时围岩的塑性区分布图，由于 σ_z 与 σ_x 之比为 1.32，开挖后在隧洞拱顶和拱底位置出现了最大深约 2.4m 的拉裂损伤区，左右洞壁附近围岩出现了深度为 0.5m 左右的拉裂损伤区；图 6.27(b) 为计算 5.693e-3 s 时围岩的塑性区分布图，此时隧洞拱顶和拱底拉裂损伤区无明显变化，但左右洞壁附近围岩出现了拉剪混合损伤区，深度约 1m；在计算时间达到 6.327e-3 s 时，随着围岩应力的调整，左右两侧洞壁围岩发生了岩爆，爆坑深度约 0.5m(图 6.27(c) 所示)；随着围岩应力的继续调整，在计算时间为 2.789e-2 s 时，上述两位置岩爆坑范围继续扩大，此时洞壁其他部位均出现了不同程度的损伤 (图 6.27(d) 所示)；之后随着岩爆的继续发生，左右拱腰附近岩爆区域继续扩大，但其岩爆坑深度未见明显变化，计算至 3.931e-2 s 时，岩爆坑范围逐渐稳定 (图 6.27(e) 和 (f) 所示)，但围岩应力在一定时间内仍会调整。

由上可知，此阶段隧洞发生的岩爆强度较小，属于轻微岩爆范畴。在此计算示例中，受地应力条件和洞室开挖形状等因素的影响，左右两侧拱腰附近围岩为该隧洞的受力不利区域，虽然上述部位在隧洞开挖后发生轻微岩爆释放了部分弹性能，但由图 6.27(f) 可知，上述部位仍然为该隧洞的受力不利区域，围岩的剪切塑性区主要位于该部位。

下面将在上述计算结果的基础上，于数值模型底部边界施加图 6.26 的动力扰动波，从而使该隧洞左右两侧拱腰附近围岩的受力不利区域再次发生岩爆，即发生动力激励型岩爆。

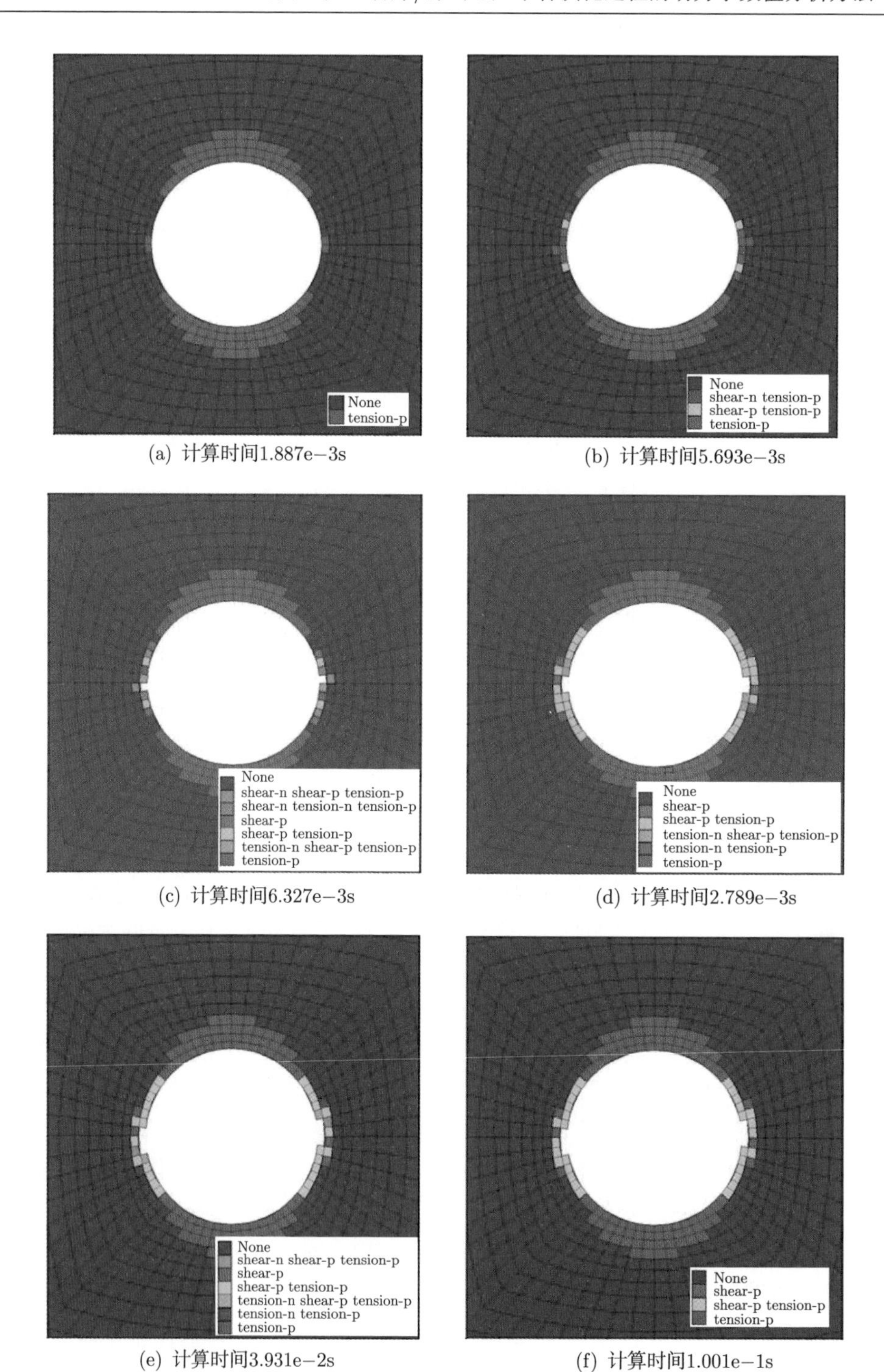

(a) 计算时间1.887e−3s　　(b) 计算时间5.693e−3s

(c) 计算时间6.327e−3s　　(d) 计算时间2.789e−3s

(e) 计算时间3.931e−2s　　(f) 计算时间1.001e−1s

图 6.27　隧洞开挖至动力扰动波施加前的计算结果

上述动力激励型岩爆的计算结果如图 6.28 所示，图中给出了在数值模型底部边界施加动力扰动波后，隧洞的塑性区及岩爆坑随计算时间的变化过程。由图可知，动力扰动波在模型底部激发后向隧洞附近岩体传播，计算时间为 2.038 s 时，在扰动波的激励下，隧洞左右两侧拱腰部位的内部岩体出现了局部拉破坏 (图 6.28(a) 所示)；随着扰动强度的增大，计算时间为 2.048 s 时，隧洞左右两侧拱腰部位的内部岩体的局部拉破坏持续扩大，形成了与洞壁平行的拉破坏区域，沿洞壁长度约 4~5m，距洞壁深度约 2.4m(图 6.28(b) 所示)；在计算时间为 2.122 s 时，拱腰处内部拉裂损伤区与洞壁的拉剪损伤区开始出现贯通 (图 6.28(c))，至 2.274 s 时，内部拉裂损伤区与洞壁的拉剪损伤区完全贯通 (图 6.28(d))；之后，随着扰动强度的继续增大，在计算时间为 2.276 s 时，该隧洞左右拱腰位置再次发生岩爆，此时爆坑深度约 1m 左右 (图 6.28(e))；随着岩爆的继续发生，左右拱腰附近岩爆区域继续扩大，隧洞拱腰附近围岩的塑性区也在持续扩大 (图 6.28(f))，直到计算时间为 2.284 s 时，岩爆坑范围逐渐稳定，此时爆坑深度约 1.7m 左右，沿洞壁长度约 2.4m 左右 (图 6.28(g))；随着围岩应力的进一步调整，左右拱腰附近围岩的塑性区继续扩大，但隧洞拱顶和拱底的拉裂损伤区未见明显变化，同时岩爆区域也基本趋稳，计算至 4.1 s 时，围岩应力基本调整到位 (图 6.28(h))。

由上述分析可知，此计算示例为典型的动力激励型岩爆，即隧洞开挖后拱腰附近围岩为受力不利区域，出现了轻微岩爆，计算显示岩爆后该部位仍然为隧洞不利位置，之后在模型底部施加的动力扰动波激励下，该不利部位再次发生岩爆。该计算示例清晰地描述了动力激励型岩爆的发生过程，可为我国深埋长隧洞工程施工过程中动力激励型岩爆的灾害评估和预测等方面提供技术支撑。

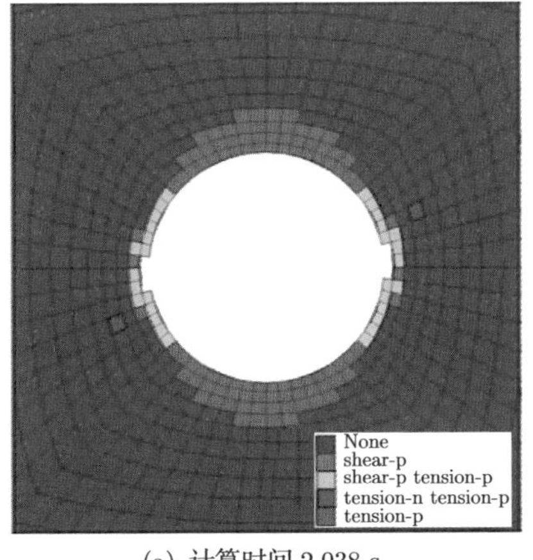

(a) 计算时间 2.038 s

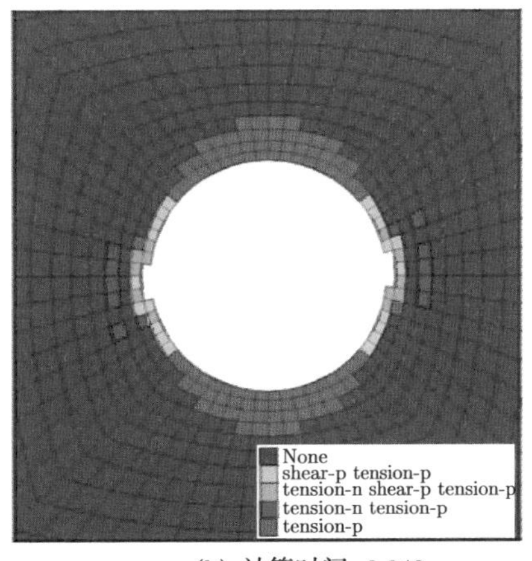

(b) 计算时间 2.048 s

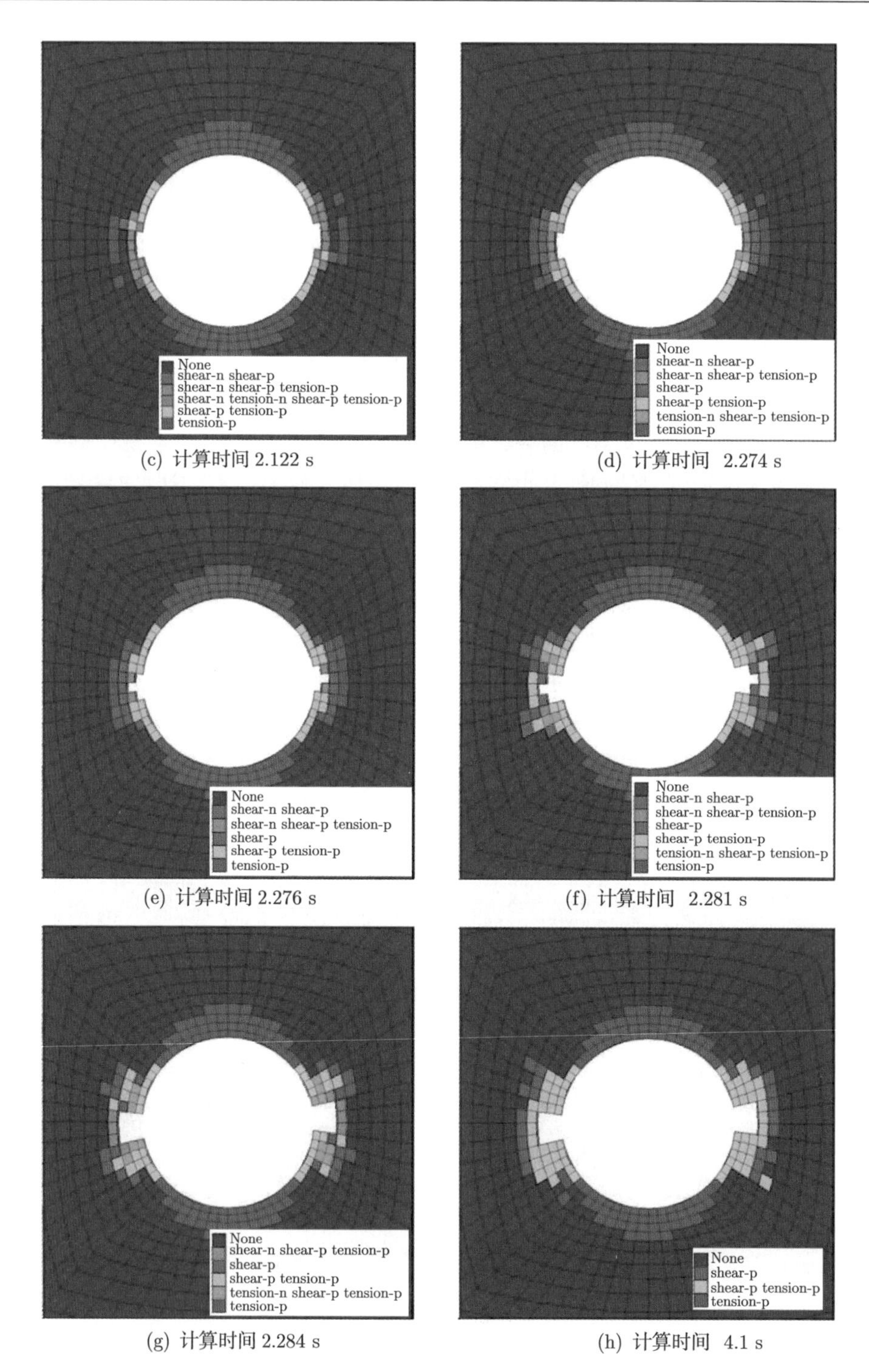

(c) 计算时间 2.122 s　　(d) 计算时间　2.274 s

(e) 计算时间 2.276 s　　(f) 计算时间　2.281 s

(g) 计算时间 2.284 s　　(h) 计算时间　4.1 s

图 6.28　施加动力扰动波后隧洞岩爆坑及塑性区的计算结果

6.4 小结与讨论

本章首先结合试验和理论分析对岩爆和冲击地压等动力灾害的发生机制进行了深入研究，指出对岩爆/冲击地压机制的研究在本质上应是对岩体中裂纹的动态扩展问题的研究；之后，在已有研究基础上提出了一个新的岩爆的能量判据——单位时间相对局部能量释放率指标 (unit time relative local energy release index，URLERI)，并阐述了该指标的构建思想和基本原理。

鉴于岩爆/冲击地压等动力灾害的孕育发生过程实际是岩体从静力状态向动力状态转换的过程，而在采用数值计算对岩爆/冲击地压等动力灾害进行预测以及对围岩稳定性进行合理评估时，就必须考虑岩体由静转动的这一过程，本章对目前两种开挖方式 (钻爆法和 TBM 法) 下的深埋隧洞 (道) 施工过程的数值计算方法开展了研究分析，主要包括：结合已有的研究结果，对两种开挖方式下深部岩体的开挖荷载的瞬态卸荷力学机制与计算方法进行了研究；基于爆炸力学中爆炸相似律的启发，对岩爆发生过程中新生边界条件的数值计算方法进行了一些探讨性研究；对目前岩爆数值计算中的其他问题的已有研究成果进行了简单介绍。

最后，采用数值模拟方法，对相关研究结果进行系统的综合应用，以锦屏二级水电站发生的典型岩爆案例为基础，对其中的应变型岩爆和时滞性岩爆进行了数值模拟计算，所得数值计算结果与实际情况基本一致，从而验证了前面所提理论及计算方法的合理性。此外，本书还给出了工程中较为常见的动力激励型岩爆的计算示例。本书研究成果可为我国深埋长隧洞工程施工过程中的岩爆/冲击地压灾害评估、预测、预防和安全施工等方面提供了基本的数值计算依据与相应的技术支持。

参 考 文 献

[1] 范天佑. 断裂动力学: 原理与应用. 北京: 北京理工大学出版社. 2006: 111-116.

[2] Fineberg J, Gross SP, Marder M, et al. Instability in dynamic fracture. Phys Rev Lett, 1991, 67: 457-460.

[3] Fineberg J, Gross S P, Marder M, et al. Instability in the propagation of fast crack. Phys Rev B, 1992, 45: 5146-5154.

[4] Ortlepp W D. Rock fracture and rockbursts. Johannesburg: SAIMM, 1977.

[5] 王兰生, 李天斌, 徐进, 等. 二郎山公路隧道岩爆及岩爆烈度分级. 公路, 1999, 28(2): 41-45.

[6] 徐林生, 王兰生. 岩爆类型划分研究. 地质灾害与环境保护, 2000, 3(11): 245-262.

[7] 何满潮, 苗金丽, 李德建, 等. 深部花岗岩试样岩爆过程实验研究. 岩石力学与工程学报, 2007, 26(5): 865-876.

[8] Cook N G W, Hoek E, Pretorius J P G, et al. Rock mechanics applied to the study of rockbursts. SAIMM, 1966, 66(10): 436-528.

[9] Kidybinski A. Bursting liability indices of coal. International Journal Rock Mechanics and Mining Sciences and Geomechanics Abstracts, 1981, 18(6): 295-304.

[10] Cook N G W. The Design of Underground Excavations// Eighth Rock Mechanics Symposium, Minnesota, 1966.

[11] Brady B H G, Brown E T. Energy changes and stability in underground mining design application of boundary element methods. MM, 1981: 61-67.

[12] Kwasniewski M, Szutkowski I, Wang J A. Study of ability of coal from seam 510 for storing elastic energy in the aspect of assessment of hazard in Porabka - Klimontow Colliery. Silesian Technical University, 1994.

[13] Wiles T D. Correlation between Local Energy Release Density observed bursting conditions at Creighton Mine. Report under contract for INCO Ltd. Mines Research, Sudbury, Canada, 1998.

[14] Mitri H S, Hassani F P, Kebbe R. A strain energy approach for the prediction of rockburst potential in underground hard rock mines. Proc.First Can. Symp. on Numerical Modelling Applications in Mining and Geomech., McGill University, 1993: 228-239.

[15] 苏国韶. 高应力下大型地下洞室群稳定性分析与智能优化研究. 武汉：中国科学院武汉岩土力学研究所, 2006. 46.

[16] 邱士利. 深埋大理岩加卸荷变形破坏机制及岩爆倾向性评估方法研究. 中国科学院研究生院博士学位论文, 2011.

[17] 杨凡杰, 周辉, 卢景景, 等. 岩爆发生过程的能量判别指标. 岩石力学与工程学报, 2015, 34(sup.1): 2706-2714.

[18] 蔡朋, 邬爱清, 汪斌, 等. 一种基于II型全过程曲线的岩爆倾向性指标. 岩石力学与工程学报, 2010, 29(sup.1): 3290-3294.

[19] 左宇军. 动静组合加载下的岩石破坏特性研究. 长沙: 中南大学, 2005.

[20] 李夕兵, 古德生. 岩石冲击动力学. 长沙: 中南工业大学出版社, 1994.

[21] Lindholm U S. High strain-rate tests, Techniques in Metals Research, 5. New York, 1971.

[22] 陶振宇. 岩石力学的理论与实践. 北京: 水利出版社, 257-276, 1981.

[23] Abuov M G, Aitaliev S M, Ermekov T M, et al. Studies of the effect of dynamic processes during explosive break-out upon the roof of mining excavations. Soviet Mining Science, 1989, 24(6): 581-590.

[24] Carter J P, Booker J R. Sudden excavation of a long circular tunnel in elastic ground. International Journal of Rock Mechanics and Mining Sciences and Geomechanics Abstracts, 1990, 27(2): 129-132.

[25] Cook M A, Cook U D, Clay R B, et al. Behavior of rock during blasting. Transaction of Social Mining Engineering, 1966, (1): 17-25.

[26] 王贤能, 黄润秋. 岩石卸荷破坏特征与岩爆效应. 山地研究. 1998, 16(4): 281-285.

[27] 徐则民, 吴培关, 王苏达, 等. 岩爆过程释放的能量分析. 自然灾害学报, 2003, 12(3): 104-110.

[28] 王青, 朱珍德, 朱江棚, 等. 长大引水隧洞岩爆的数值模拟及其应用. 河海大学学报 (自然科学版), 2008, 36(3): 363-366.

[29] 卢文波, 杨建华, 陈明, 等. 深埋隧洞岩体开挖瞬态卸荷机制及等效数值模拟. 岩石力学与工程学报, 2011, 6(30): 1089-1096.

[30] 卢文波, 陈明, 严鹏, 等. 高地应力条件下隧洞开挖诱发围岩振动特征研究. 岩石力学与工程学报, 2007, 26(增 1): 3329-3334.

[31] Barton N. TBM tunneling in jointed and faulted rock. Rotterdam: Balkema, 2000: 61-64.

[32] 李亮, 傅鹤林. TBM 破岩机制及刀圈改形技术研究. 铁道学报, 2000, 22(S1): 8-10.

[33] 严鹏, 卢文波, 陈明, 等. TBM 和钻爆开挖条件下隧洞围岩损伤特性研究. 土木工程学报, 2009, 42(11): 121-128.

[34] 卢文波, 周创兵, 陈明, 等. 开挖卸荷的瞬态特性研究. 岩石力学与工程学报, 2008, 27(11): 2184-2192.

[35] Chen S G, Zhao J, Zhou Y X. UDEC modeling of a field explosion test. International Journal of Blasting and Fragmentation, 2000, 4:149-163.

[36] Henrych J. The Dynamics of Explosion and Its Use. New York: Elsevier Scientific Publishing Company, 1979.

[37] 夏祥, 李俊如, 李海波, 等. 爆破荷载作用下岩体振动特征的数值模拟. 岩土力学, 2005, 26(1): 50-56.

[38] 杜修力, 廖维张, 田志敏, 等. 炸药爆炸作用下地下结构的动力响应分析. 爆炸与冲击, 2006, 26(5): 474-480.

[39] 严鹏, 卢文波, 陈明, 等. 隧洞开挖过程初始地应力动态卸载效应研究. 岩土工程学报, 2009, 31(12): 1888-1894.

[40] 卢文波, 陶振宇. 爆生气体驱动的裂纹扩展速度研究. 爆炸与冲击, 1994, 14(7): 264-268.

[41] 王耀辉, 陈莉雯, 沈峰. 岩爆破坏过程能量释放的数值模拟. 岩土力学, 2008, 3(29): 790-794.

[42] 木川田一弥, 森井宜治. 隧洞的开挖方法: 采用隧洞掘进机的岩石条件. 吴德康, 译. 1995 (5): 9-30.

[43] 谢和平. 深部资源开采诱发的工程灾害与基础科学问题// 深部开采基础理论与工程实践. 北京: 科学出版社, 2006: 3-14.

[44] 郭然, 潘长良, 于润沧. 有岩爆倾向硬岩矿床采矿理论与技术. 北京: 冶金工业出版社, 2003.

[45] 何锋. 三峡引水工程秦巴段深埋长隧洞开挖地质灾害研究. 中国地质科学研究院博士学位论文, 2005.

[46] 赵忠虎, 谢和平. 岩石变形破坏过程中的能量传递和耗散研究. 四川大学学报 (工程科学版), 2008, 40(2): 26-31.
[47] Itasca Consulting Group, Inc.. Fast Language Analysis of Continua in 3 Dimensions, Version 3.0, User′s Mannual. Itasca Consulting Group, Inc., 2005: 109.
[48] 陈培善, 谷继成, 李文香. 从断裂力学观点研究地震的破裂过程和地震预报. 地球物理学报, 1997, 20(3): 185-202.
[49] Paris P C, Sih G C. Stress analysis of cracks. ASTM-STP, No. 381, 1964.
[50] 马少鹏, 王来贵, 章梦涛. 加拿大岩爆灾害的研究现状. 中国地质灾害与防治学报, 1998, 9(3): 107-112.
[51] 谢和平, 鞠杨, 黎立云. 基于能量耗散与释放原理的岩石强度与整体破坏准则. 岩石力学与工程学报, 2005, 24(17): 3003-3010.
[52] 陈育民, 徐鼎平. FLAC/FLAC3D 基础与工程实例. 北京: 中国水利水电出版社. 2009: 190-193.
[53] 中国科学院武汉岩土所锦屏Ⅱ引水隧洞工程项目组. 雅砻江锦屏二级水电站深埋长大引水隧洞施工期围岩稳定性与动态反馈及岩爆问题的研究. 中国科学院武汉岩土所智能岩石力学组, 2010.
[54] 陈明, 胡英国, 卢文波. 锦屏二级水电站引水隧洞爆破开挖损伤特性研究. 岩土力学, 2011, 32(sup.2): 172-177.
[55] 陈明, 胡英国, 卢文波, 等. 深埋隧洞爆破开挖扰动损伤效应的数值模拟. 岩土力学, 2011, 32(5): 1531-1536.

索　引

Z